Meeting小美 编著　爱林博悦 主编

超级黏土画

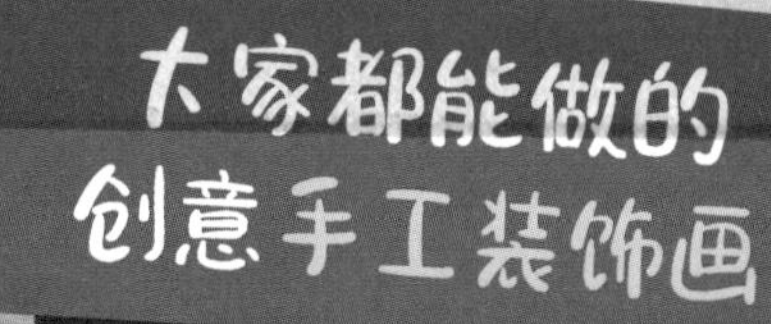

人民邮电出版社
北京

图书在版编目（CIP）数据

超级黏土画 : 大家都能做的创意手工装饰画 / Meeting小美编著 ; 爱林博悦主编. -- 北京 : 人民邮电出版社, 2021.5
ISBN 978-7-115-54148-2

Ⅰ. ①超… Ⅱ. ①M… ②爱… Ⅲ. ①粘土－手工艺品－制作 Ⅳ. ①TS973.5

中国版本图书馆CIP数据核字(2020)第098834号

内 容 提 要

黏土不但可以用来制作可爱的小物或者玩偶，还可以用来制作立体感十足的黏土画—— 一种独具创意的手工装饰画。本书作者小美老师擅长利用颜色鲜艳、可塑性极强的黏土制作风格独特的黏土画作品。用这种有趣的方式记录生活中看到的故事，生活好像也变得更有趣了，大家都来尝试一下吧！

本书是创意黏土画的教程手册，共有5章。第1章为准备篇，详细介绍了制作黏土画常用的材料及工具。第2章为教程篇，介绍了黏土的基础形状制作和黏土的色彩运用，并用5个简单的黏土画案例讲解了简单形与色的实用技巧。第3～5章为创意篇，分别以生活、见闻和想象为案例主题分享了7个创意黏土画作品的创作思路和制作过程，其中有多彩圣诞树、淘气萌宠、巧克力女孩、特色手鼓舞表演、人鱼公主、鳄鱼王子以及古代人的晚宴。本书案例丰富且有趣，作者分享了自己的创意思路，并通过详细的步骤图片和解说文字重现了制作过程。本书案例既有天马行空的想象场景，也有生活中常见的事物的夸张呈现，可谓妙趣横生、别出心裁；希望读者从中体会到黏土手工的无限可能，更能体会到生活的无限乐趣和无穷魅力。

本书适合喜欢黏土创作的手工爱好者以及喜欢装饰画创作的美术爱好者阅读，也适合作为小朋友培养兴趣爱好的趣味手工书。

◆ 编　　著　Meeting 小美
主　　编　爱林博悦
责任编辑　刘宏伟
责任印制　周昇亮

◆ 人民邮电出版社出版发行　　北京市丰台区成寿寺路 11 号
邮编　100164　　电子邮件　315@ptpress.com.cn
网址　https://www.ptpress.com.cn
临西县阅读时光印刷有限公司印刷

◆ 开本：787×1092　1/20
印张：8.4　　　　　　2021 年 5 月第 1 版
字数：192 千字　　　　2021 年 5 月河北第 1 次印刷

定价：69.80 元

读者服务热线：(010)81055296　印装质量热线：(010)81055316
反盗版热线：(010)81055315
广告经营许可证：京东市监广登字 20170147 号

前言

亲爱的小伙伴们：

欢迎来到我的超级黏土画世界，很开心在这里与大家相遇，我是小美，一个为奇异妙趣黏土插画而生的设计师。我的作品第一次出现在大家的面前是在大学毕业设计展上，作品内容捕捉了一些生命中让人难忘的喜悦、感动、苦涩和遗憾。出乎意料的是它们获得了观众朋友的喜爱，并掀起了国内黏土插画创作的浪潮。毕业之后，我成立了自己的黏土插画工作室，进行一些有感而发的创作、课程分享以及商业合作。

这是我的第一本书，它最大的特点是每个人根据书中的讲解做出来的黏土画都会不一样，甚至可以说是千姿百态、各具特色。我想这就是黏土画的奇妙之处吧！希望这本书能够给大家带来无穷无尽的灵感，陪伴大家一起创作出有温度的作品，度过一段快乐的时光。

本书能够出版，必须要感谢人民邮电出版社的责任编辑、设计师以及爱林博悦文化传播有限公司的编辑和摄影师，没有他们的默默付出，本书的出版、发行等所有环节不会如此顺利。感谢为我写推荐语的同行大咖，很荣幸获得大家妙语连珠的推荐。另外还要感谢陪伴在我身边的家人好友，黏土工作室所有成员和叮叮波波，是他们带给我无限的支持和源源不断的创作灵感。

最后，感谢正在认真阅读本书的你，一直以来支持我、喜爱我的朋友。愿幸福快乐常伴你们左右！

爱你们的小美

2021 年春

黏土手工——开启创意的大门

创意对于小孩而言似乎轻而易举，但是对于成年人似乎又是一道跨不过的门槛，而小美老师总是能打开创意的大门，创作出幽默、风趣的黏土画作品。小美老师是如何做到的呢？对于小美老师而言，快乐、开心是黏土画不变的主题，而快乐、开心的创意便来源于生活。将自己的经历通过想象，用黏土创作成有趣的作品，可以让生活中的你感到愉悦。

脑洞大开

圣诞树

梦里面的圣诞树在云上，可漂亮了。

巧克力女孩

在海边遇到的女孩子，我和她成了好朋友。

萌宠宝宝

我的两只小狗波波和叮叮，调皮又可爱。

人鱼公主

美人鱼故事的结局真让人伤心啊，我就是要换个结局！

鳄鱼小王子

既然有青蛙王子，那么怎么不能有鳄鱼王子呢？

手鼓舞

在异国旅游时遇到的手鼓舞大叔，他的舞蹈好有趣。

可以用画框将黏土画装饰起来。因为有不同尺寸的画框，所以你可以尽情发挥自己的创造力制作各式各样的黏土画。色彩鲜艳、亮丽的黏土画就在你的脑海中，等待你去完成。赶快拿起工具和小美老师学习如何制作黏土画吧！

超级晚宴

想吃大餐了，古代人的晚宴会是怎样的啊？

目录

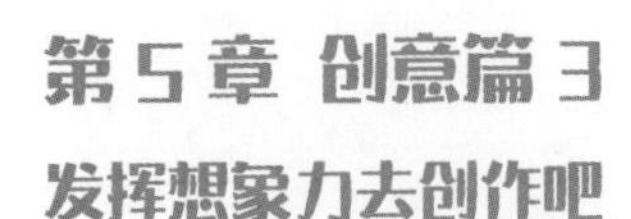

第1章 准备篇

在制作黏土画之前首先要准备各式各样的材料和工具，工具基本分为三大类：基础塑形工具、特殊塑形工具和其他辅助工具。制作黏土画时使用的材料主要有超轻黏土、不织布和画框。准备好以上材料和工具，我们就可以开始制作基础的黏土画了。

1.1 制作黏土画的材料

制作黏土画所需的材料主要有超轻黏土、不织布和画框。这3种材料构成了小美老师令人惊叹的创意黏土画。

超轻黏土

超轻黏土是制作黏土画的主要材料，其质地柔软、干净、不沾手且易塑形，还可以调配成不同的颜色。黏土塑形后让其自然晾干，这样可以让黏土画保存很长时间。

不织布

不织布主要用于黏土画背景的制作。不织布便于裁剪，且和超轻黏土的结合性好，另外还有颜色丰富、质地柔软的优点，能够丰富黏土画的背景。

画框

实木画框工艺精致、有厚度、带有透明的亚克力玻璃防尘板，是小美老师最喜欢的画框类型，非常适合用来装裱黏土画。

1.2 制作黏土画的工具

俗话说："巧妇难为无米之炊。"制作黏土画的第一步不是先考虑自己水平如何，或者要捏个什么大作品，而是要先准备工具。

基础塑形工具

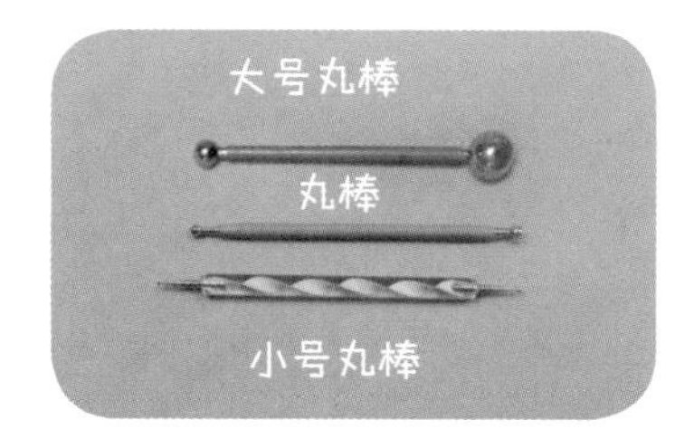

丸棒两端有不同直径的小球，主要用于压出凹槽和进行点状装饰，如压出鼻孔、耳蜗和压花等。

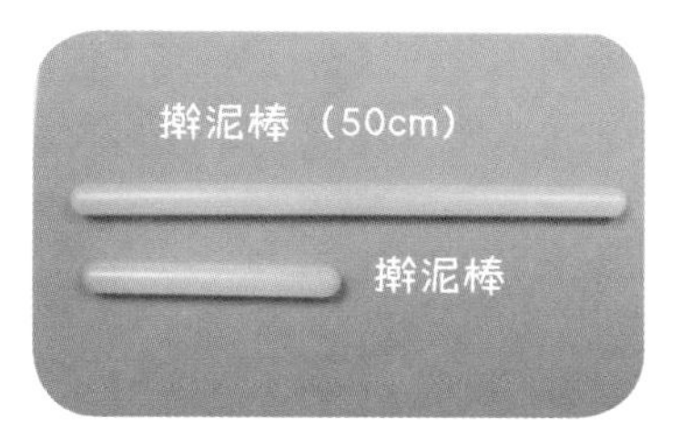

擀泥棒用于将黏土擀开或者将黏土擀成黏土片。在使用擀泥棒的过程中可以调整黏土片的受力方向，以保证黏土片厚度均匀、表面平滑。

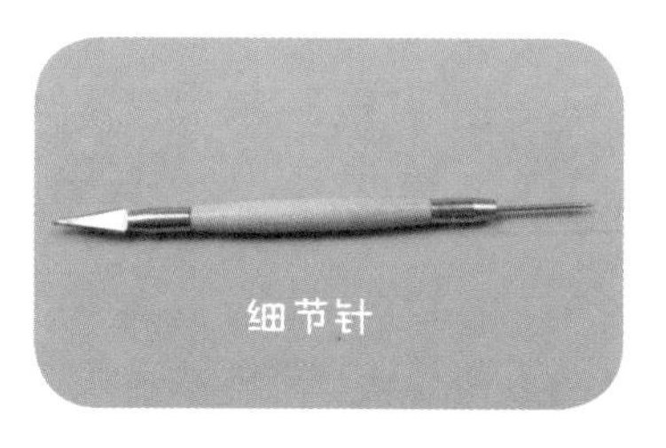

细节针可以用于刻画各种纹理，也可用于处理黏土画的复杂部分或细节部分。

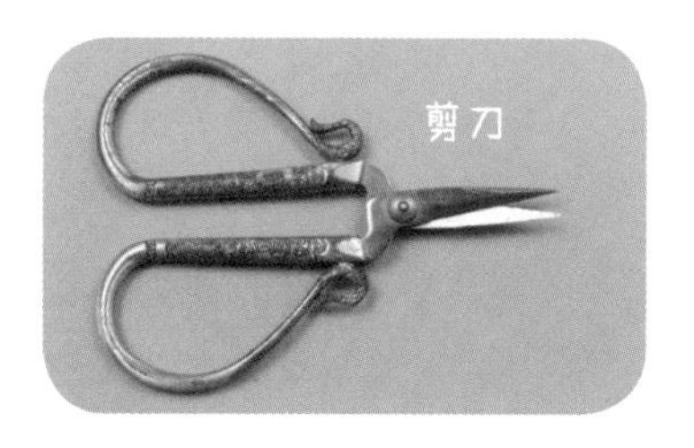

剪刀用于剪断黏土和修剪边缘等。

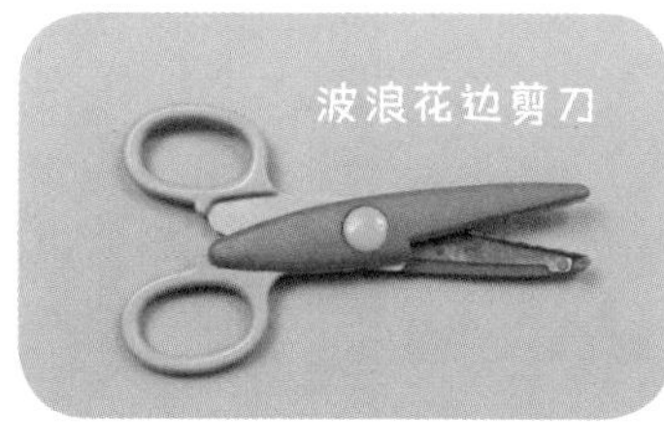

波浪花边剪刀用于剪出波浪形状的花边，用于制作黏土画的花边装饰。

刀片用于切割黏土，可以将黏土分成想要的大小和形状，适用于切片、切丝和切块等。

特殊塑形工具

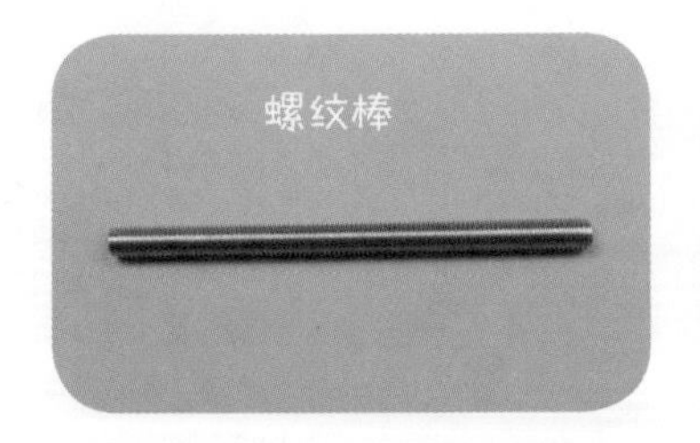

螺纹棒

螺纹棒用于制作螺纹纹理，如皮革帽子的纹理和编织物的纹理等。

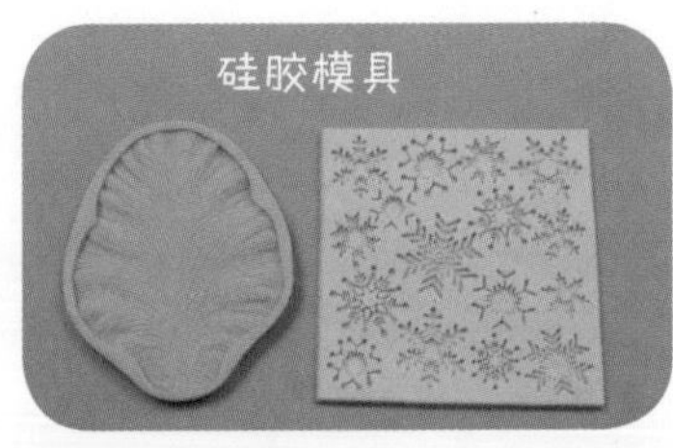

硅胶模具

硅胶模具用于将黏土压出各种纹理，如叶子、羽毛和雪花纹理等。

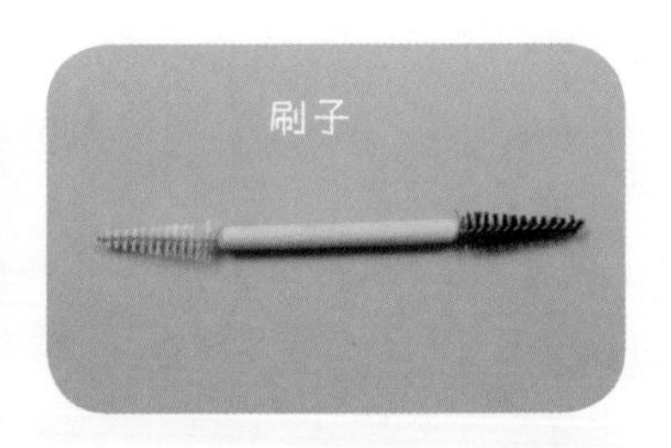

刷子

具有两个头的刷子，用于在黏土上制作粗糙纹理。

其他辅助工具

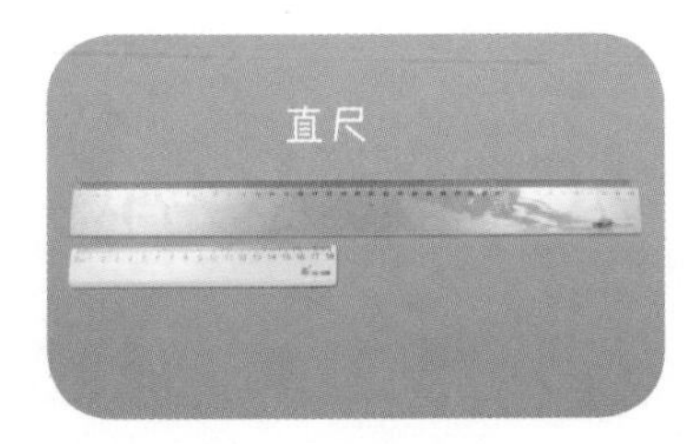

直尺

直尺主要用于测量黏土作品的厚度和宽度，也可用来切割黏土。

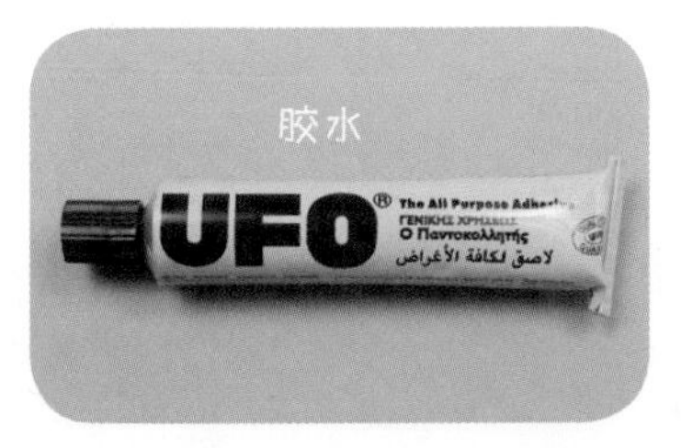

胶水

胶水主要用于将不织布与画框底板粘在一起，也可以用来粘黏土。

木片棒

木片棒为两头扁平的木棒，是用来把胶水刮均匀的工具。

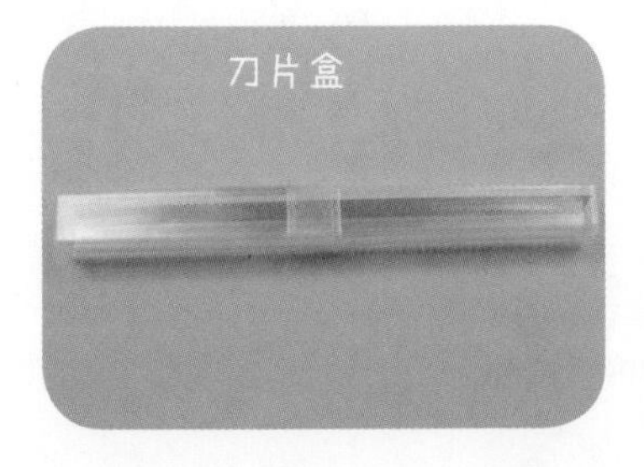

刀片盒

刀片盒是用来收纳刀片的盒子。

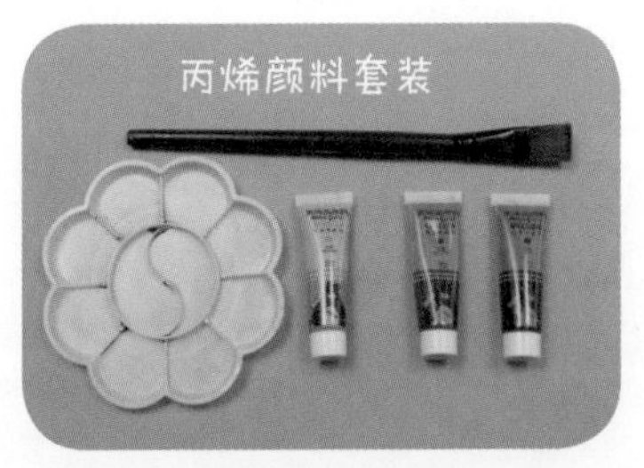

丙烯颜料套装

丙烯颜料用于给黏土上色，以便呈现出更丰富的质感。

第2章

教程篇

黏土画制作基础知识

小美老师制作的黏土画大都色彩艳丽、创意十足，虽然这之中不乏制作过程复杂的黏土画，但是所有的黏土画都是由基础形状的黏土构成的。只要学会了制作基础形状的黏土，那么制作黏土画就不难了。让我们从零开始学习黏土画的制作过程吧！

2.1 黏土画的基础形状

黏土画的形状虽多种多样，但主要是以薄片、圆形、方形、水滴形、长条这 5 种基础形状制作出来的，应用这些简单的形状就能创作出一幅简单、好看的黏土画。

薄片

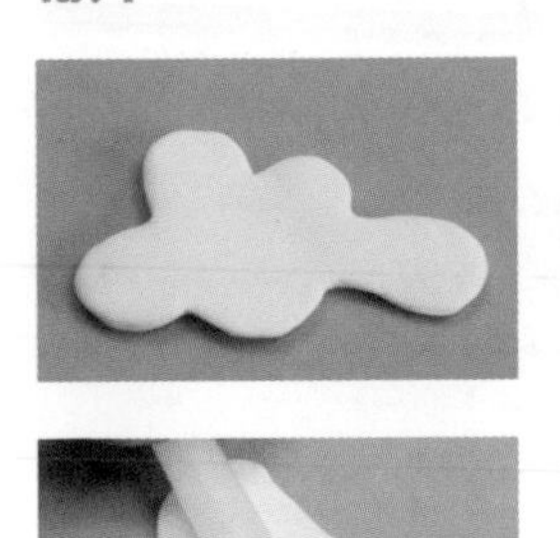
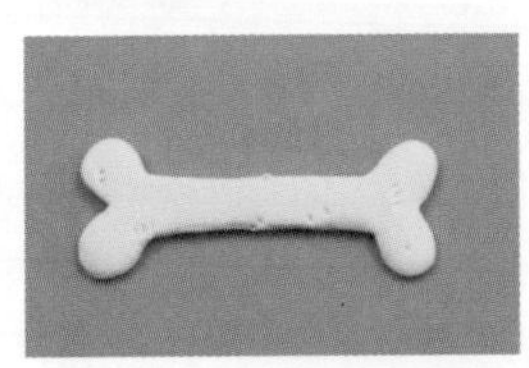
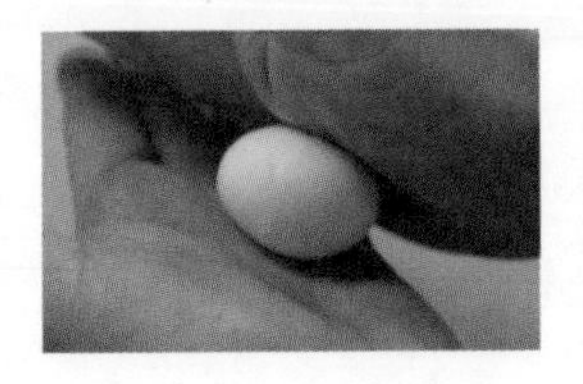
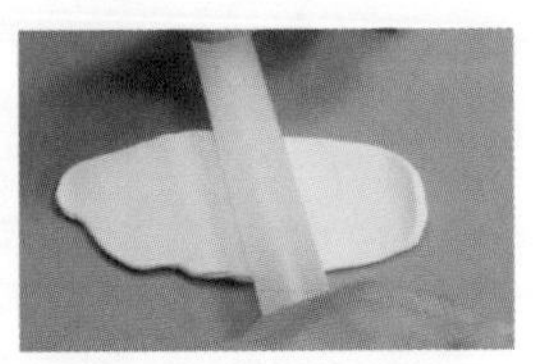
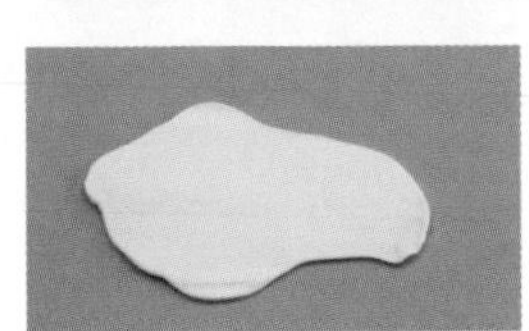

薄片的使用范围非常广，能被裁剪成各种形状，如云朵和骨头这些特征鲜明的形状。

取白色黏土，稍微揉一下以排出空气，再用擀泥棒将其擀开，擀黏土时需要反复调整黏土的方向，使擀开的黏土薄片四周厚度均匀，薄片就做好了。

圆形

圆形可以用来做成圆形的道具，如手鼓、盘子和锅等，也可以做成眼睛和肚皮等身体部件。

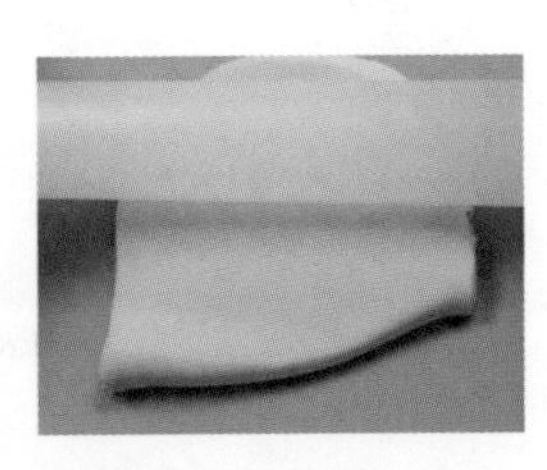
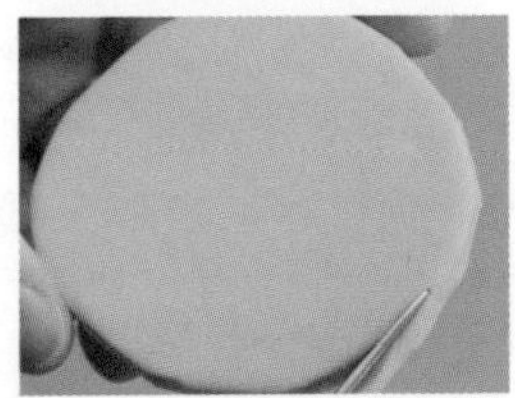

取粉色黏土揉成圆球，再用擀泥棒将其擀成薄片。用剪刀将粉色黏土薄片修剪成圆形，并用指腹在黏土边缘轻抹，使其边缘光滑，圆形就做好了。

方形

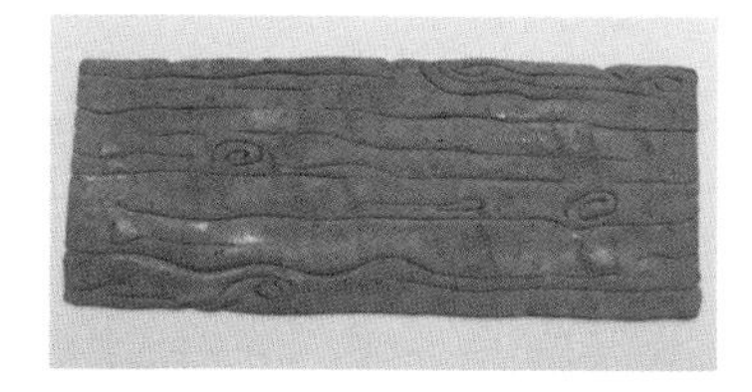

方形适合用来做一些背景和衣服的装饰，如木板就是方形的。

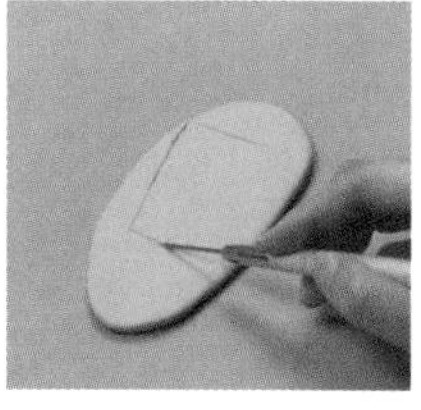

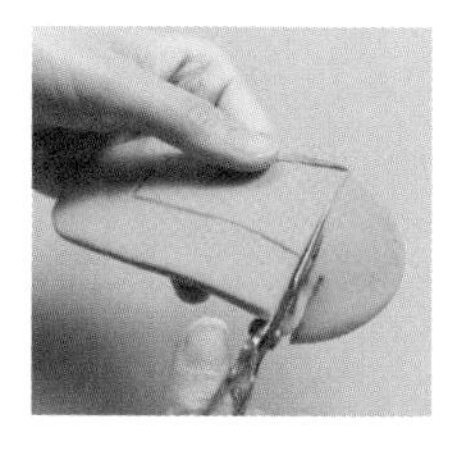

取绿色黏土，用擀泥棒擀成一块厚片，先用细节针在厚片上画出一个方形，再用剪刀依据所画图形进行修剪，之后再用指腹把修剪出的方形边缘抹光滑，方形就做好了。

水滴形

水滴形的用处很多，如制作花瓣、羽毛和嘴唇等，其圆润的外形适合进行各式各样的加工。

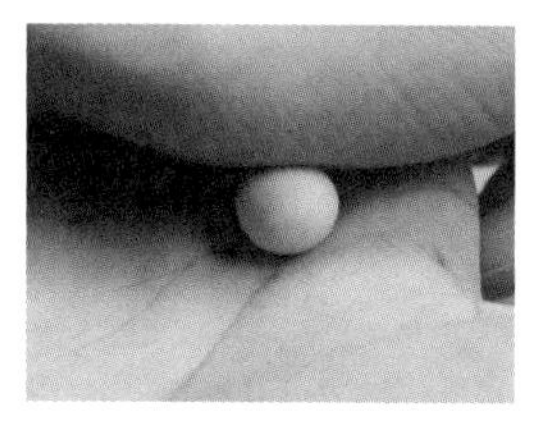

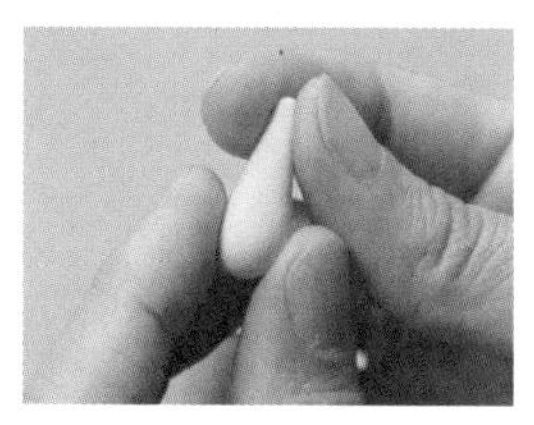

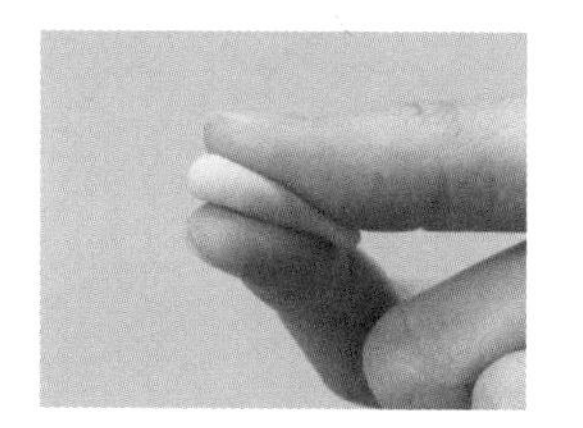

取黄色黏土置于掌心将其揉成圆球，再将圆球轻轻捏住，并将顶端向上搓尖，再用指腹将其压扁，稍微调整，水滴形就做好了。

长条

长条可用来卷成圆盘，或者组成头发和水流。长条很少单独出现，一般都是很多根组合在一起出现。

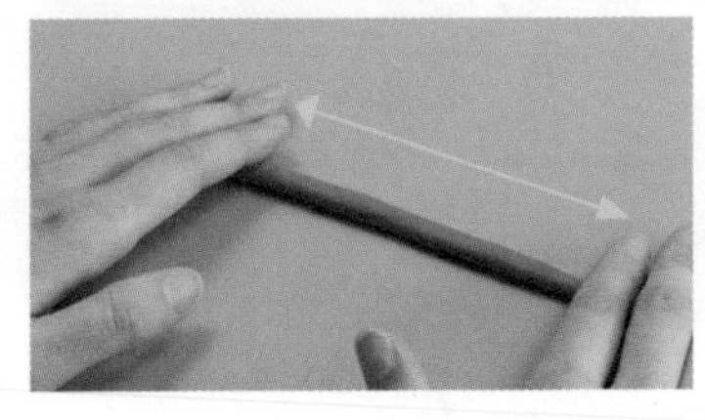

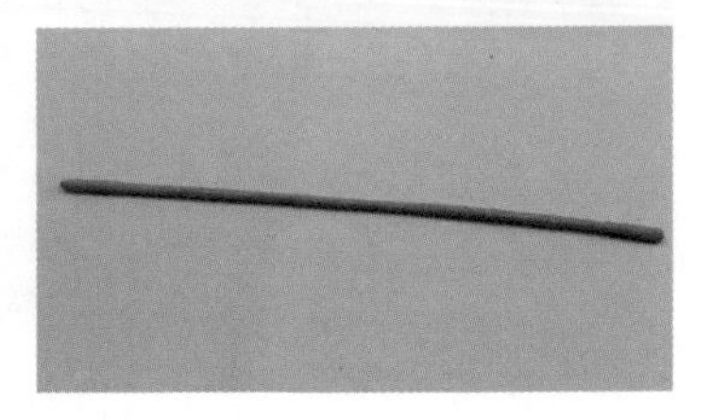

取红色黏土，用双手由中间向两边将其搓细，多次搓动，直到将长条搓到预期的长度。

2.2 黏土的色彩运用

黏土最基本的颜色是红色、黄色和蓝色，通过混合不同颜色的黏土也可以搭配出各种其他颜色的黏土，黑色和白色是无色相的颜色，这两种颜色的黏土必须准备。为了制作方便，也可以准备好其他颜色的黏土。

2.2.1 黏土的颜色

基本颜色

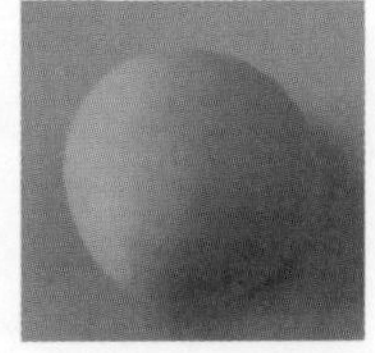

三原色

白色和黑色

简单的混色方法

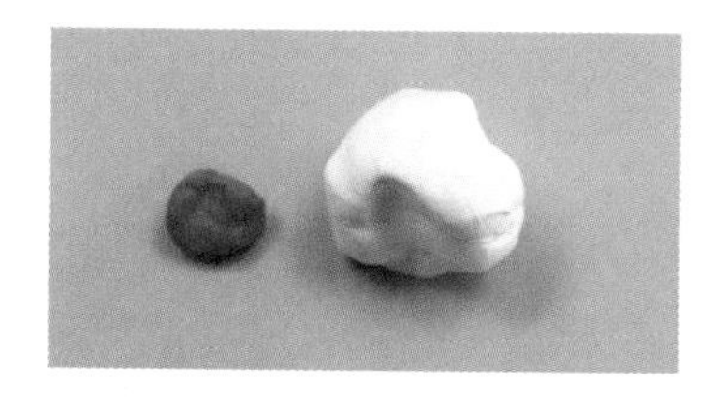
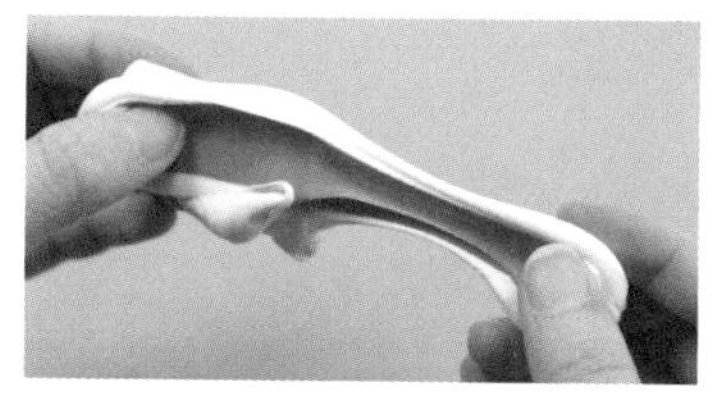

不等量的黏土混合得到的黏土的颜色会倾向于量多的那一种黏土的颜色。

等量的黏土混合能够得到两种颜色的中间色黏土。

2.2.2 色彩搭配的创意

纯色的黏土可直接在黏土画中使用，不需要进行任何混色处理，这样会使得画面更加明亮且富有冲击力。在黏土画的创作中，如何让纯色的黏土和谐地在画面中组合呢？我们先从色卡开始学习。

颜色关系的分类

色环上间隔 120° 至 180° 的颜色互为对比色，间隔 180° 的颜色互为补色，而间隔 60° 以内的颜色互为邻近色。

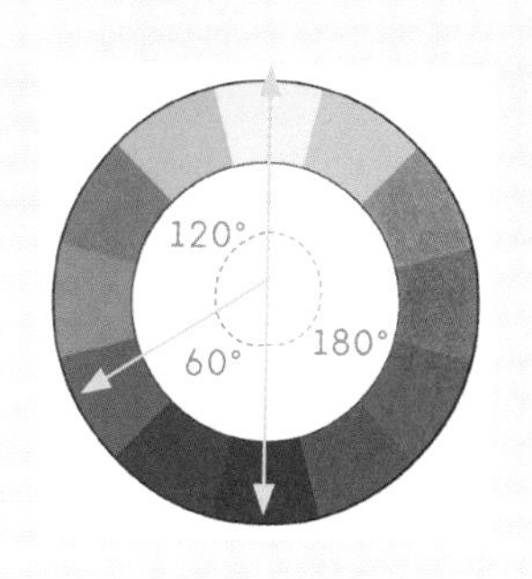

在进行黏土颜色搭配时一般选用互为对比色、互为补色和互为邻近色的颜色，这样能够让画面的配色效果更好。

对比色的运用

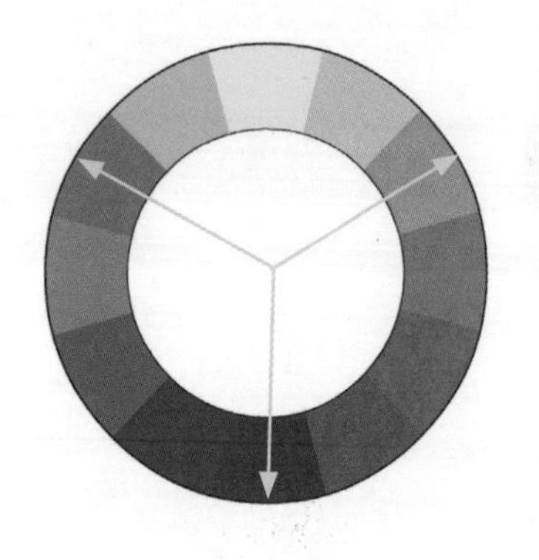

主要颜色有绿色、紫色和橙黄色，3 个颜色互为对比色。

上图中绿色、紫色和橙黄色互为对比色，使用这 3 种颜色会让画面产生强烈的色彩对比。这是一种简单实用的黏土颜色的搭配方法，也是小美老师最爱用的颜色搭配方法。

互补色的运用

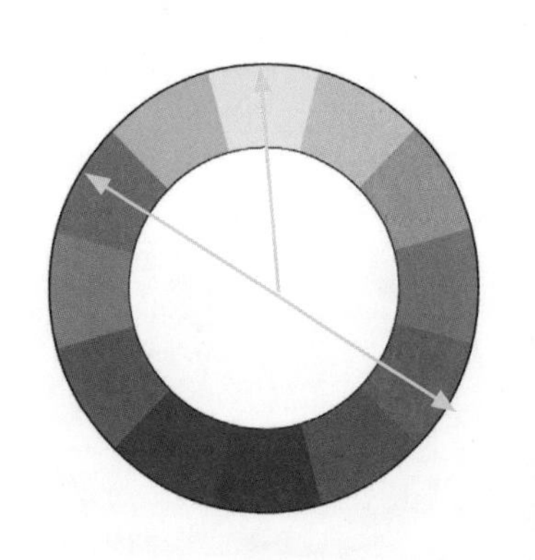

主要颜色有绿色、黄色和红色，其中绿色和红色互为补色。

上图中的绿色远多于红色，且这两种颜色互为补色，画面有强烈的对比感。同时搭配少量邻近色，如黄色、橙色，能够丰富画面的细节，所以小美老师常用这种方法来点缀画面。

邻近色的运用

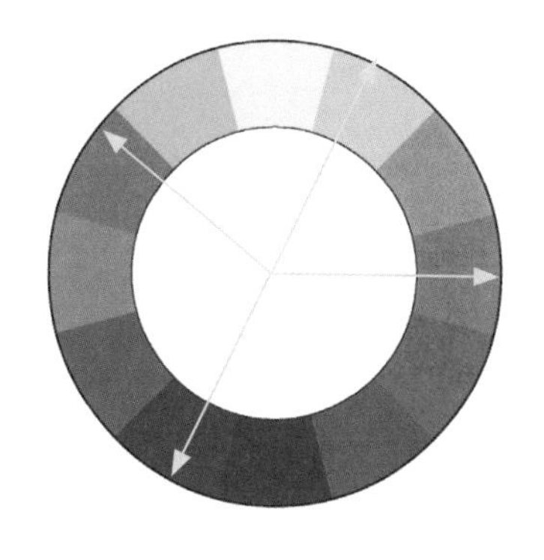

主要颜色有绿色、黄色、红色和蓝色。

上图主要以黄色为主色调，搭配绿色、蓝色和红色，因为绿色和红色是对比色，画面有强烈的对比感。同时因为红色和黄色是暖色系的邻近色，让画面显得和谐统一，并充满温暖感。

 2.3 简单形与色的创想提案

超简单的、人人都能上手的黏土画做法：简单地将黏土做成方方圆圆的形状，再稍微组合一下就完成啦！快点动手制作这些简单又有趣的创意黏土画吧！

2.3.1 彩色的圆形——俏皮小猪

圆形一定是世界上非常可爱的图形吧！你看用圆形做成的小猪，全身上下都散发着呆萌气息，圆滚滚、胖乎乎的身体，就像是小皮球一样，这就是圆形的创意。

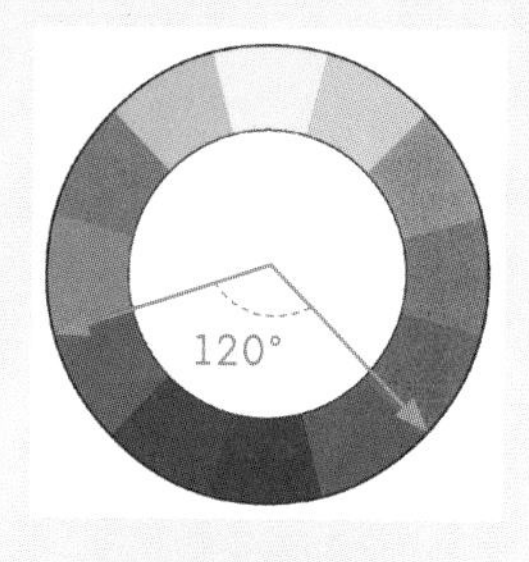

色彩分析时间

粉粉的颜色适合搭配圆润的形状，这样会给人软萌、乖巧的感觉。所以制作小猪黏土画时使用了粉色和淡蓝色搭配。

脑洞大开

1 圆形给人一种软软的感觉，是圆润可爱的形状。

2 小猪也是圆润可爱的，可以用圆形做成。

创想开始

圆形，让人想到柔软、胖乎乎的东西，如可爱的小猪。

3 事先设计小猪的组成结构和层次。

4 用黏土将小猪做出来，一大一小的眼睛看起来很滑稽。

重点提示：大圆套小圆

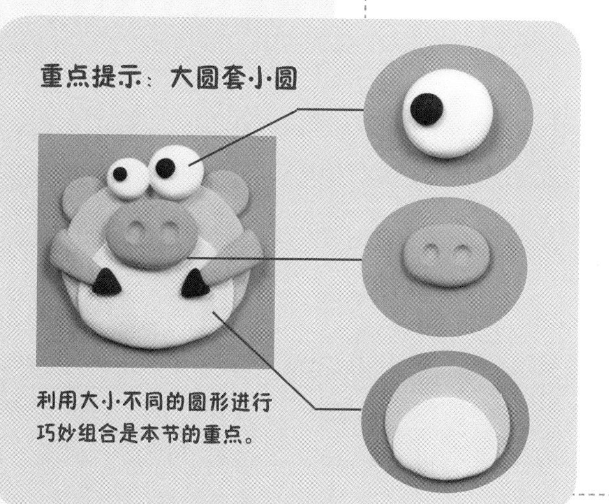

利用大小不同的圆形进行巧妙组合是本节的重点。

准备材料和工具

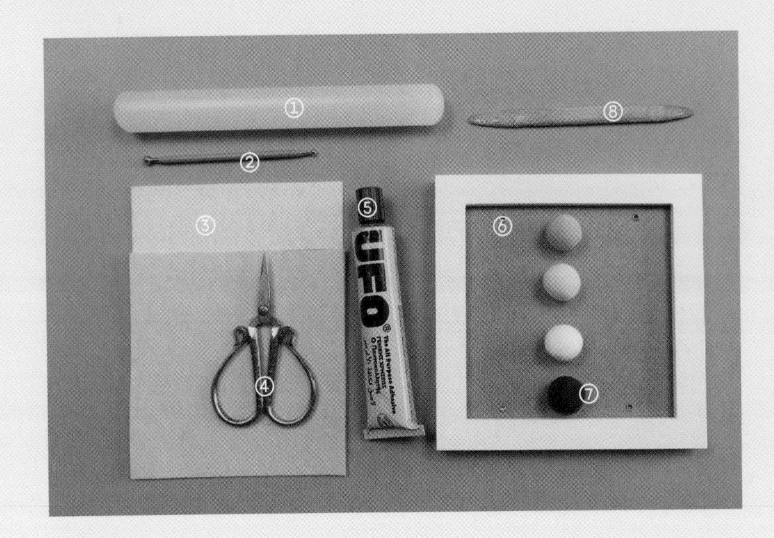

① 擀泥棒

② 丸棒

③ 不织布（淡蓝色和白色）

④ 剪刀

⑤ 胶水

⑥ 画框（200mm×200mm）

⑦ 各色黏土（粉色、浅粉色、白色、黑色）

⑧ 木片棒

制作小猪胖胖的身体

猪给人的第一印象就是圆圆胖胖的，所以用圆形作为小猪的整体形状是最佳选择，同时用粉色作为小猪皮肤色能够给人粉粉嫩嫩的感觉。

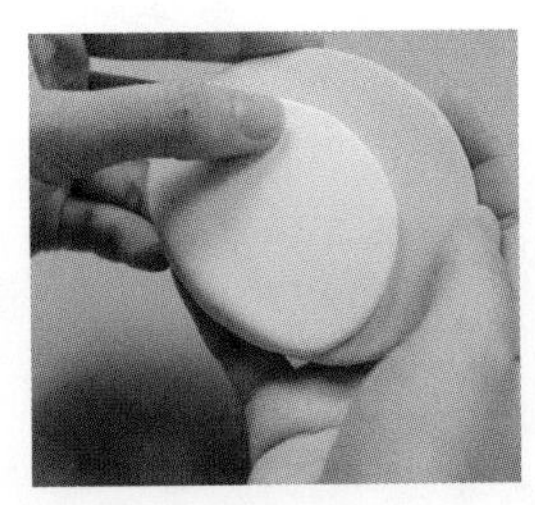

01 分别取粉色黏土和浅粉色黏土揉成球再压成圆片，把浅粉色圆片粘在粉色圆片上面，小猪的身体就做好了。

制作小猪圆圆的鼻子、眼睛和耳朵

用各种小巧的圆形来制作小猪的鼻子、眼睛和耳朵。在粉色的鼻子上按压出两个小圆坑作为鼻孔。一大一小的眼睛虽然很夸张，但是能产生搞怪的效果，从而使小猪变得更有趣。

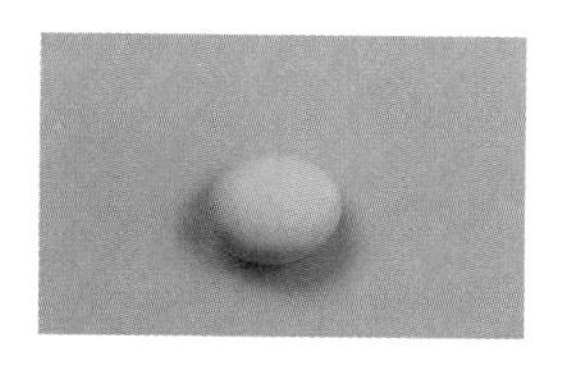
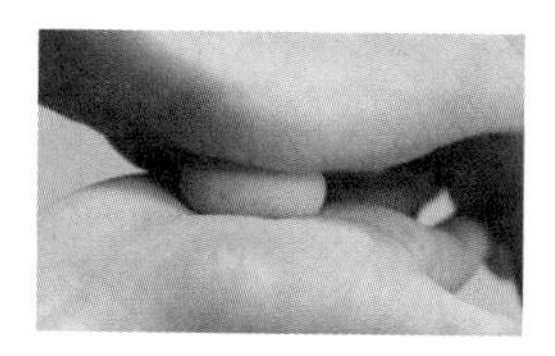
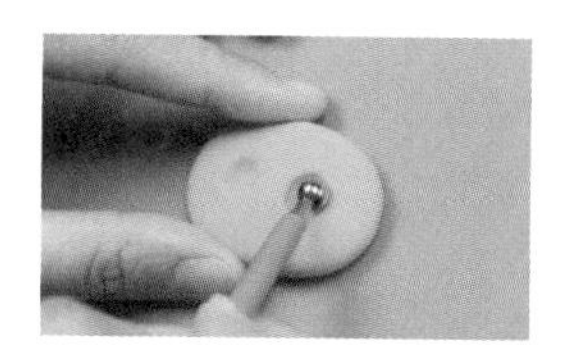
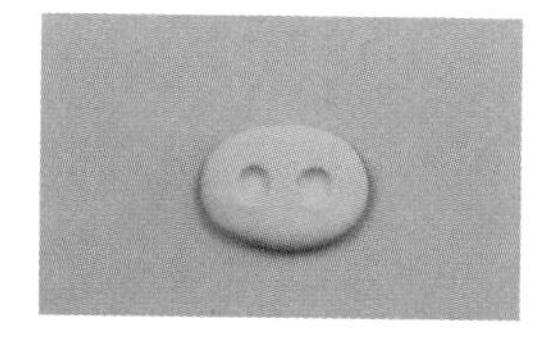

02 取粉色黏土揉成圆球，用掌心将其压成圆片。用丸棒在粉色圆片上压出两个小圆坑，这就是小猪的鼻子。

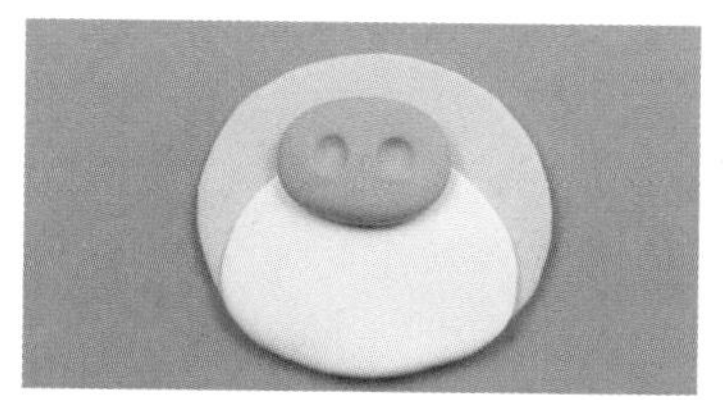

03 把小猪的鼻子粘在小猪身体的中间偏上位置。

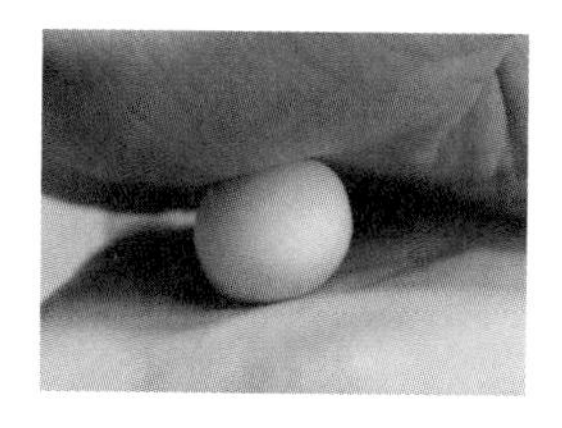

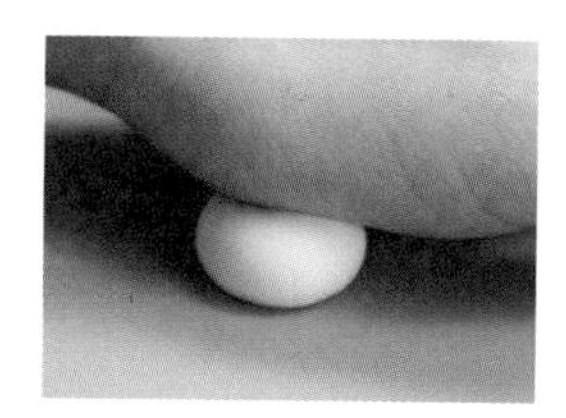
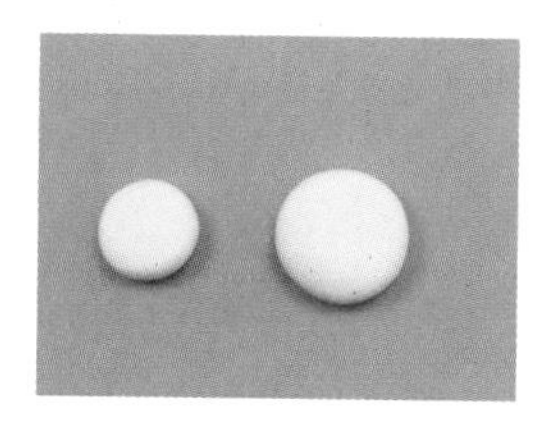

04 取白色黏土，揉成圆球，然后用掌心将其压成圆片。用同样的方法再做出一个小一点的白色圆片，为制作小猪的眼睛做准备。

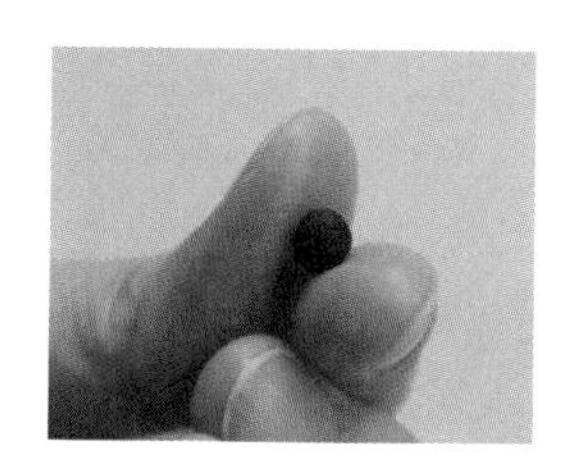

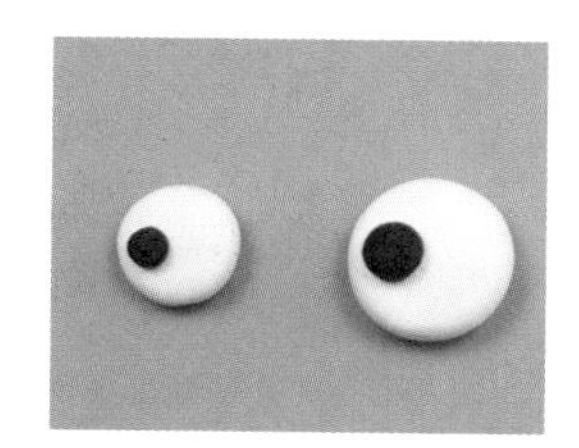

05 取黑色黏土揉成两个大小不同的小圆球，分别粘在一大一小两个白色圆片上面，这就是小猪的眼睛。接着把两只眼睛粘在小猪的鼻子上方。

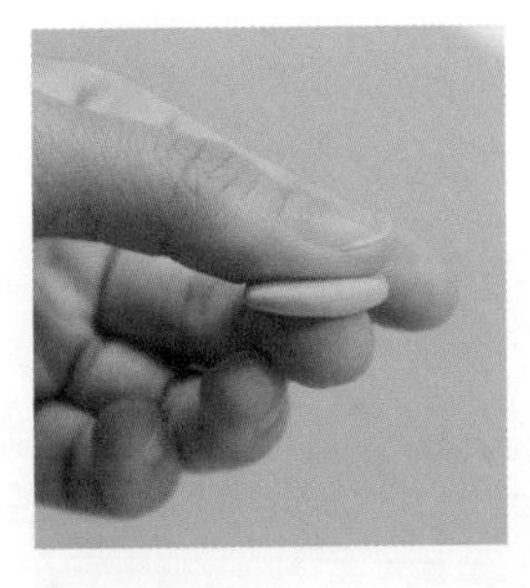
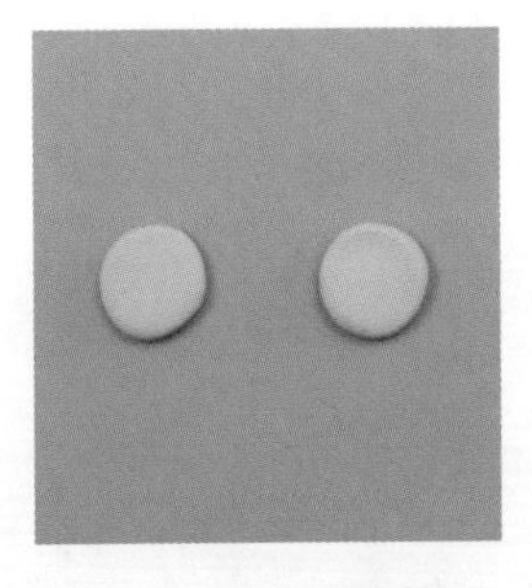

06 根据第 21 页 04 步的方法制作两个粉色圆片，要注意圆片的厚度。将两个粉色圆片粘在小猪眼睛两侧的脑后作为耳朵。

捏出小猪细长的四肢

细长的粉色四肢和胖胖的身体相对比产生了滑稽的画面效果，这往往能让人忍俊不禁。

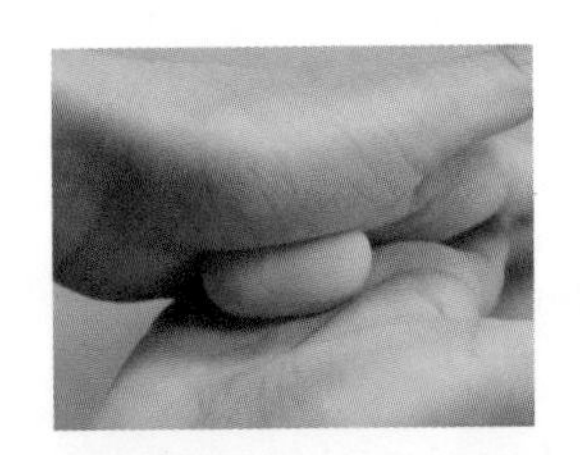
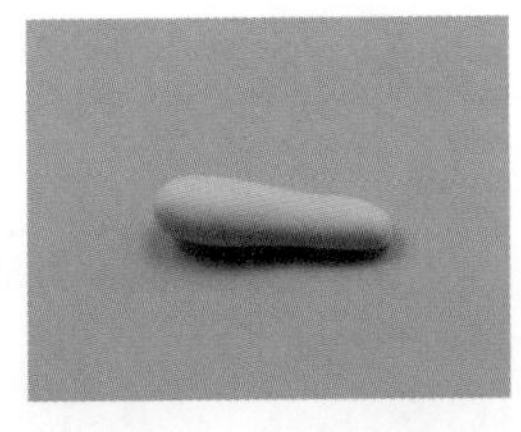
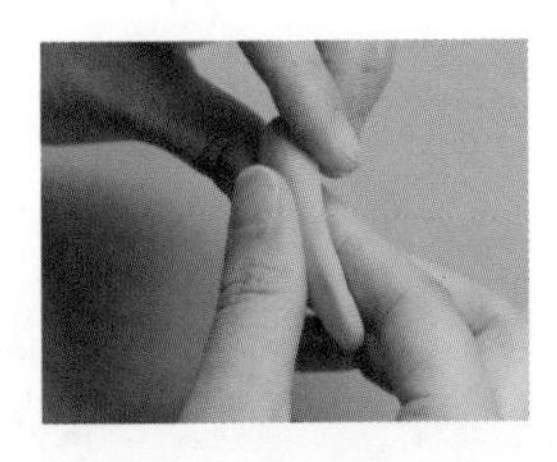
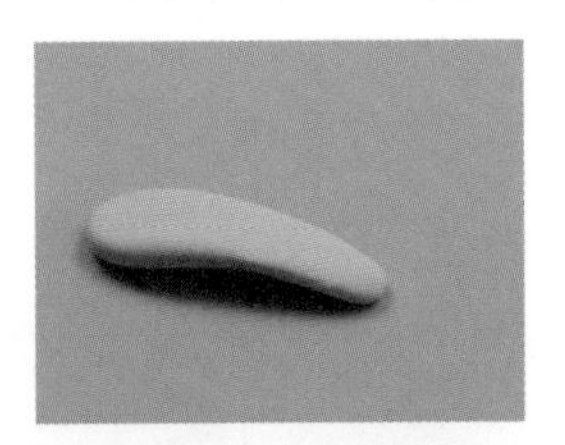

07 取粉色黏土，用掌心将其搓成一根粗一点的长条，然后用指腹将其稍微压扁，为制作小猪的前蹄做准备。

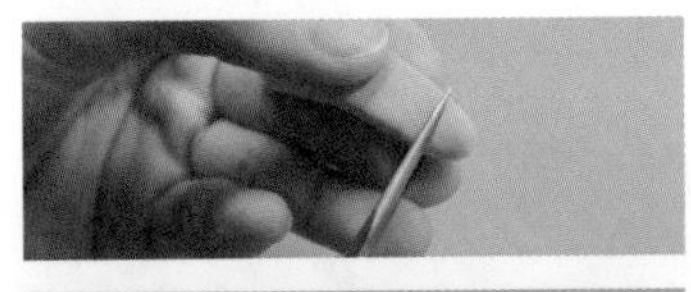
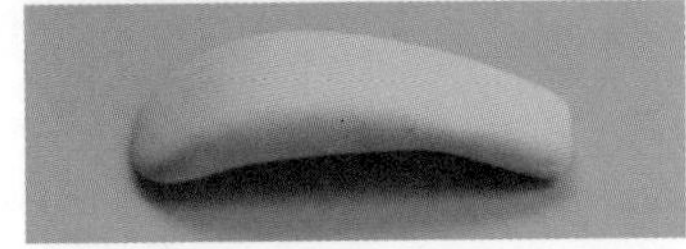

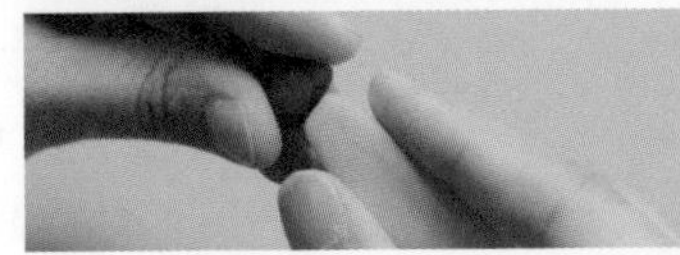

08 用剪刀剪去粉色长条的一端，然后稍微将其掰弯作为小猪的前肢。取黑色黏土捏成三角形并粘在前肢尾端，这就是小猪的前蹄，用同样的方法再做一只前蹄，为后续的制作做准备。

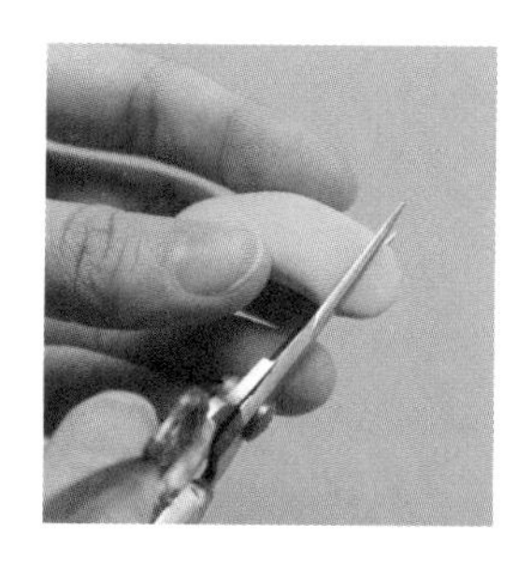   

09 用剪刀剪去前肢顶端多余的部分后，把两只前肢粘在小猪身体上，多余的部分往身体背面收。

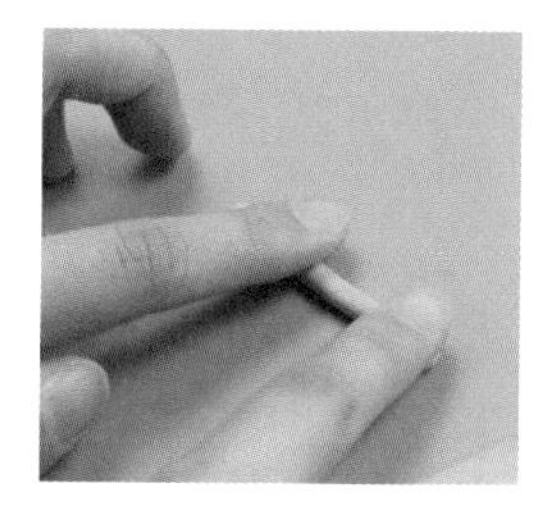 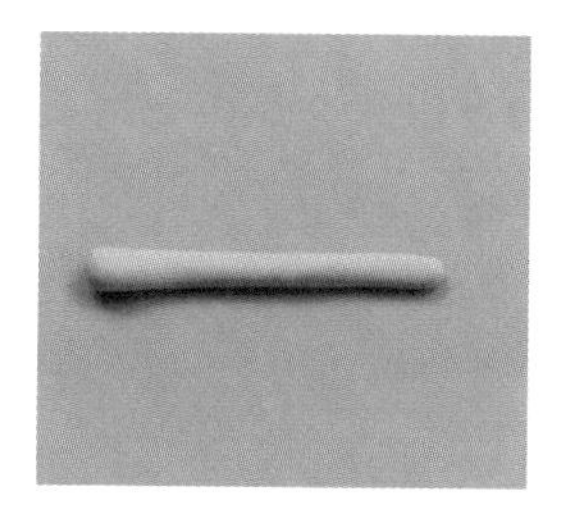 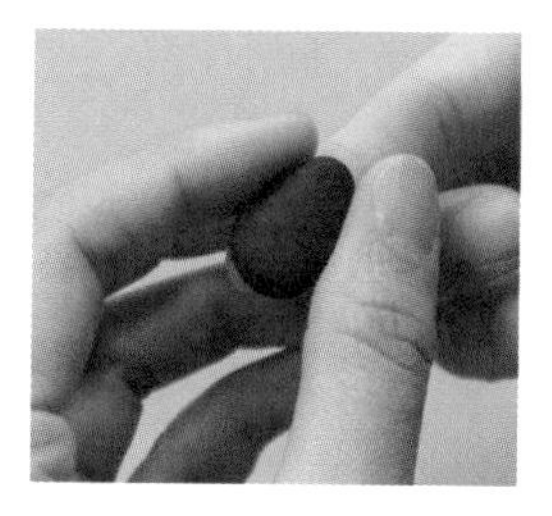 

10 取粉色黏土搓一根长条。然后取黑色黏土揉一个小圆球并将其压扁作为小猪的鞋子。

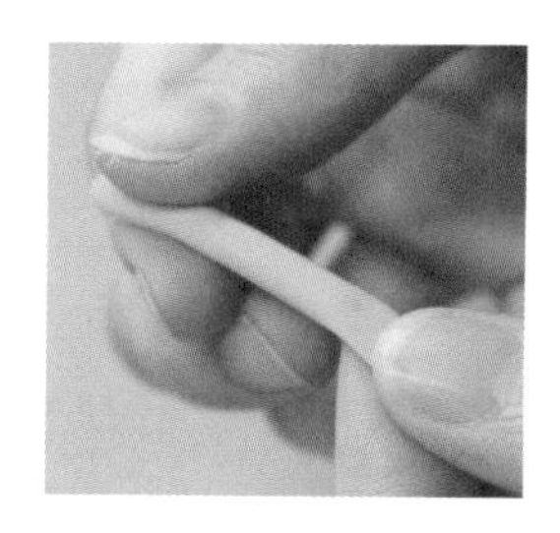   

11 把粉色长条的两端压扁，把鞋子粘在粉色长条一端，这就是后肢。用同样的方法再做一只后肢，然后把做好的两只后肢与小猪的身体粘在一起，小猪的四肢就做好了。

制作背景板

制作背景板的材料为不织布和画框底板，将二者粘在一起可以使背景板变得十分厚实，在背景板上涂上胶水就能牢牢粘住黏土画了。

12 取一块白色不织布，用剪刀剪成画框底板的大小，在画框底板上涂抹胶水并用木片棒把胶水抹开，然后迅速把不织布与画框底板粘在一起。同理，用剪刀裁一块同样大小的淡蓝色不织布，按照同样的方法粘在白色不织布上面。把粘好不织布的画框底板装回画框。

安装黏土画

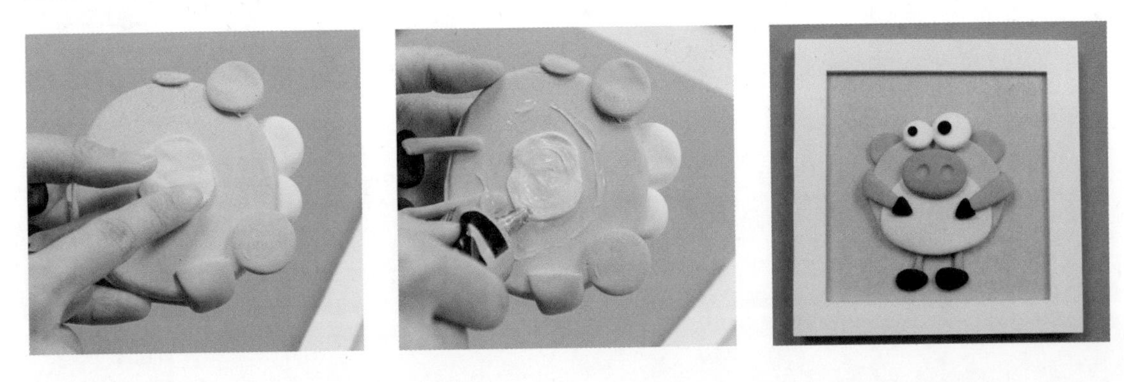

13 在小猪背部粘上一小块白色黏土薄片，然后抹上胶水，这样可以让黏土画粘得非常牢固。最后把小猪粘在画框中就完成啦。

2.3.2 温暖的方形——路边杂货铺

这是一个路边杂货铺——鳄鱼脑袋和红白相间的屋顶，整个画面都用方形来表现，方脑袋、方房子和方马路，一个个方形让画面变得温暖起来。

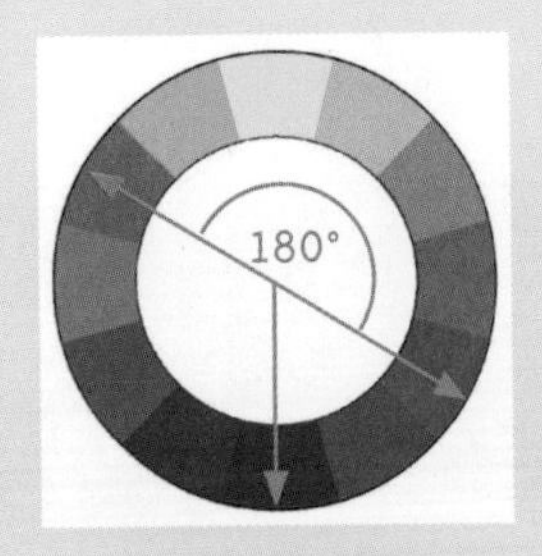

色彩分析时间

杂货铺给人的第一感觉应该是色彩非常鲜艳的。红、绿的配色能给人一种强烈的视觉冲击感，令人忍不住想要到店里面看一眼。

脑洞大开

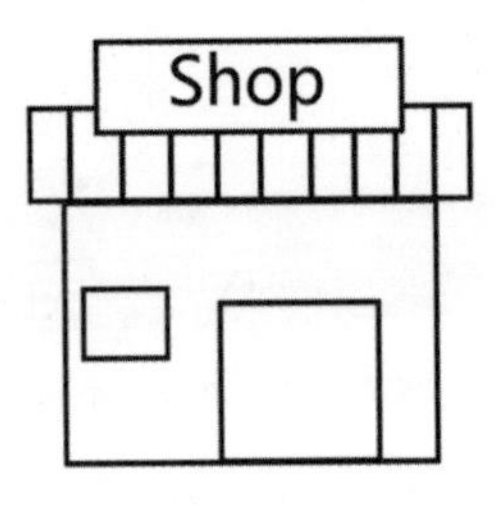

1 这是我们印象中杂货铺的形象。

2 梯形鳄鱼脑袋非常呆萌，可以作为杂货铺的招牌。

创想开始

方形非常稳固，首先就想到稳稳的房子。

3 红白相间的方形条纹让屋顶更醒目。

4 加上屋子，这不就是方形的杂货铺了吗！

重点提示：条纹的制作

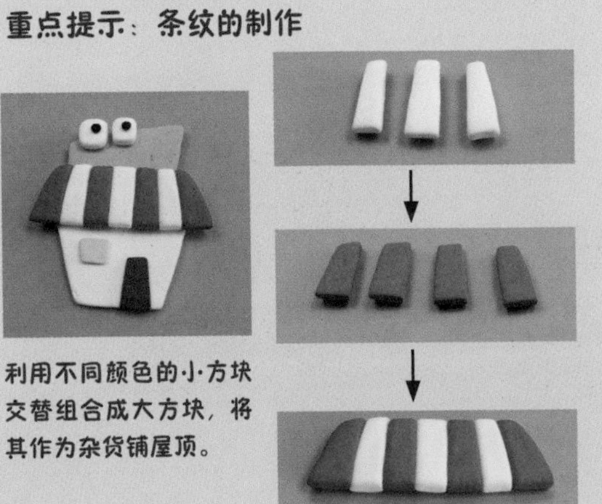

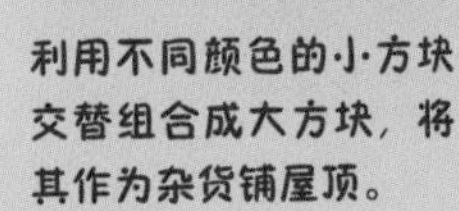

利用不同颜色的小方块交替组合成大方块，将其作为杂货铺屋顶。

准备材料和工具

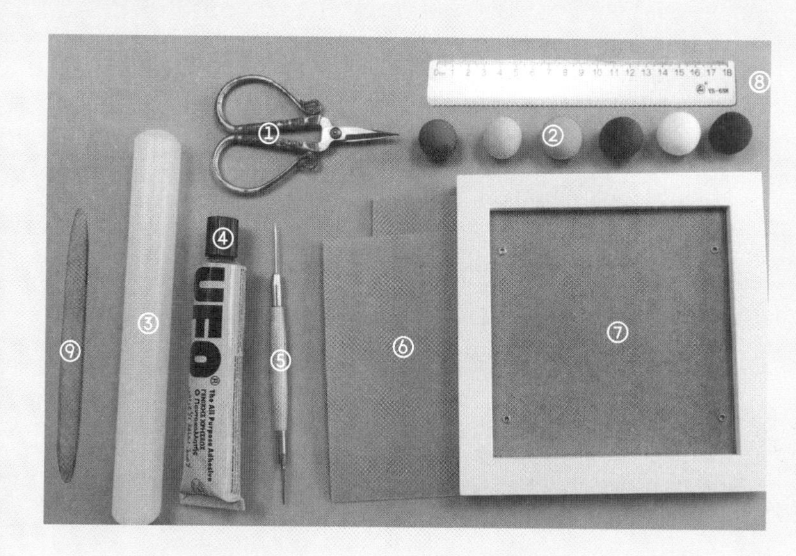

① 剪刀
② 各色黏土（红色、黄色、翠绿色、棕褐色、白色、黑色）
③ 擀泥棒
④ 胶水
⑤ 细节针
⑥ 不织布（紫色）
⑦ 画框（200mm×200mm）
⑧ 直尺
⑨ 木片棒

做一个梯形鳄鱼脑袋

用厚实的翠绿色梯形黏土片、白色方形黏土块和黑色圆形黏土做出鳄鱼脑袋，两个大眼睛仿佛是在窥视着外面的世界一样，显得十分生动有趣。

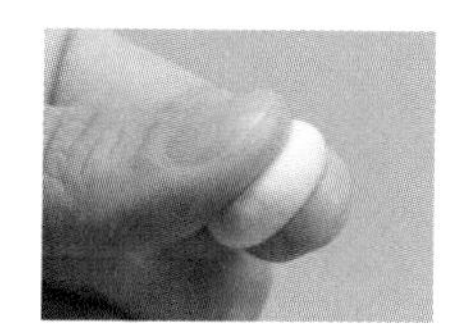
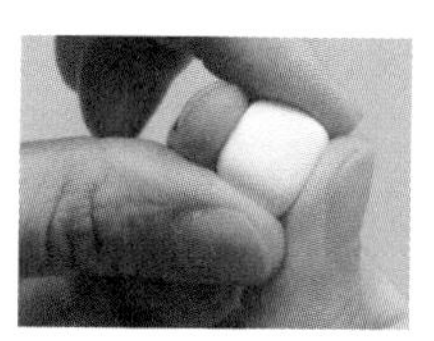
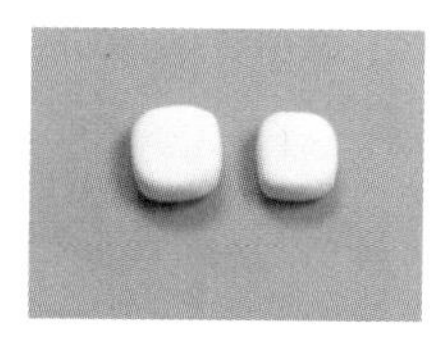
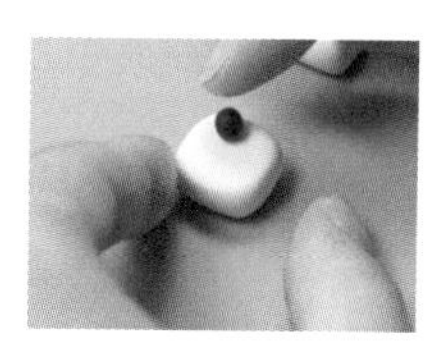

01 取白色黏土，用指腹揉成两个圆球并压扁，用手指从 4 个方向向中间挤压，将压扁的圆球挤成方形。取黑色黏土揉成两个小圆球作为眼珠，并将其分别粘在两个白色方形上，这就是鳄鱼的眼睛。

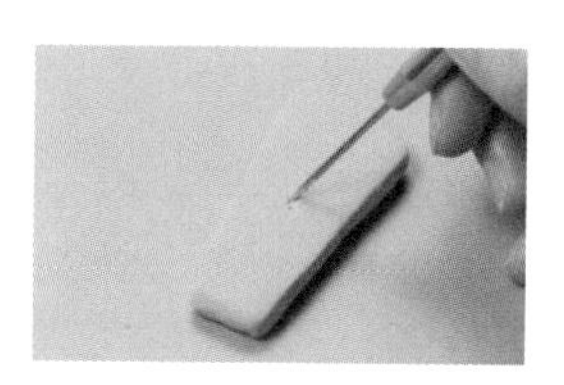
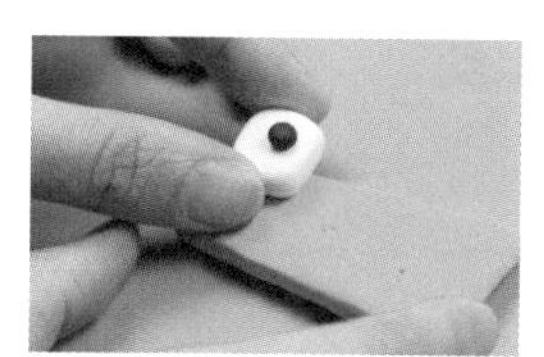

02 取翠绿色黏土，捏成梯形，用细节针在上面戳出一些点状纹理，增加细节感，这就是鳄鱼的脸部。然后把眼睛粘在脸部上面。梯形鳄鱼脑袋就做好了。

制作杂货铺的屋顶

红白相间的屋顶仿照了杂货铺的配色，给人一种熟悉的感觉。红白相间的颜色具有节奏感，同时又能丰富细节。

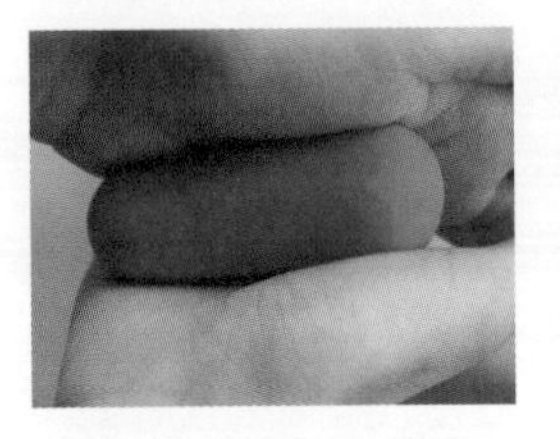

03 取红色黏土在掌心揉搓，用擀泥棒将其擀成薄片，用细节针画几条间距均匀的切割线。

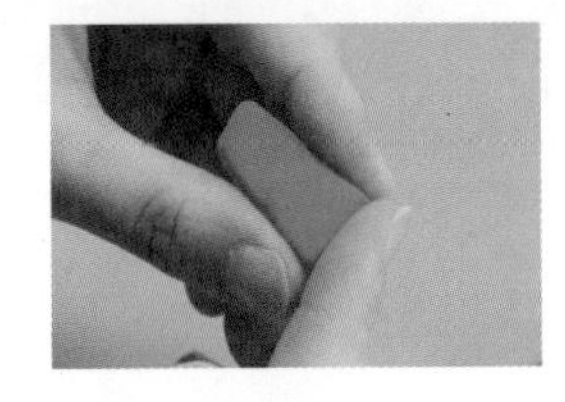
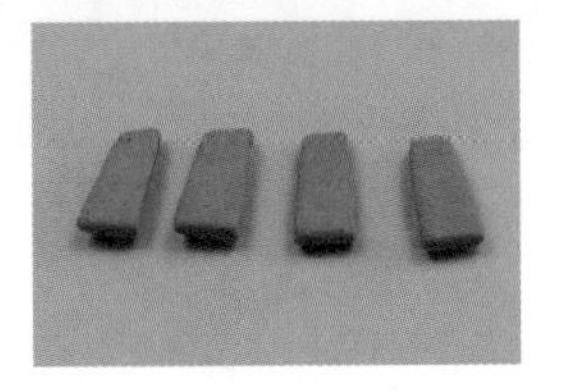

04 用剪刀沿着切割线剪出 4 块红色方形，并用指腹把边缘整理光滑。

05 按照上一步的方法，取白色黏土做出 3 块方形，把红色方形和白色方形交错着排在一起，为制作屋顶做准备。

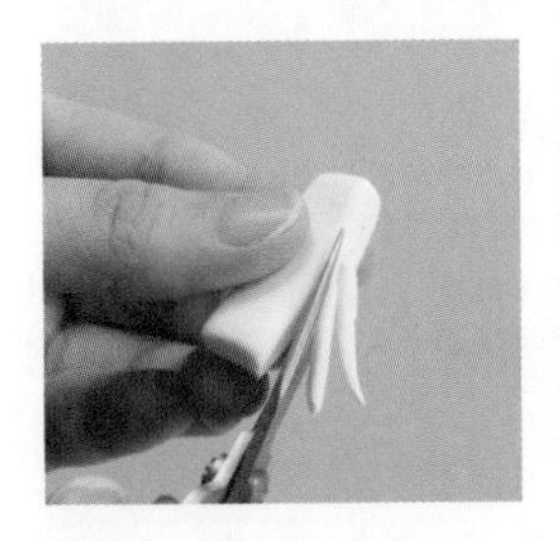

06 用剪刀适当修剪白色方形和红色方形，然后把它们并排粘在一起，杂货铺的屋顶就做好了。

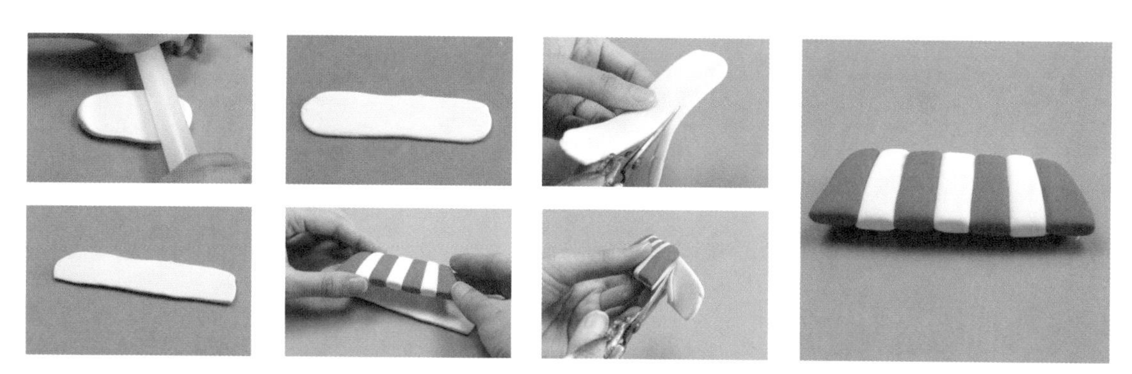

07 取白色黏土擀成薄片，并将其修剪成长方形，粘在屋顶底部以增加屋顶厚度，再用剪刀把白色长方形薄片多余的部分剪去。

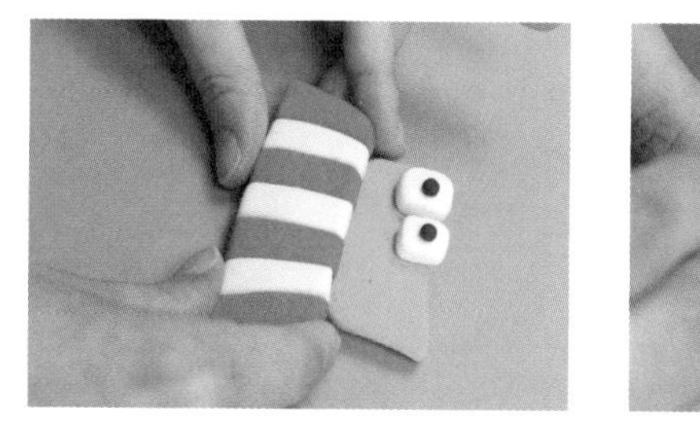

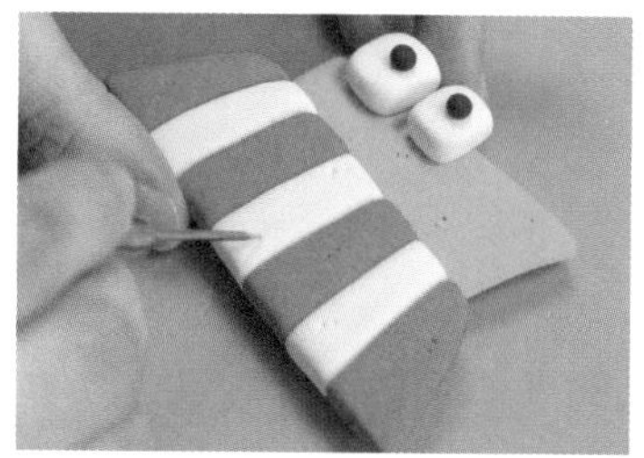

08 把鳄鱼脑袋与屋顶粘在一起，并用细节针在屋顶和鳄鱼脑袋上戳出一些点状纹理，这就是带有鳄鱼脑袋的屋顶。

制作杂货铺

在白色黏土做的屋子上添加一个小门和小窗，黄色的小窗表示屋内有灯光透出来。

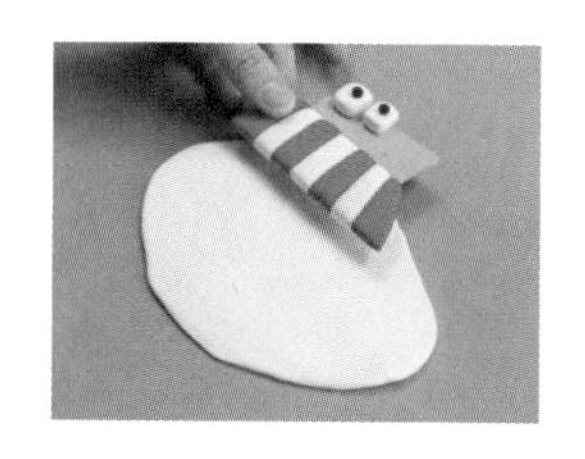

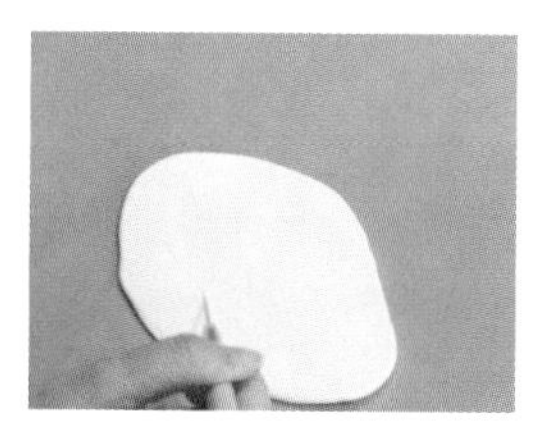

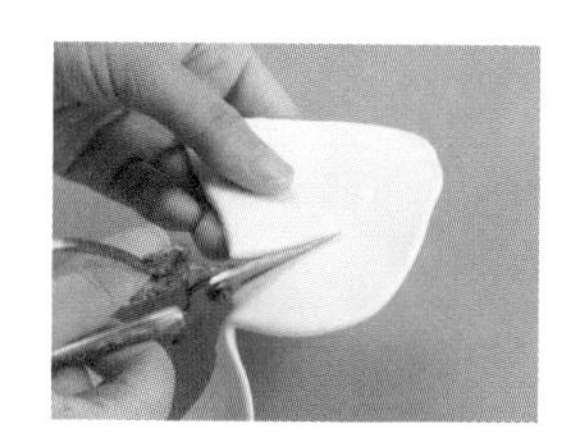

09 取白色黏土擀成薄片作为屋子的墙体，根据制作好的屋顶确定墙体的大小。然后用细节针在白色薄片上画出墙体的轮廓，用剪刀沿轮廓剪出墙体并把边缘整理光滑，戳出点状纹理，为制作屋子做准备。

10 把屋顶与墙体粘在一起，注意粘贴的层次关系，这就是杂货铺的屋子。

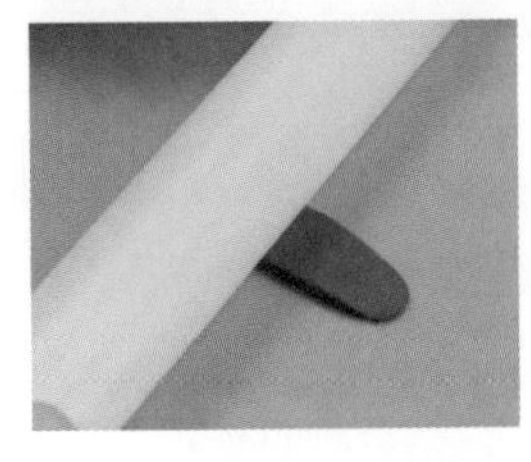
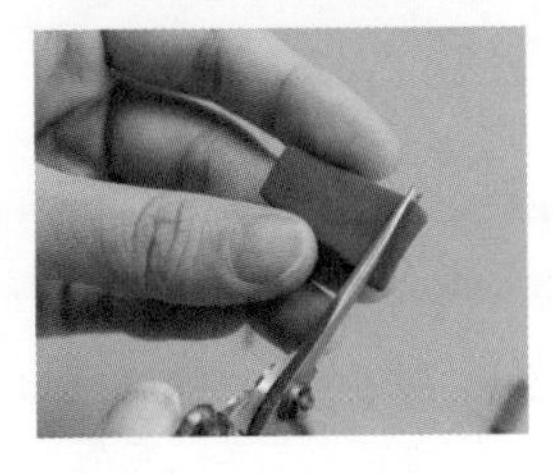

11 取棕褐色黏土用擀泥棒擀成薄片，用剪刀将其剪成梯形并粘在墙体上作为门。

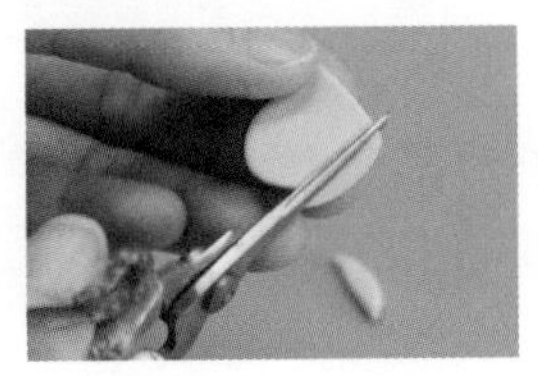
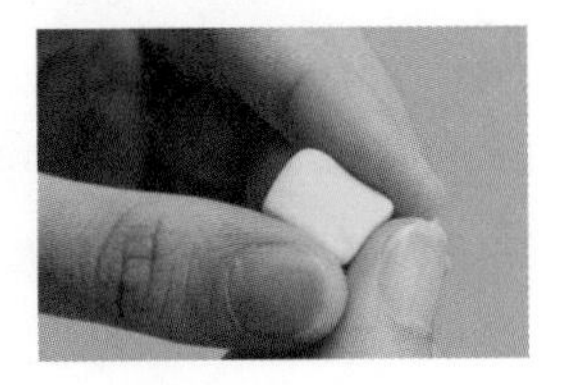

12 取黄色黏土揉成球再压成小圆片，然后用剪刀将其剪为方形，并粘在墙体上作为窗户，杂货铺就做好了。

制作一条大马路

黑色黏土能产生很好的对比效果，仿照马路将黑色黏土切成一个大的方形，再用白色黏土做出马路上的标线。

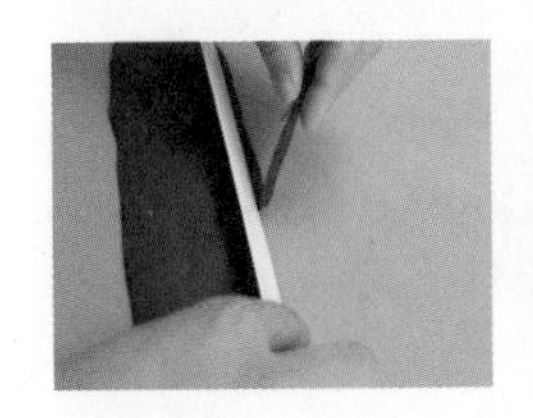
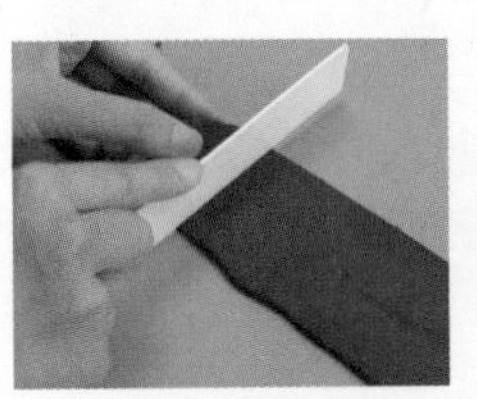
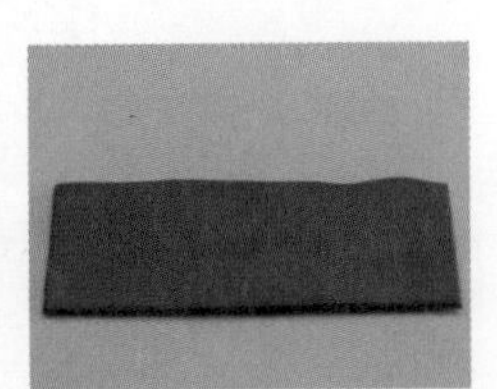

13 取黑色黏土擀成薄片，用直尺将其切成方形作为马路。

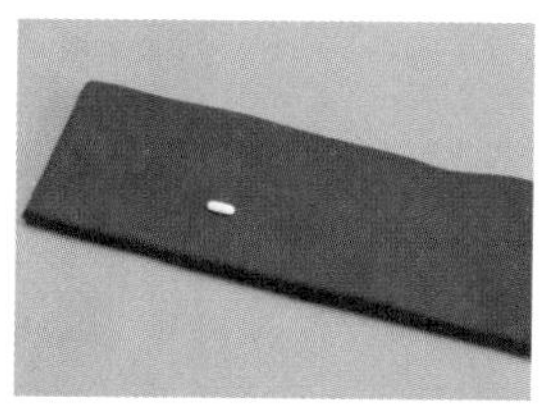
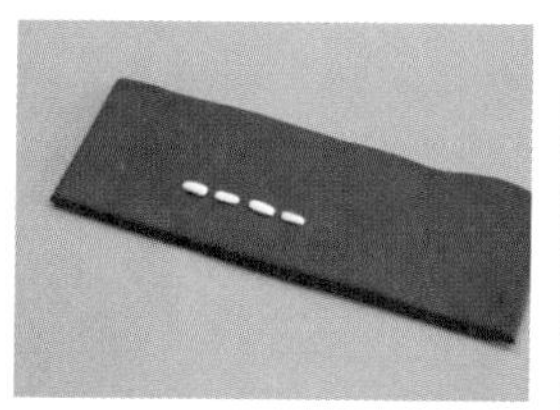
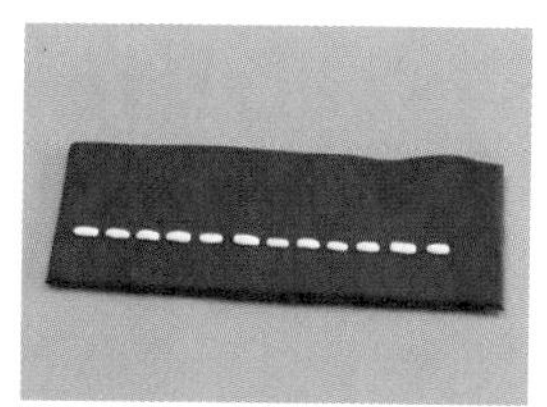

14 根据杂货铺确定马路上标线的位置，然后把白色黏土搓成一些小白条并粘在马路上，形成一条有间隔的直线。

制作背景板

15 剪一块与画框大小相同的紫色不织布，用木片棒和胶水将不织布粘在画框底板上，并装好画框。

安装黏土画

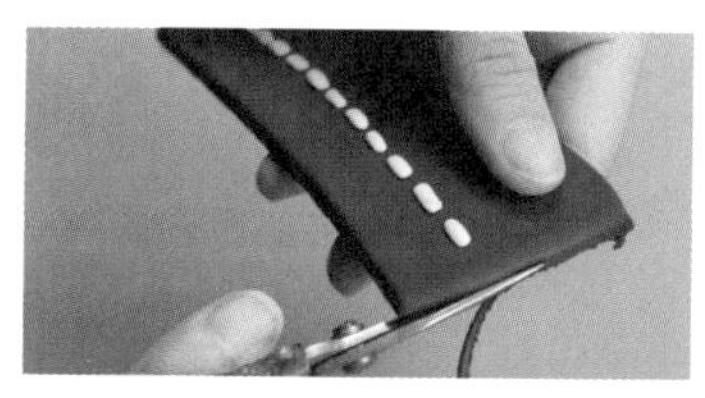
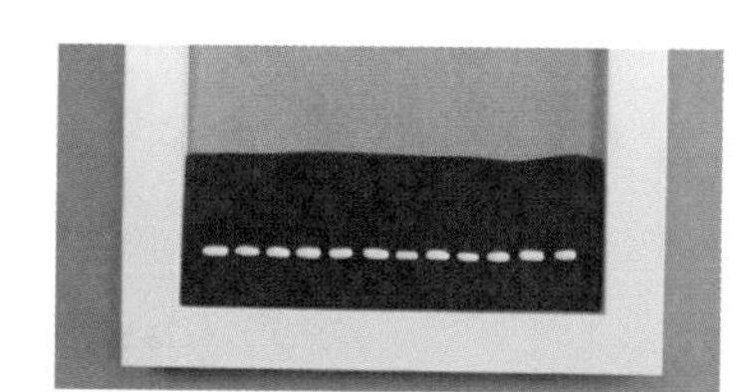

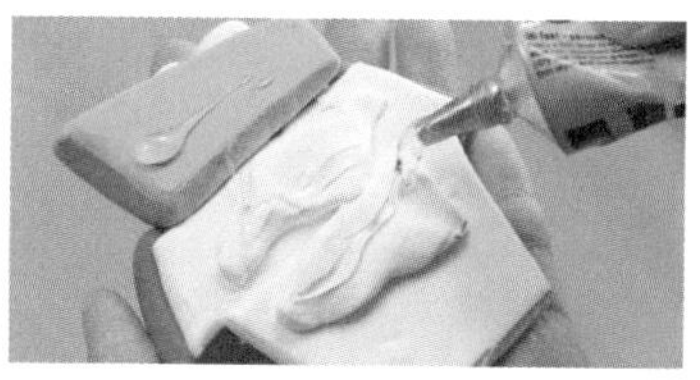

16 用剪刀把马路修剪成合适的宽度后将其粘在画框底部，在杂货铺背面粘一些黏土并抹上胶水，然后把杂货铺与马路和不织布粘在一起就完成啦。

2.3.3 灵动的长条——梦幻海水

长条是我经常用到的元素，一起用长条组成辽阔的大海和可爱的云朵试试吧！看，如果我们多添加几种颜色，海水的层次就更丰富了。

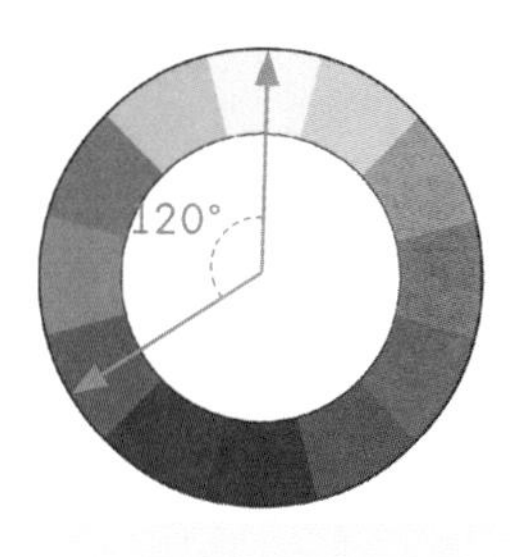

色彩分析时间

蓝色和白色是海水和云朵本来的颜色，而鲜艳的黄色背景令人眼前一亮，宛如处于梦幻般的大海中。

脑洞大开

1 扭曲的黏土长条组合在一起看起来很像波浪。

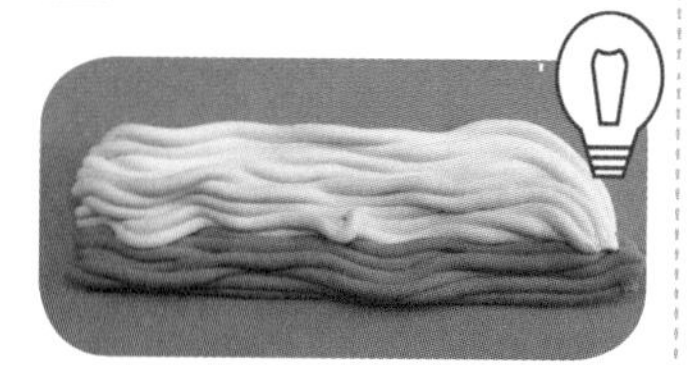

2 不同颜色的黏土长条组合在一起具有层次感。

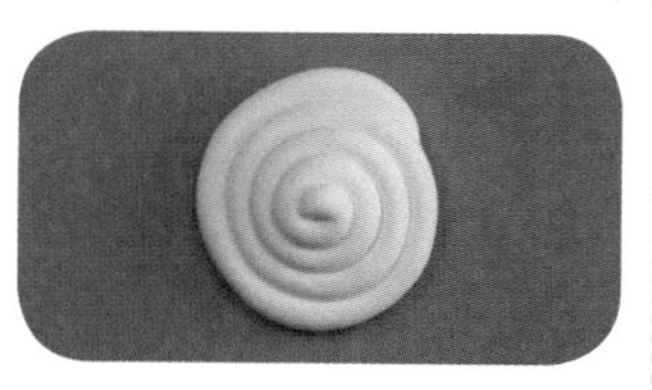

3 将白色黏土长条卷成圆盘有什么用呢？

4 在我们的印象中云朵是软绵绵的。

5 将白色黏土卷成的圆盘组合起来就成了云朵。

创想开始

长条是非常灵动的形状，弯来弯去，像流水一般。

重点提示：流动的水

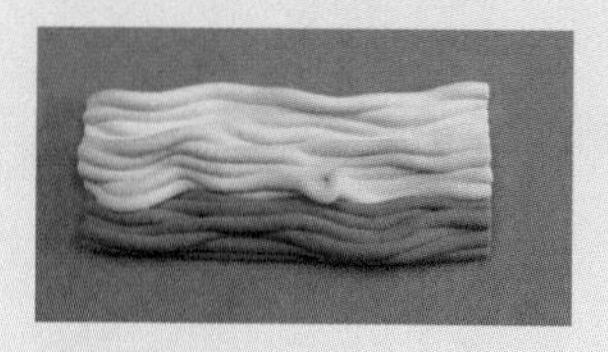

将黏土长条弯成波浪形状，在一些地方制造拐点，从而制造出浪花的效果。

弯曲的长条

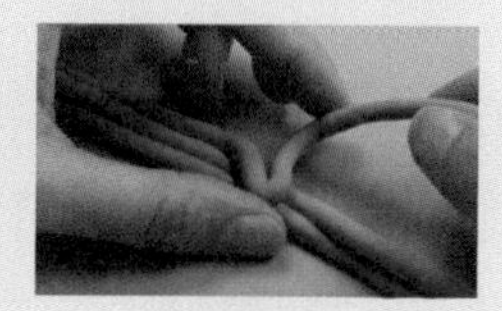

制造拐点

准备材料和工具

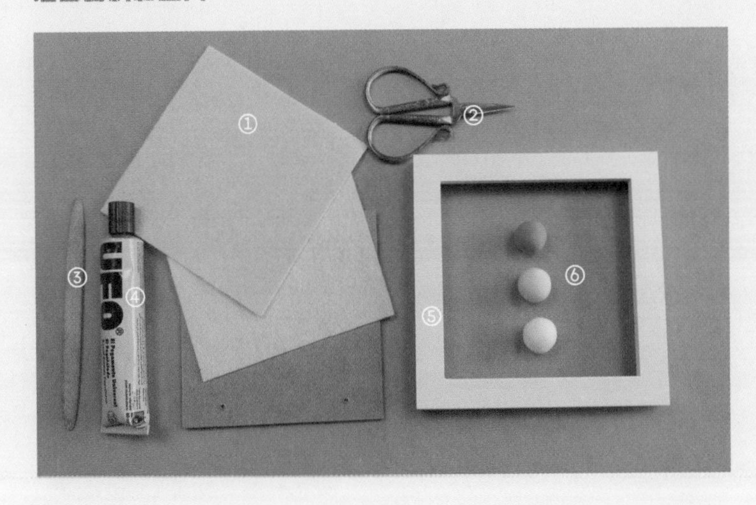

① 不织布（黄色和白色）

② 剪刀

③ 木片棒

④ 胶水

⑤ 画框（200mm×200mm）

⑥ 各色黏土（蓝色、浅蓝色、白色）

搓一片海洋

说到海洋就必定会想到浪花，一层层的浪花可以用黏土长条来制作，将颜色逐渐过渡的黏土长条按波浪形状组合在一起就能得到层层浪花。

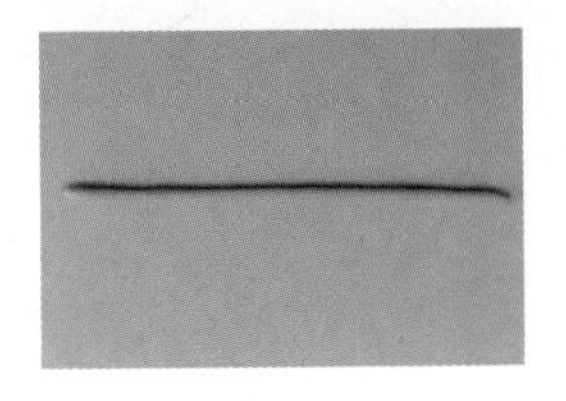
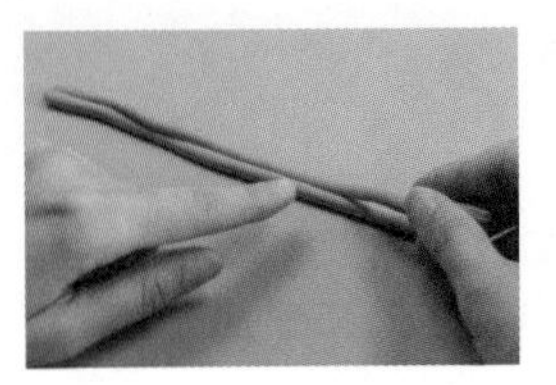
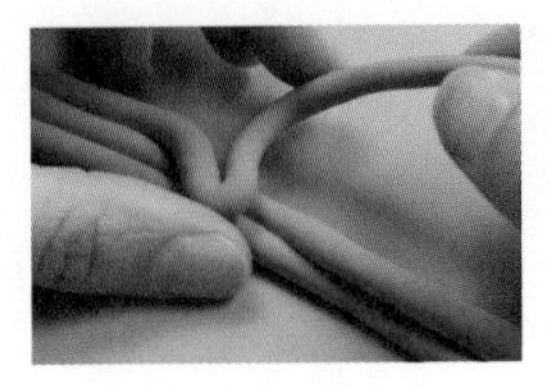
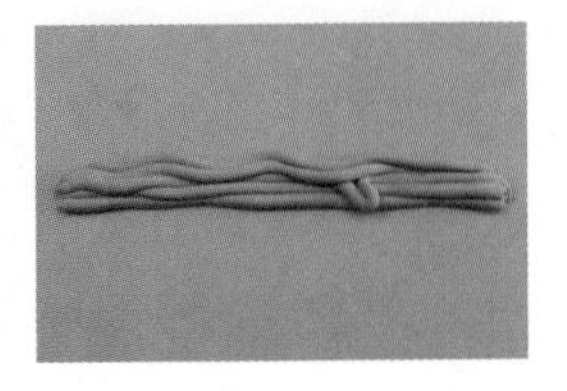

01 取蓝色黏土，搓一根长条作为底部海水，然后继续再用蓝色黏土续搓新的长条，每搓出一两根长条就把它们随意叠在一起，制造浪花效果。

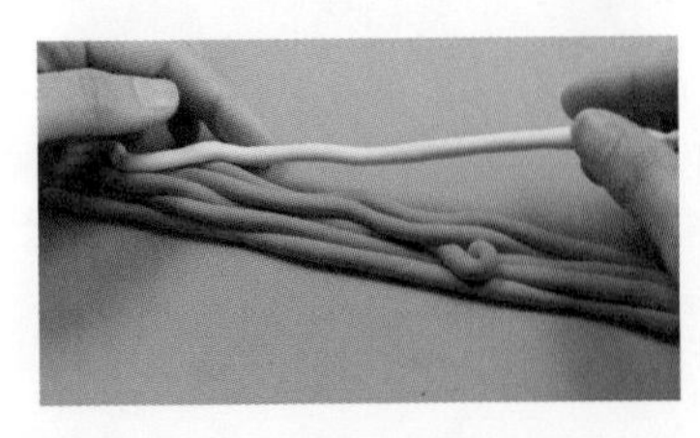
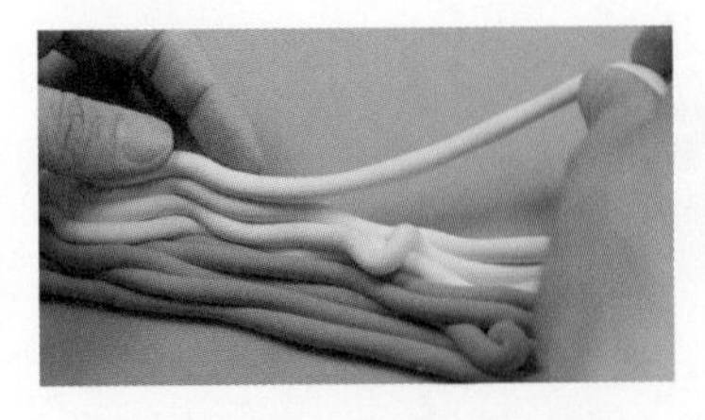
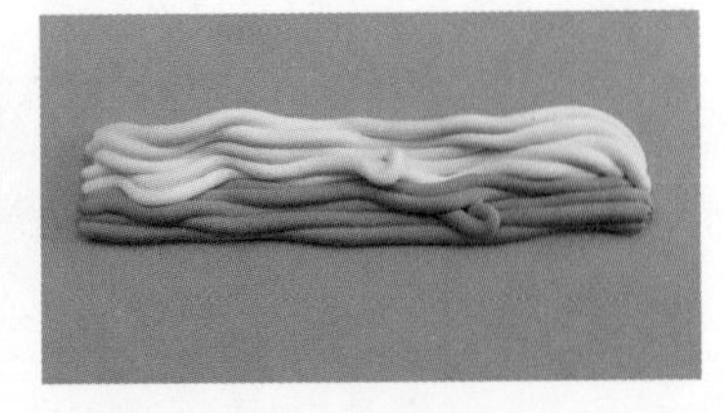

02 搓出一定数量的蓝色长条之后，取浅蓝色黏土再搓一些长条，并将其粘在蓝色长条的上方。

03 取白色黏土，搓出一些长条作为顶部的海水，粘在浅蓝色长条上方，整体形成一种渐变效果，使画面更加有层次感。

让边缘平整的方法

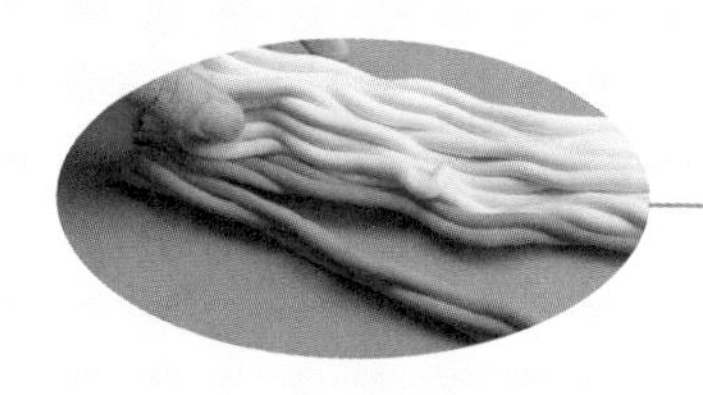

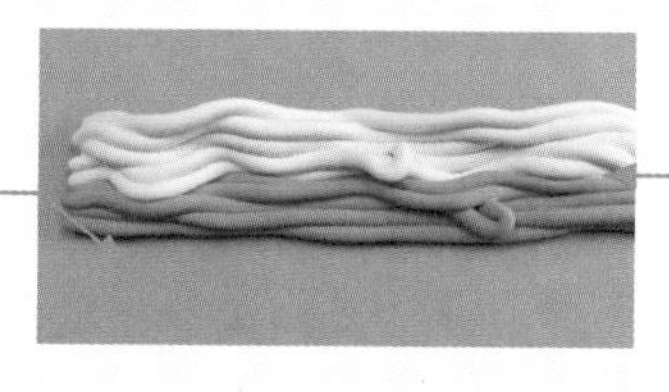

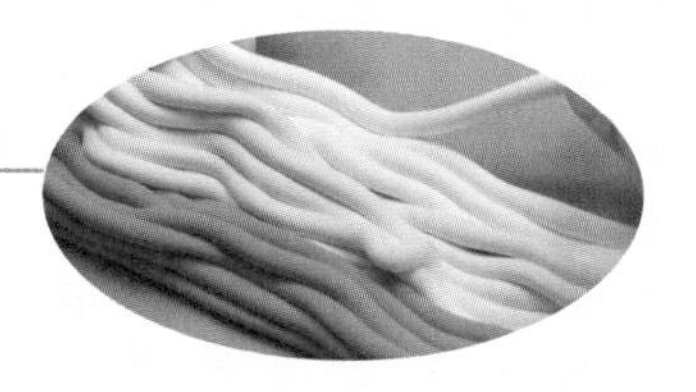

为了让底部和顶部平整，可以加几根黏土长条，这样方便黏土画装框。

制作云朵

卷曲的云朵看起来更有艺术感。将黏土长条卷成圆盘并组合到一起，就可以制作出云朵啦！

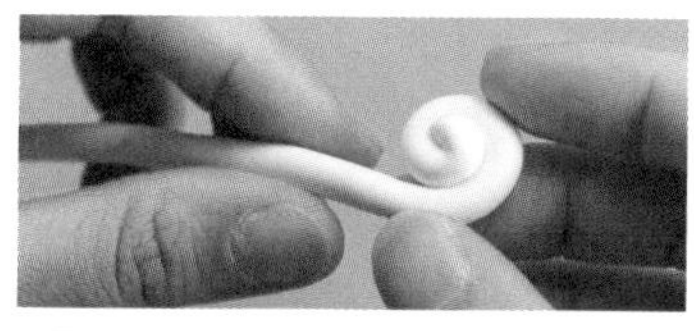

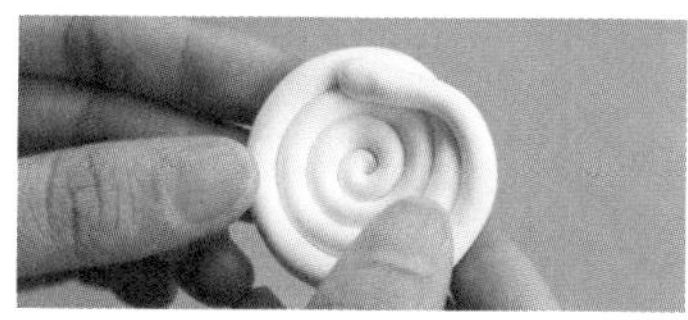

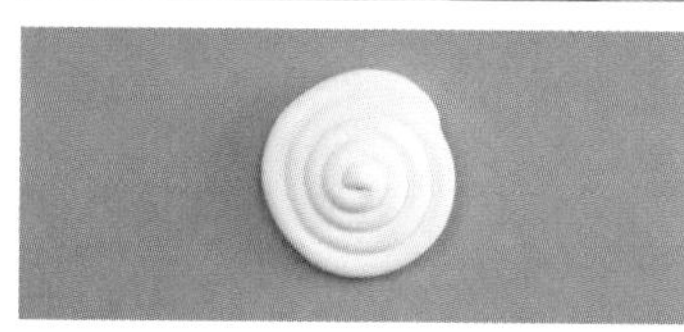

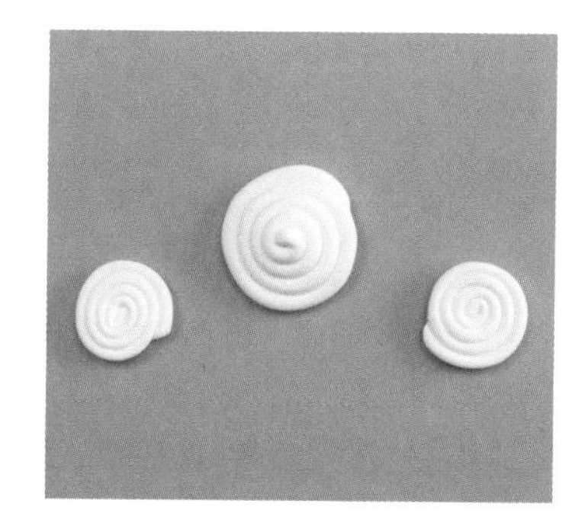

04 取白色黏土，搓成长条并卷起来，尾端收在后面，圆盘就做好了。再做出两个小一点的圆盘，为制作云朵做准备。

05 把 3 个圆盘粘在一起，云朵就做好了。

制作背景板

06 用木片棒在画框底板上抹匀胶水，剪一块与画框底板大小相同的方形白色不织布粘在画框底板上，再用同样的方法贴一块黄色不织布在白布上，最后装好画框。

安装黏土画

将一层一层的海水和卷卷的云朵粘在画框中，一幅梦幻海水黏土画就完成啦！

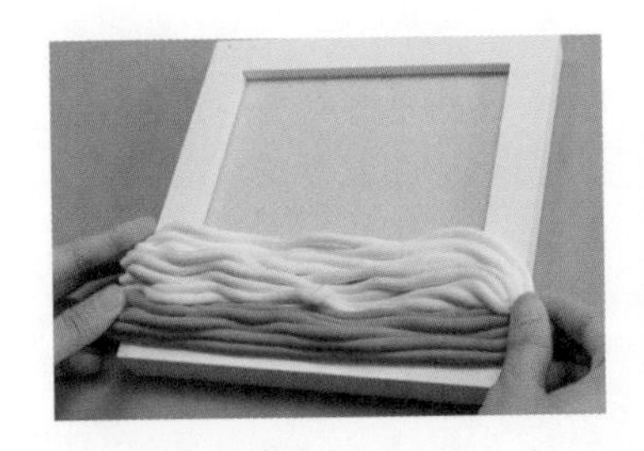

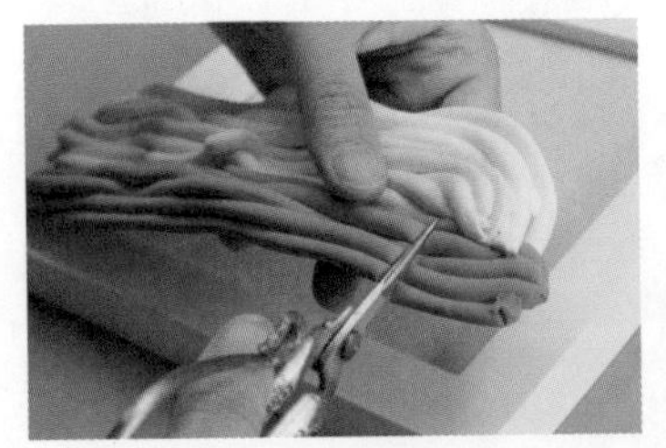

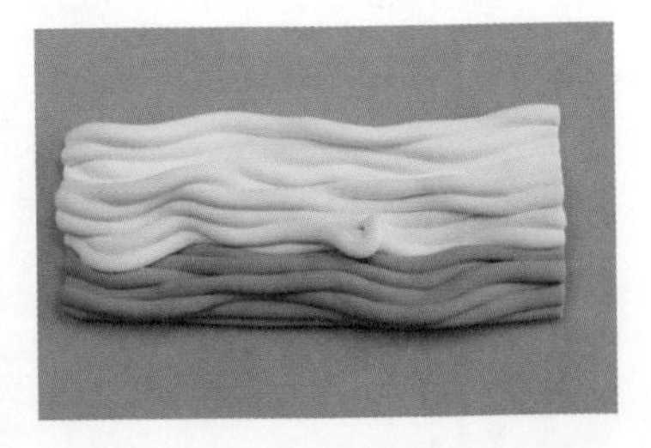

07 根据画框的宽度确定海水的形状，用剪刀剪去海水两端多余的部分。

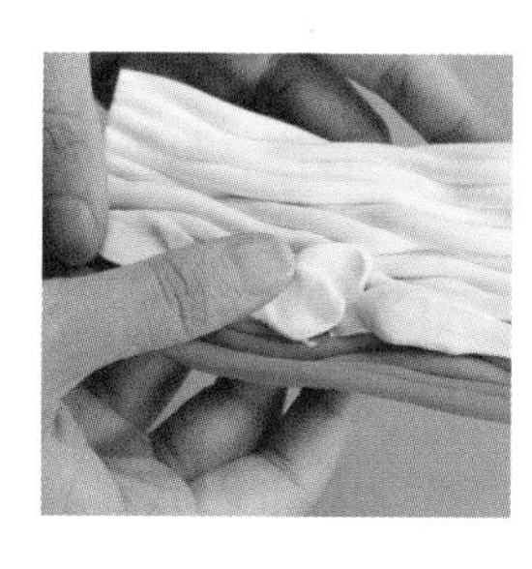
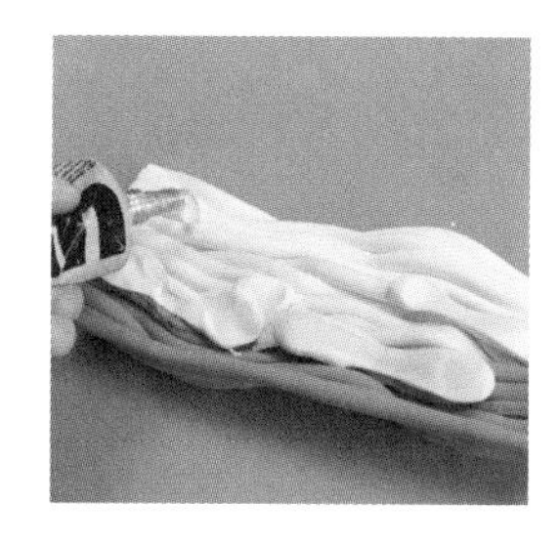
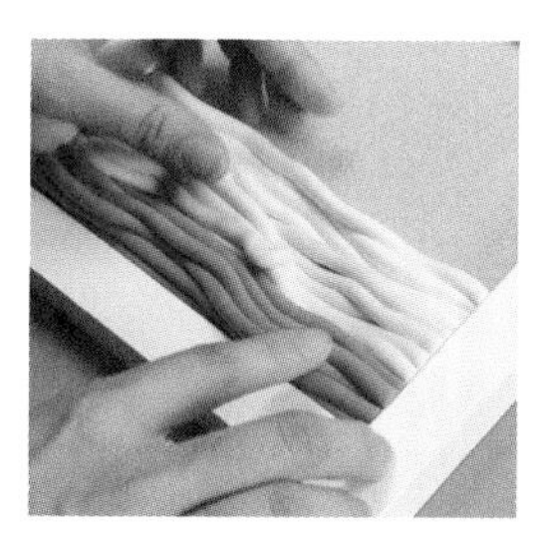

08 在海水背面粘上浅蓝色黏土并抹上胶水，把海水粘在画框底部。

09 在云朵背面粘上白色黏土并抹上胶水。

10 把云朵粘在画框中海水的上方，梦幻海水黏土画就完成啦!

2.3.4 万能的薄片——童话彩虹

薄片可以用来做很多东西，如在彩虹里穿梭的飞鱼，既梦幻又可爱，是生活中看不到又让人遐想的景象。

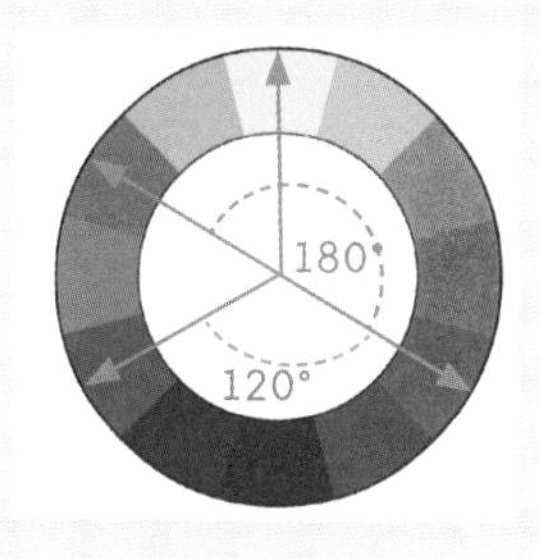

色彩分析时间

童话世界总是多彩且鲜艳的，这次黏土画的背景就采用了糖果色，让画面充满粉嫩的感觉，另外彩虹和彩色的鱼则增加了童话氛围，让人如坠云间。

脑洞大开

创想开始

薄片给人的感觉是十分轻盈的，轻盈的东西让人想到天空中的彩虹、云朵。

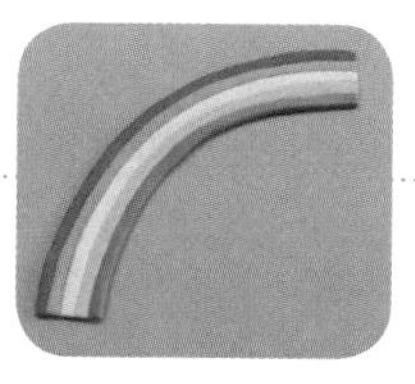

1 薄片做成的彩虹好像非常轻盈。彩虹的色彩，我们也大胆地想象吧！

2 薄片做成的云朵给人轻飘飘的感觉。

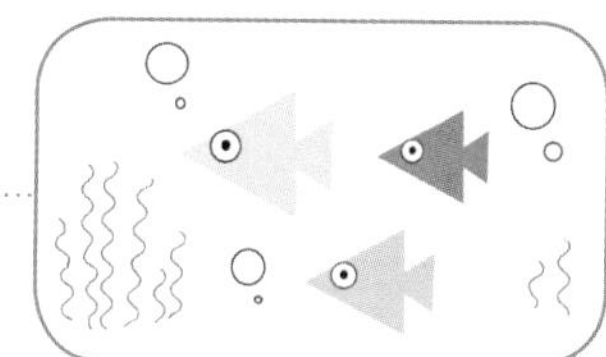

3 如果让水中的鱼在天上飞会怎样？

4 在粉色天际中遨游的鱼群，是童话世界的感觉。

重点提示：小鱼

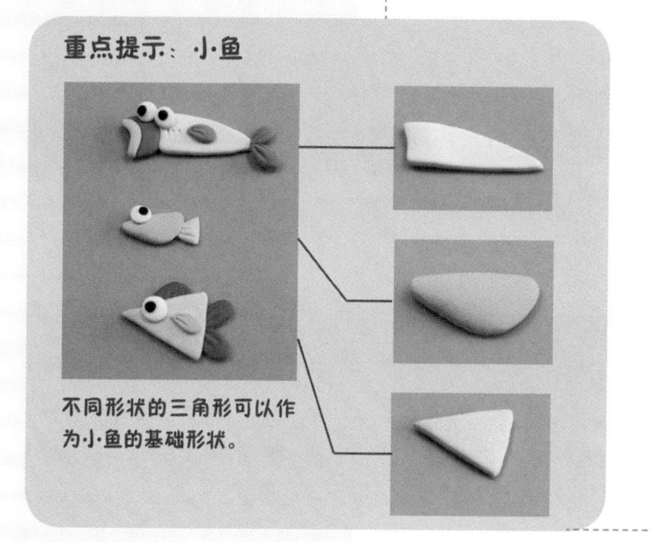

不同形状的三角形可以作为小鱼的基础形状。

准备材料和工具

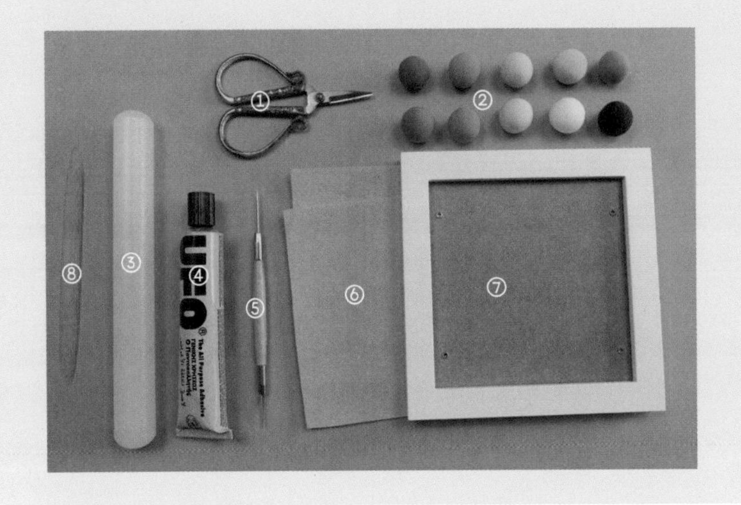

① 剪刀

② 各色黏土（红色、橙色、黄色、绿色、蓝色、紫色、紫红色、浅蓝色、白色、黑色）

③ 擀泥棒

④ 胶水

⑤ 细节针

⑥ 不织布（粉色）

⑦ 画框（200mm×200mm）

⑧ 木片棒

制作彩虹和云朵

彩虹是由许多颜色构成的，将不同颜色的片状黏土长条组合在一起就能够得到。云朵需要用剪刀修剪形状。

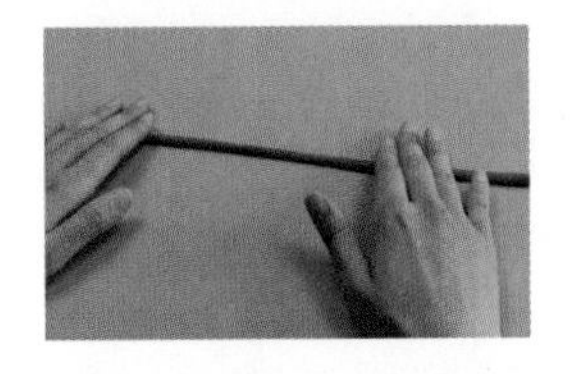

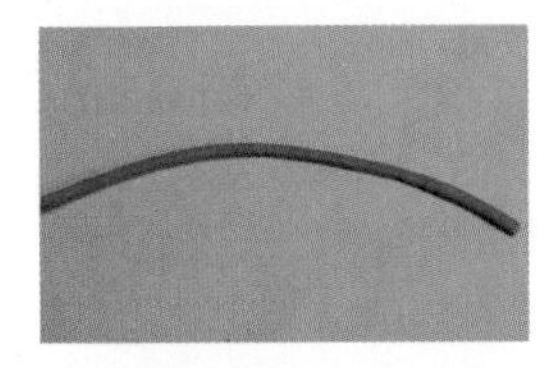
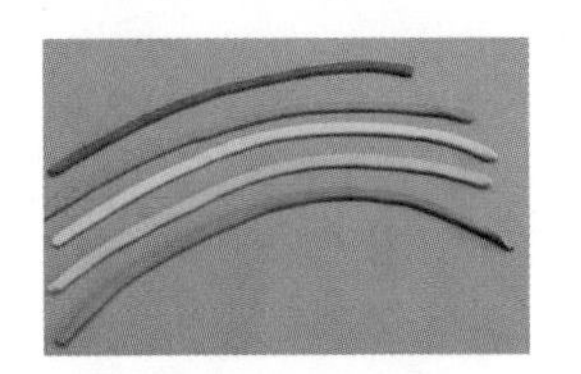

01 取红色黏土搓成长条，把它稍压扁成片状。再取橙色、黄色、绿色和蓝色黏土按照同样的方法压成片状长条。

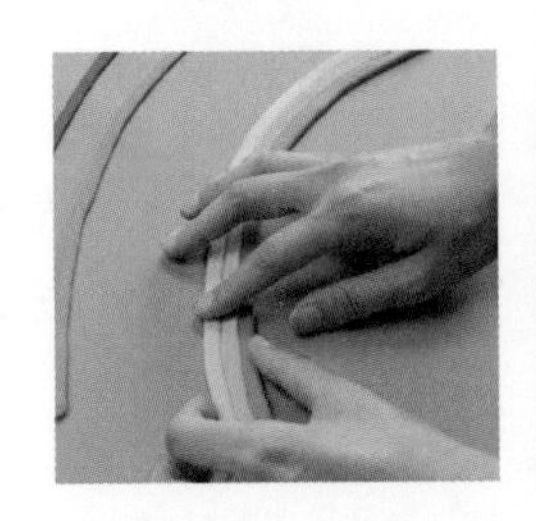
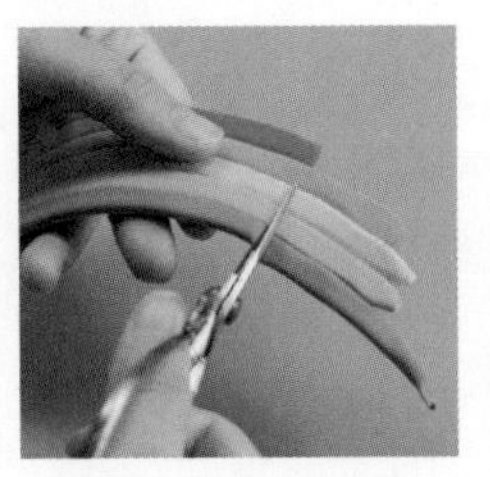
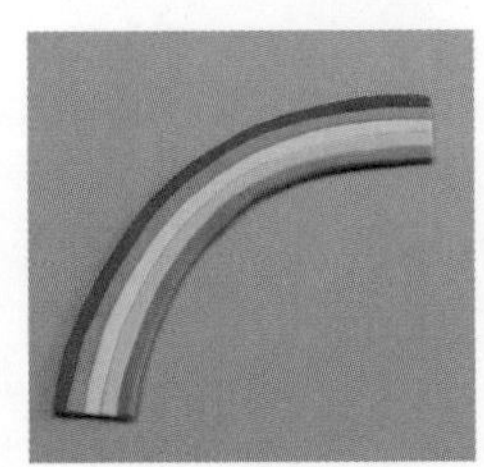

02 依次把五种颜色的片状长条并排摆放，用剪刀把两端修剪平整，彩虹就做好了。

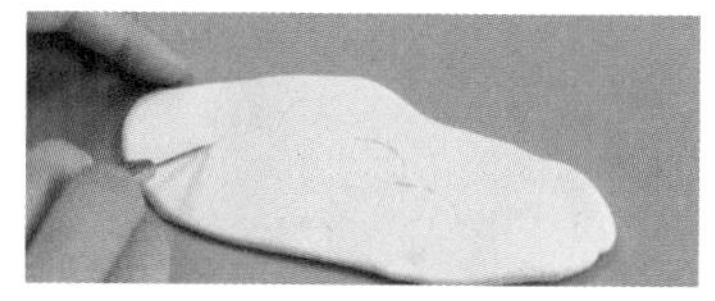

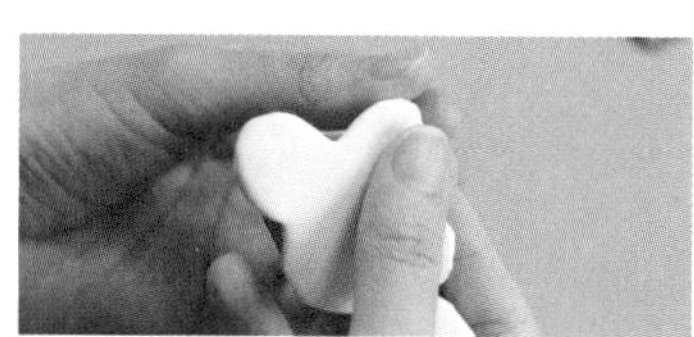
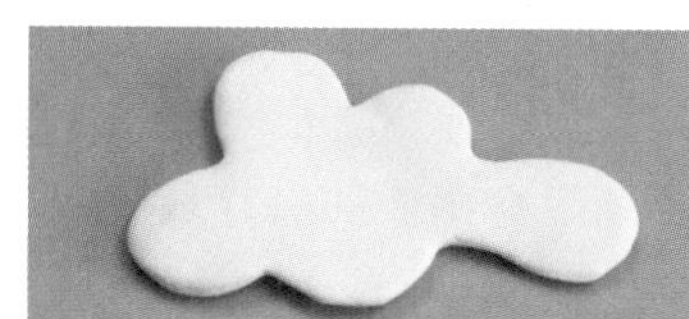

03 取白色黏土擀成薄片，用细节针在其上画出云朵的轮廓，用剪刀按轮廓将其剪下，用指腹把边缘整理光滑。再做出另外两片云朵，形状可以自己创造。

制作第一条小鱼

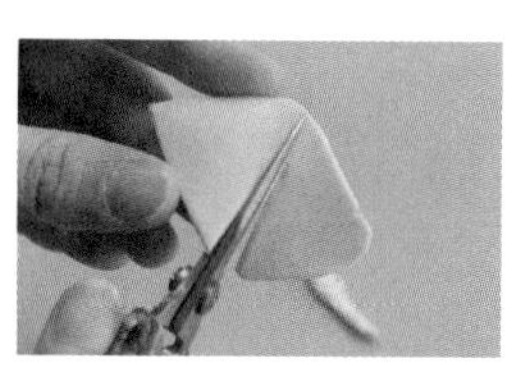
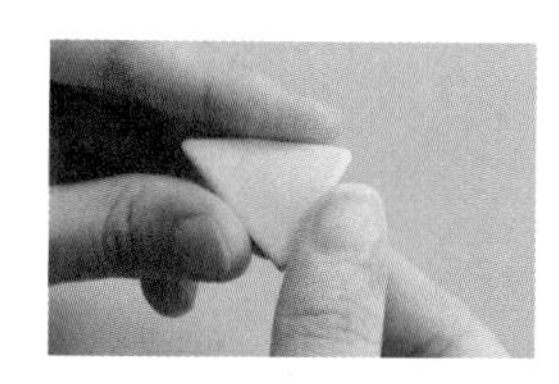

04 取黄色黏土擀成薄片，用剪刀将其剪成三角形并用指腹把边缘整理光滑，这就是第一条小鱼的身体。

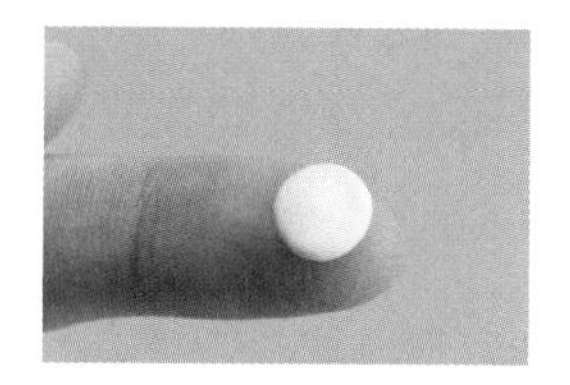
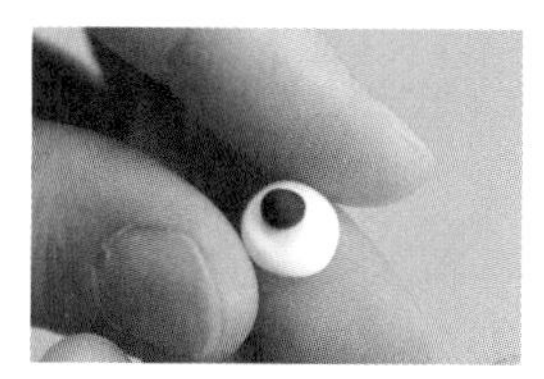
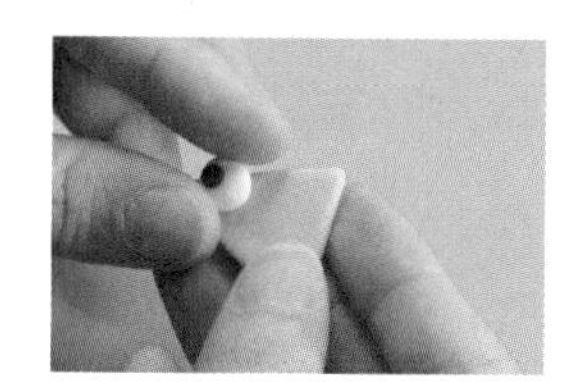
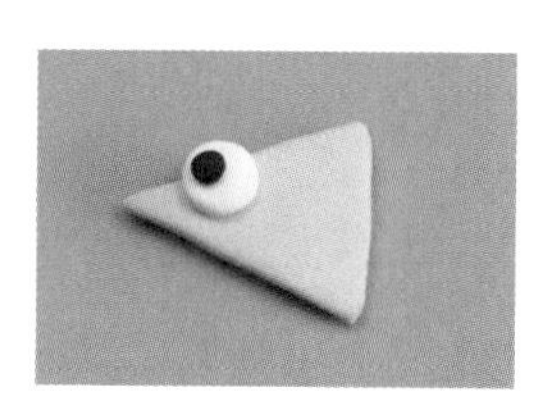

05 取白色黏土揉成圆球再压成圆片，再揉一个黑色黏土小圆球粘在白色圆片上，这就是小鱼的眼睛。把做好的眼睛粘在小鱼的身体上。

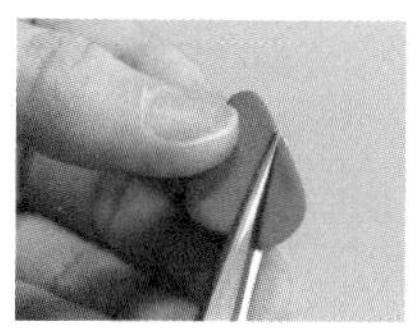
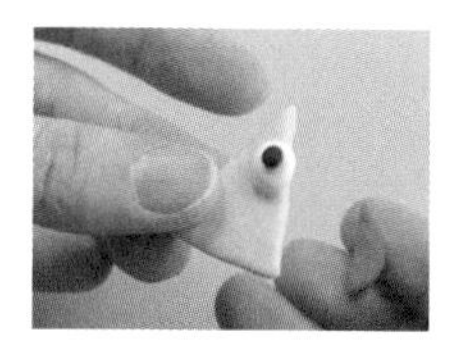

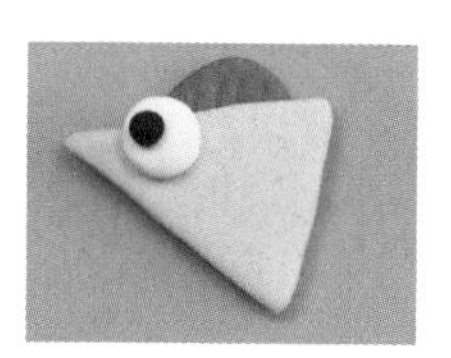

06 取红色黏土捏成片状水滴形，剪下有弧度的一侧，粘在小鱼身体上方，再用细节针画出鱼鳍细节。

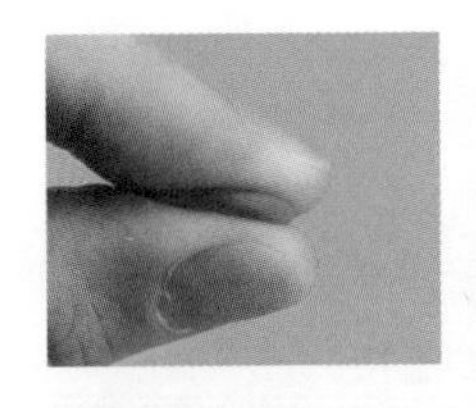    

07 取红色黏土捏成两个小水滴形，用细节针分别在每个水滴形黏土上压出两道痕迹，将两个水滴形黏土的尖头粘在一起组成小鱼的尾鳍，将其粘在小鱼身体尾部。

 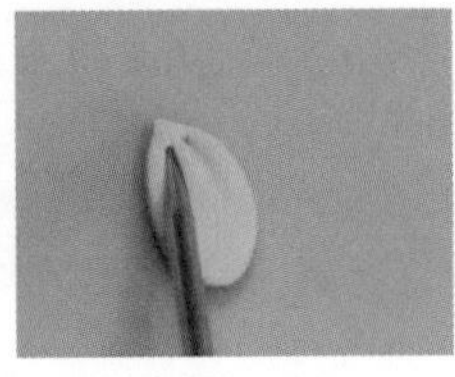 

08 取绿色黏土捏一个水滴形，用细节针压出两道痕迹之后粘在小鱼的身体上，这就是小鱼的侧鳍，第一条小鱼就做好了。

制作第二条小鱼

 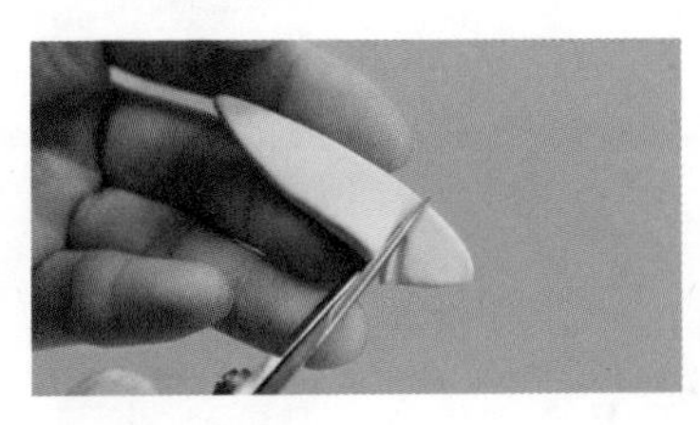 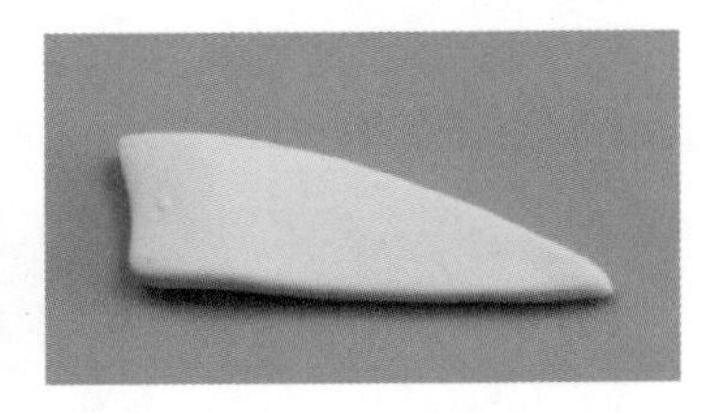

09 取浅蓝色黏土，用擀泥棒擀成偏椭圆形的薄片，一端稍尖、一端稍圆，用剪刀剪去稍圆的那一端，用指腹将边缘调整光滑，这就是小鱼的身体。

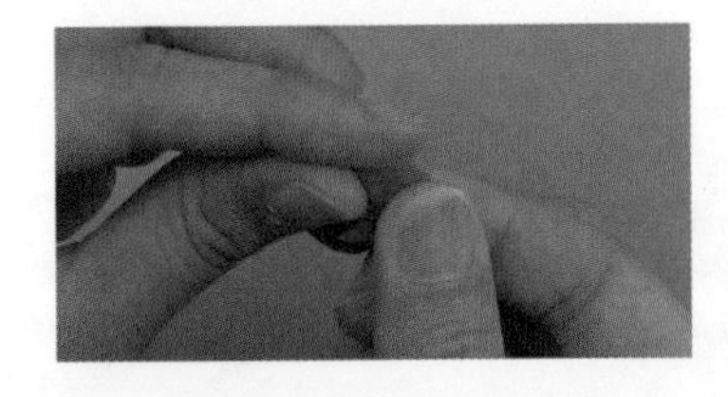 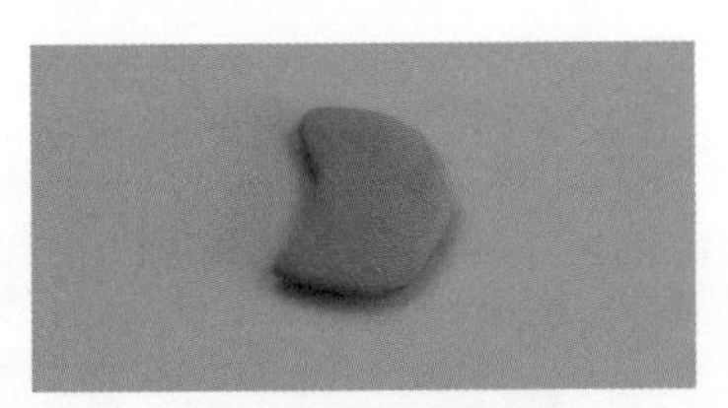 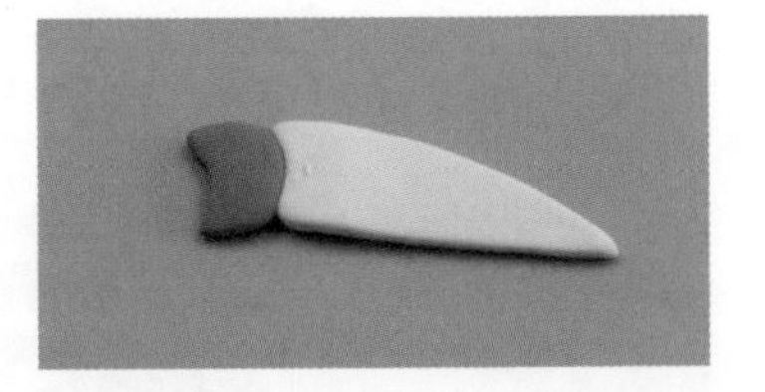

10 取紫色黏土，先捏成圆形，再用剪刀剪出一个内凹的弧度，作为小鱼的头部，最后将其与小鱼的浅蓝色身体粘在一起。

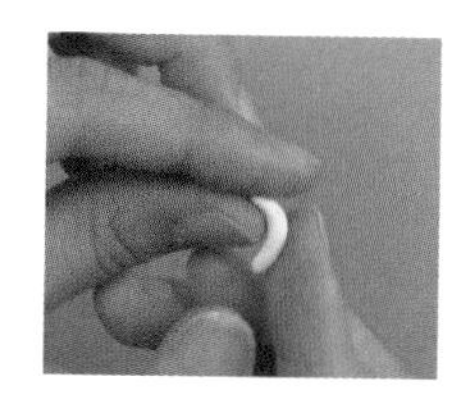
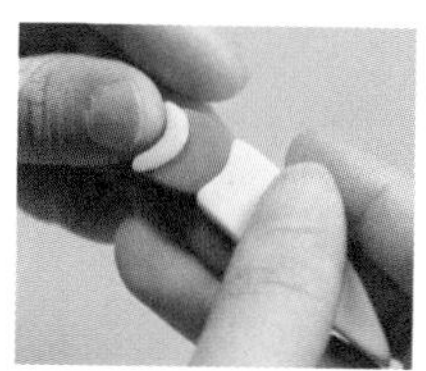
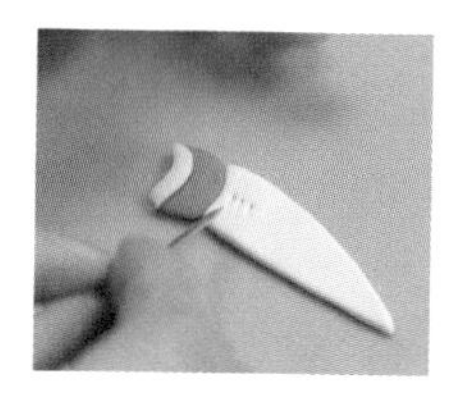
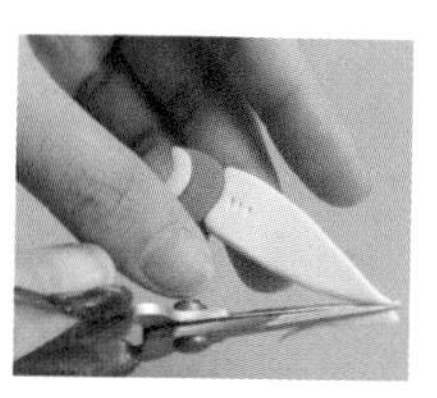
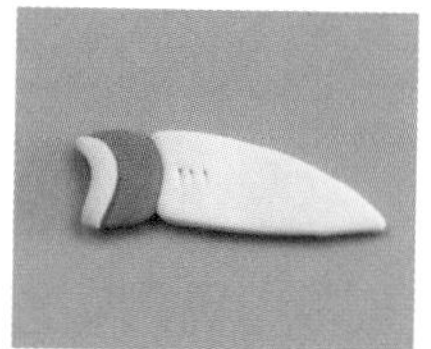

11 取黄色黏土用指腹搓成和鱼头相应长度的小长条，并弯出一个弧度，这就是小鱼的嘴，将其粘在小鱼的头部。然后用细节针戳出鱼鳃，用剪刀修剪小鱼的鱼尾，最后整体修整身体。

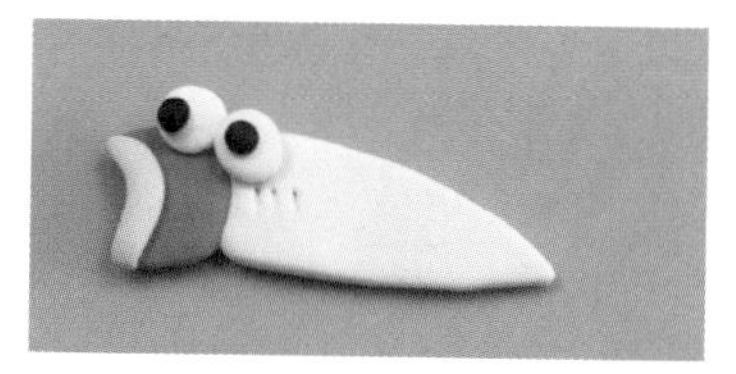

12 根据第 41 页 05 步的方法做出两只鱼眼睛，将两只鱼眼睛并排粘在小鱼头部和身体相接处。

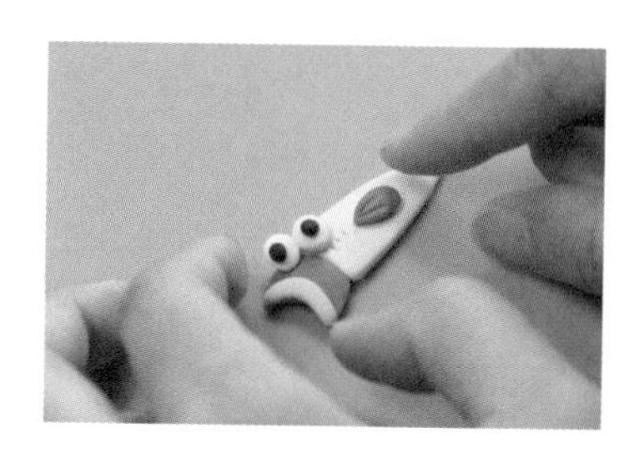
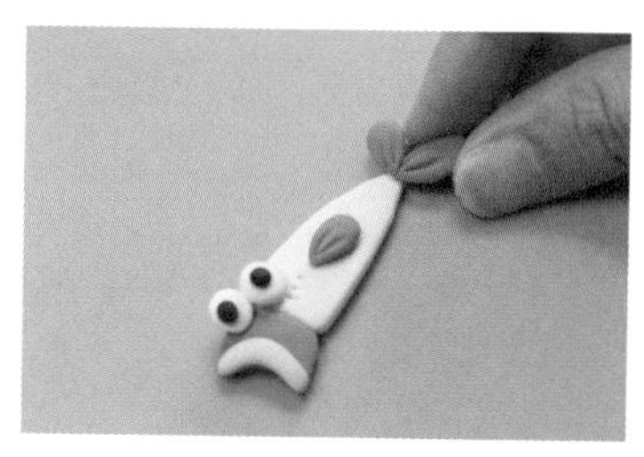

13 按照第一条小鱼鱼鳍的做法，取紫红色黏土做出一个侧鳍，再取紫色黏土做出一对尾鳍，粘在小鱼身体的相应部位，第二条小鱼就做好了。

制作第三条小鱼

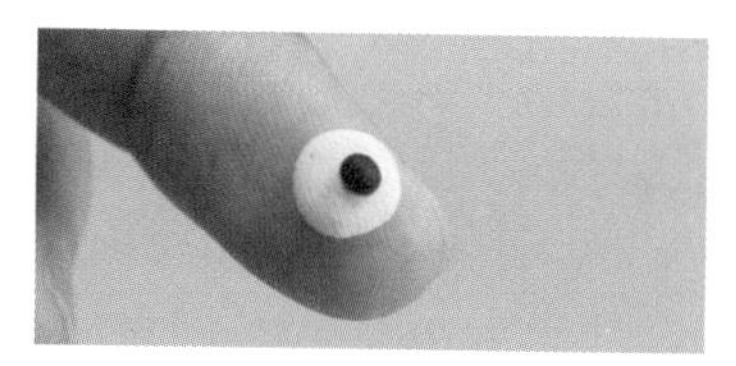

14 取绿色黏土，捏成胖水滴形，这就是小鱼的身体。再按照第 41 页 05 步的方法做出一只鱼眼睛，并将鱼眼睛粘在身体前部。

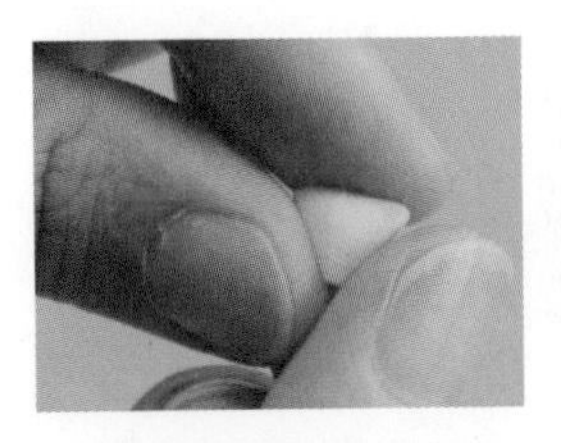
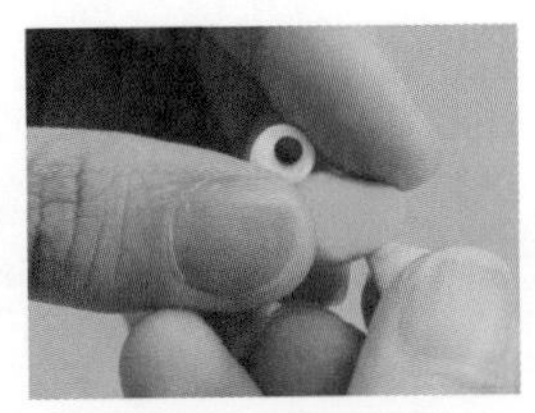
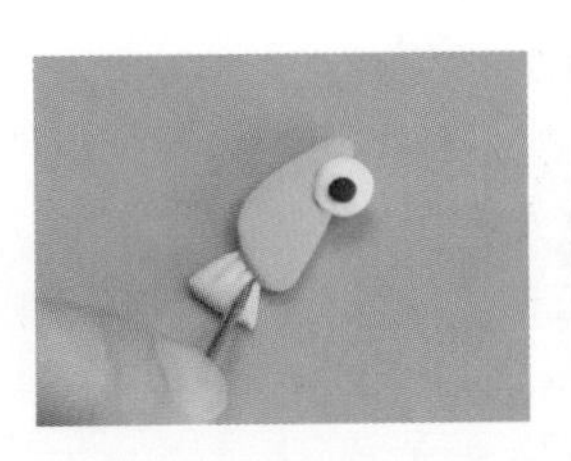

15 取黄色黏土，捏一个三角形黏土片粘在身体尾部作为小鱼的尾鳍，用细节针在尾鳍上压出几道痕迹。

制作背景板

16 用木片棒在画框底板上抹匀胶水，剪一块与画框大小相同的方形粉色不织布粘在画框底板上，并装好画框。

安装黏土画

17 根据想摆放的位置，修剪一下之前做好的各元素，再相继把各元素粘在画框中就完成了。

2.3.5 可爱的水滴形——灿烂烟花

水滴形让我想到从小到大都在玩的烟花，它们既漂亮又耀眼。与亲友一起放烟花的时光，是我最开心的时光。

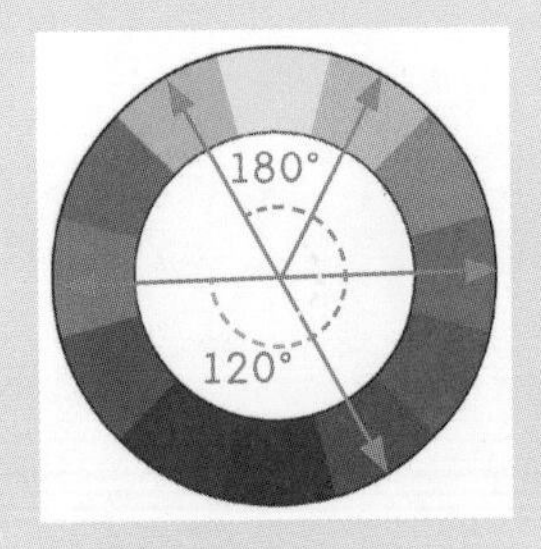

色彩分析时间

烟花只有在夜空中才能绽放光彩，所以这次黏土画采用了黑色的背景，用紫红色、绿色、黄色、紫色、橙色、白色、粉色、浅蓝色黏土做成烟花，这样就使画面显得更加亮丽了。

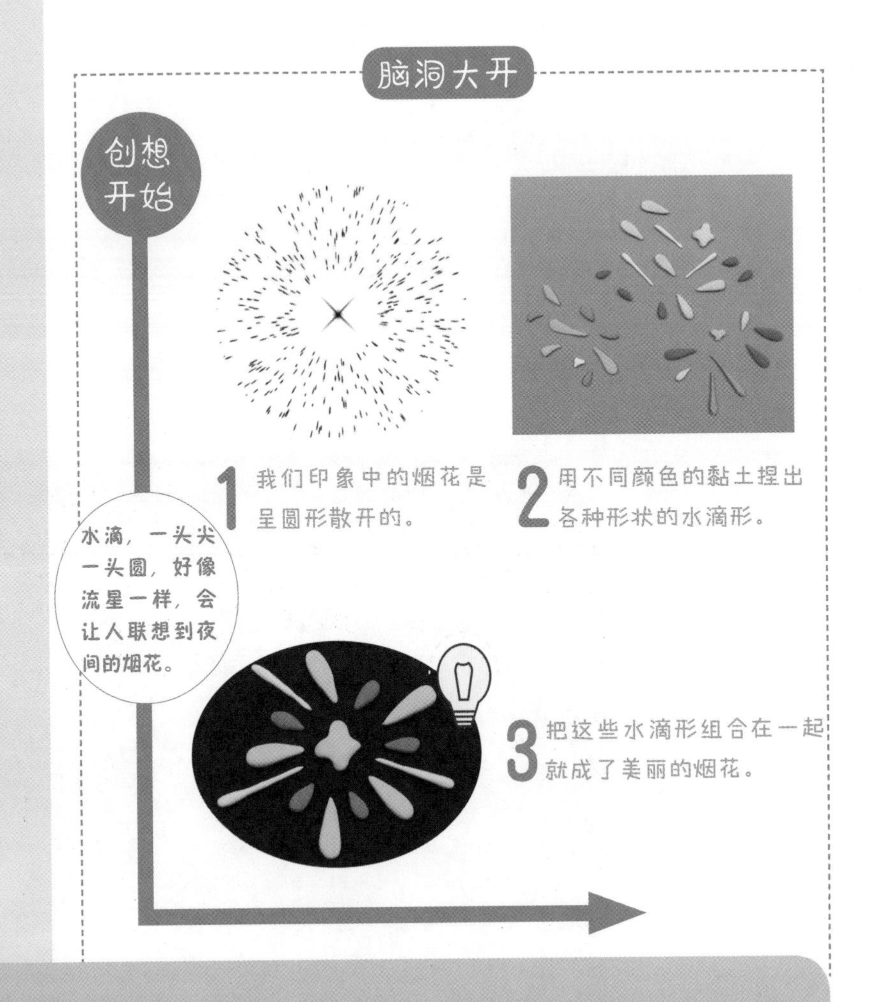

重点提示：百变水滴形

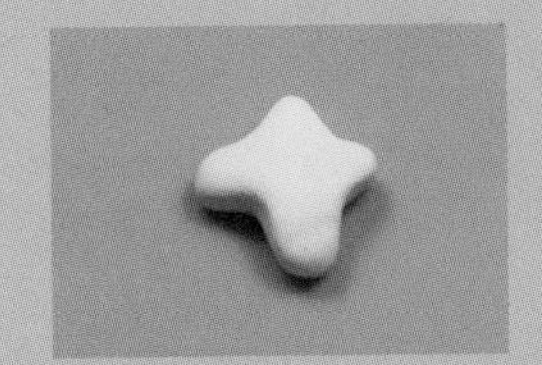

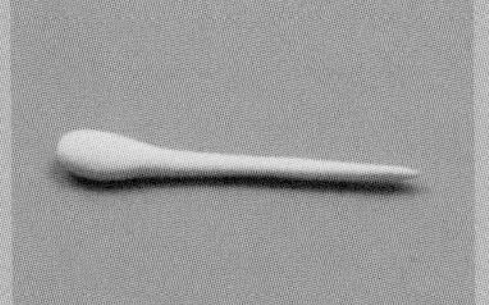

水滴形种类丰富、形状各异，有 4 个角的，有圆胖的，还有瘦长的。

准备材料和工具

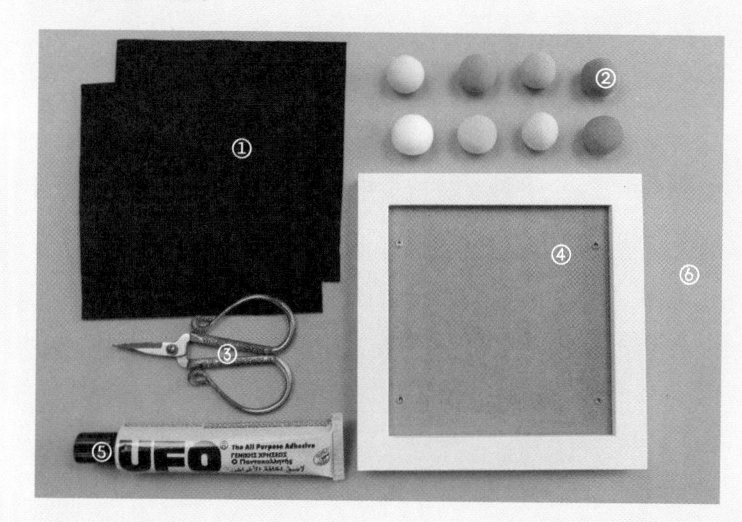

① 不织布（黑色）

② 各色黏土（浅蓝色、紫红色、粉色、紫色、白色、绿色、黄色、橙色）

③ 剪刀

④ 画框（200mm×200mm）

⑤ 胶水

⑥ 木片棒

捏出一堆水滴形

用各种颜色的黏土捏成各种形状的水滴形组合成灿烂的烟花，这使得烟花的色彩不是单调的，而是多彩和变化的。

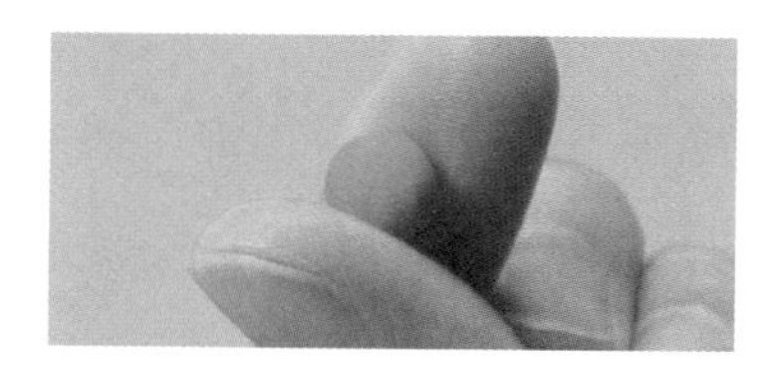
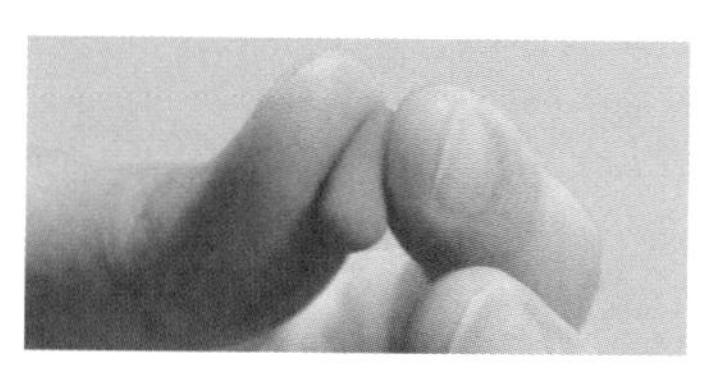

01 取橙色黏土，用指腹揉一个圆球，把圆球的一端揉尖后将圆球稍微压扁，捏成一个水滴形，为制作烟花做准备。

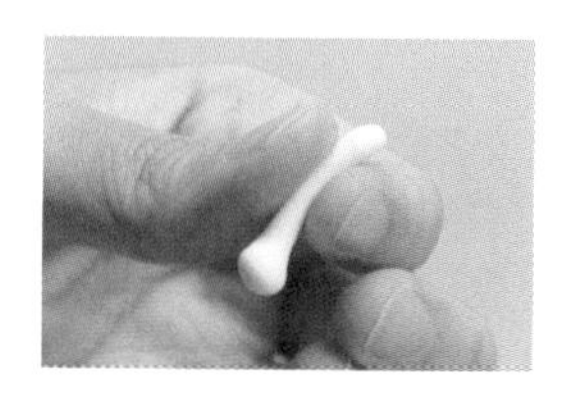
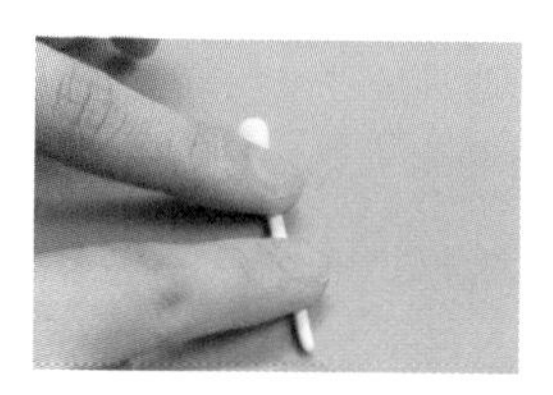
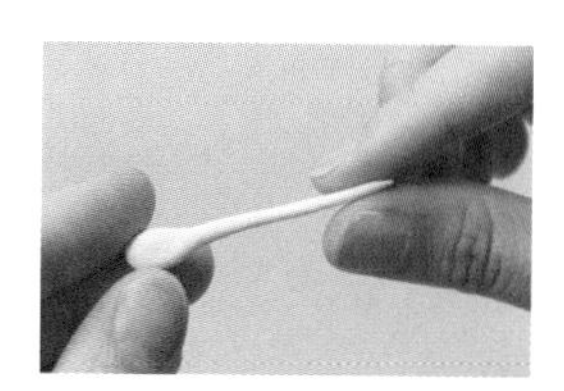
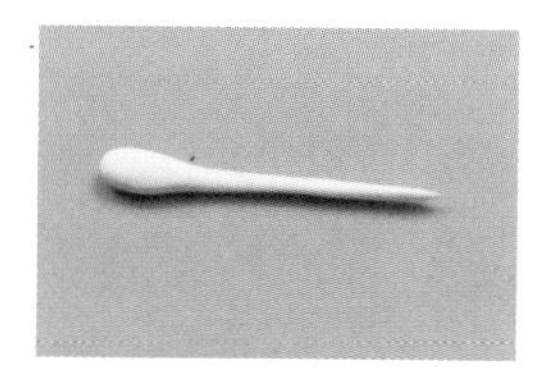

02 取白色黏土，搓成一个长条，把尾端留大一些，另一端捏尖，捏成一个细长的水滴形，为制作烟花做准备。

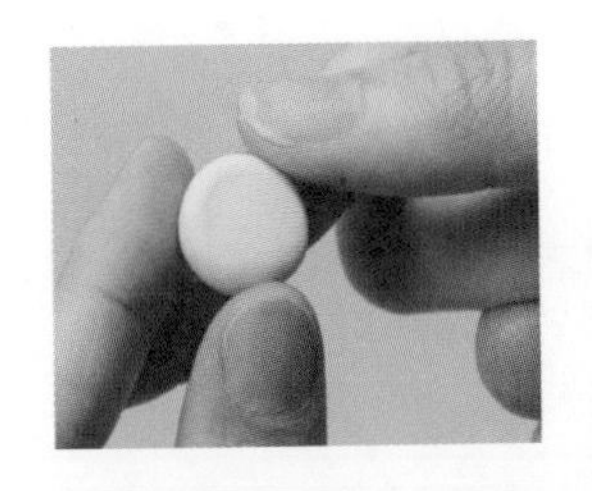
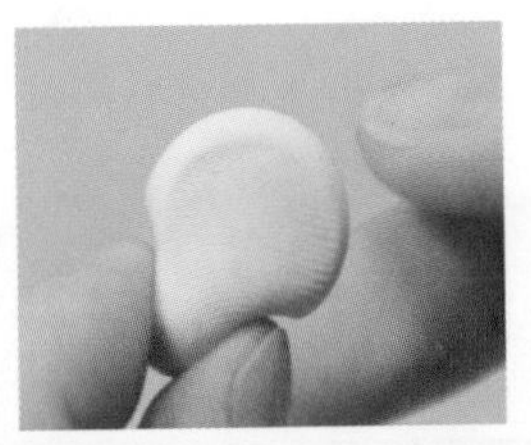
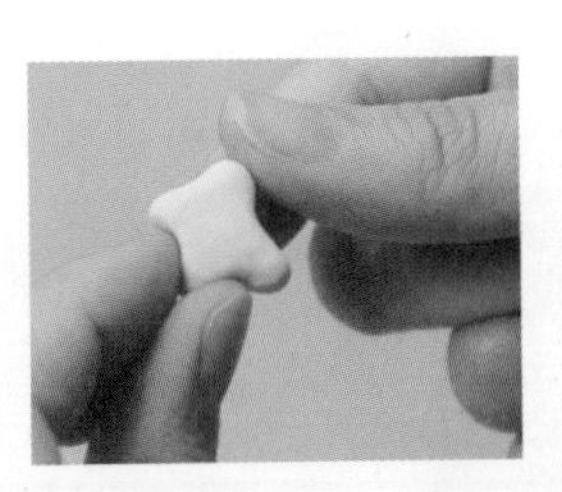
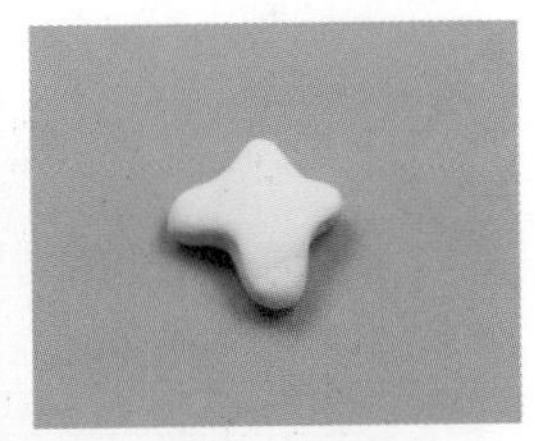

03 取浅蓝色黏土揉成圆球后压扁，在压扁后的黏土上捏出 4 个角，这就是烟花的中心。

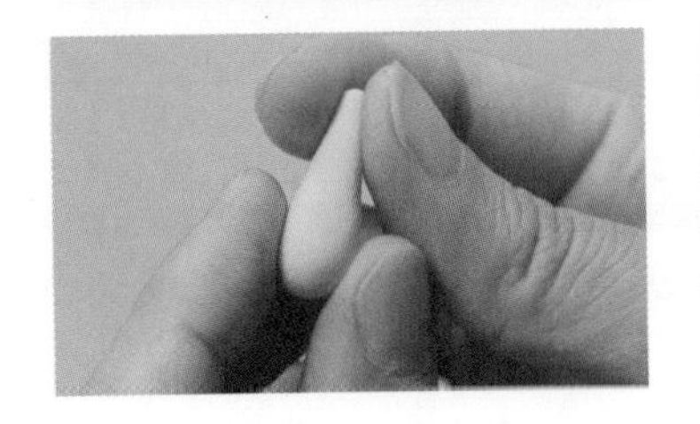
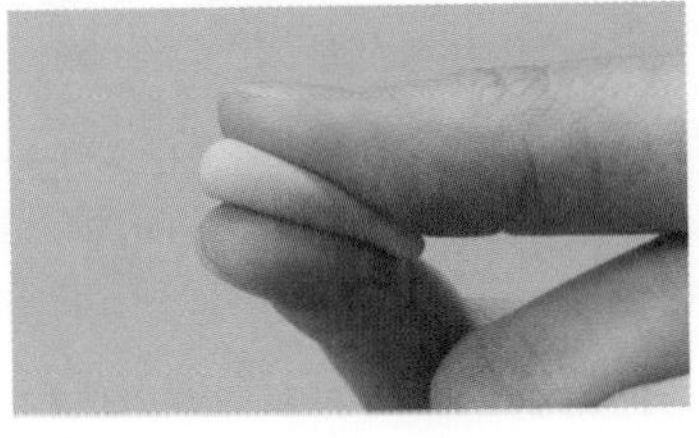

04 取黄色黏土捏成稍长一点的水滴形，并用指腹稍捏扁，这就是烟花中比较亮的部分。

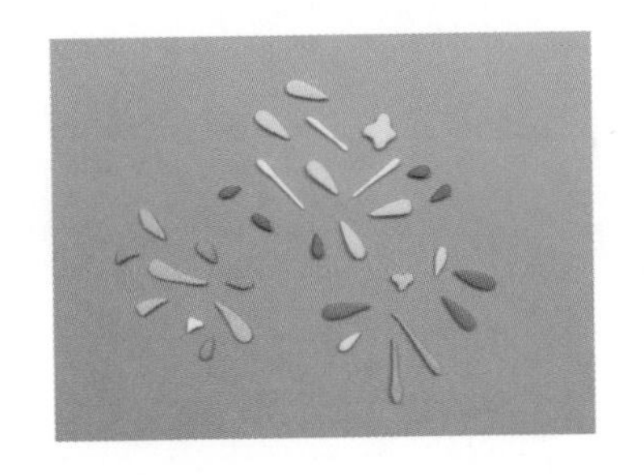

05 按同样的方法用白色、黄色、浅蓝色、橙色、绿色、紫红色、紫色和粉色黏土做出不同形状的水滴形，为制作烟花做准备。

制作背景板

06 用剪刀剪一块与画框大小相同的黑色不织布，用木片棒和胶水将不织布粘在画框底板上，并装好画框。

安装黏土画

确定烟花在画面中出现的位置以构成稳定的三角构图，同时用白色黏土捏成小球，点缀在烟花之外空余的区域作为烟花坠落后残留的火花。

07 将各水滴形大头向外、尖头向内间隔排列，这样能营造出烟花绽放的感觉。依次把 3 朵烟花用胶水粘在画框底板上，使最终画面构成一个三角形。

08 取白色黏土捏成一些小球，作为烟花坠落后残留的火花粘在画框底板上，这样就大功告成啦。

第3章
创意篇1
生活要用创意来装点

创意源于生活但又高于生活，如果把生活比喻为创作的意境，那么黏土画就像阳光，而打破常规的黏土创作就是属于我们自己的旋律与琴音。在每幅黏土画中，每种色彩、每种构图所指的意思都各不相同。

3.1 平安夜，天上会不会也有圣诞树啊

每年的圣诞节我都会和家人一起装饰一棵小圣诞树。每次给它挂上装饰物和彩灯时，我都觉得很幸福。有时我在梦中也会梦见云端有着同样的圣诞树。我试着用黏土做一棵长在云上的小圣诞树，还原它在我梦里的样子。

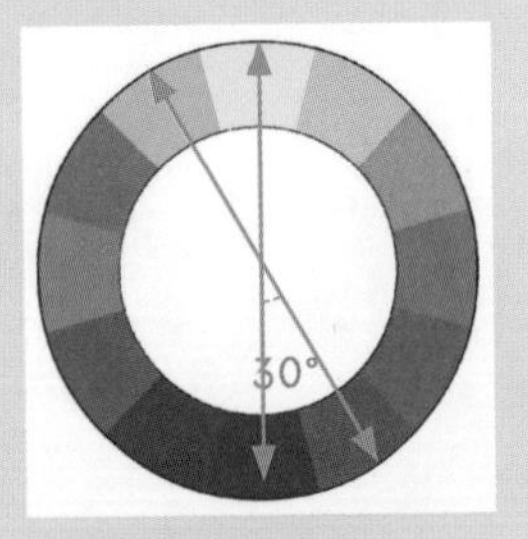

色彩分析时间

这是一个在夜晚闪闪发光的圣诞树，画面有着深蓝色的背景、绿色的圣诞树、白色的云，还有五彩斑斓的装饰物，这些装饰物让圣诞树显得格外华丽。

脑洞大开

创想开始

1 我印象中的圣诞树有很多颜色。

2 用黏土制作出五彩缤纷的圣诞树装饰物。

3 圣诞树被点缀上装饰物后瞬间变得华丽起来。

一团团的云朵就好像雪地，云端上也是会下雪的呢。

4 梦里的圣诞树就好像是这样的。

重点提示：卷曲的云层

①

②

③

④

将用黏土搓成的长条卷成的圆盘组合在一起形成云朵，然后再将云朵一层一层地组合起来，就得到了云层。

准备材料和工具

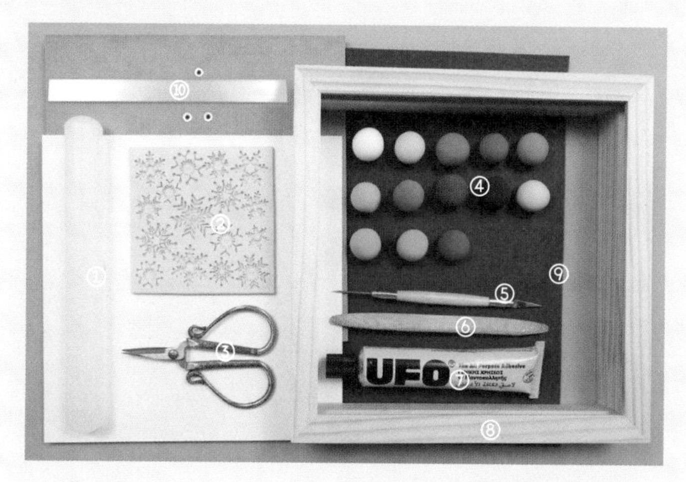

① 擀泥棒

② 雪花硅胶模具

③ 剪刀

④ 各色黏土（白色、黄色、橙色、红色、紫红色、粉色、紫色、褐色、黑色、浅蓝色、翠绿色、绿色、深蓝色）

⑤ 细节针

⑥ 木片棒

⑦ 胶水

⑧ 画框（260mm×260mm） ⑨ 不织布（深蓝色） ⑩ 刀片

制作圣诞树本体

真实的圣诞树多是由松树做的，像是由一层层三角形叠加而成的尖塔，再在树上加一点积雪，似乎真的有一种冬天的感觉。

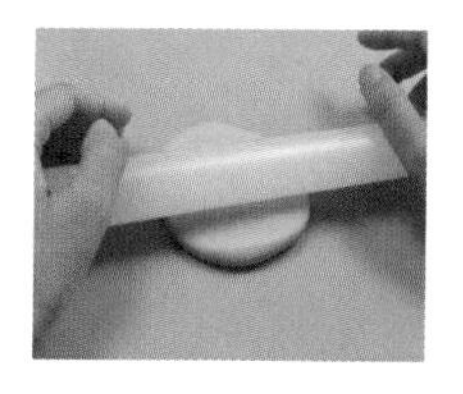
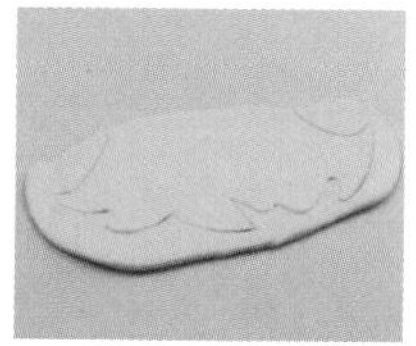
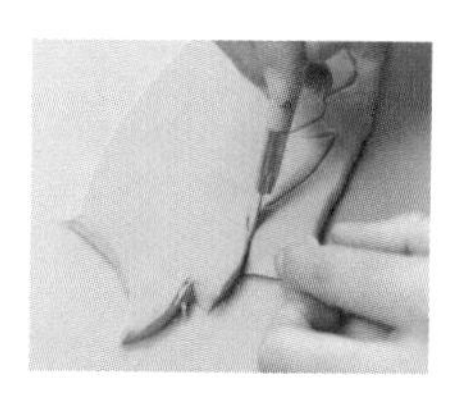
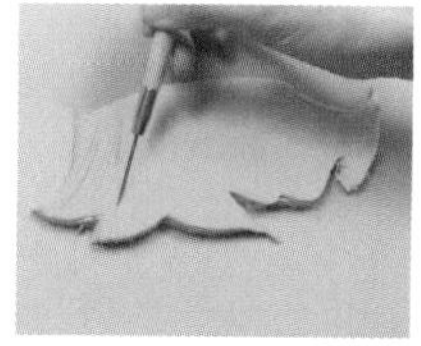

01 取绿色黏土擀成薄片，用细节针在上面画好底层树叶的轮廓，然后用细节针切割出所画形状，最后用细节针画出树叶的纹路。

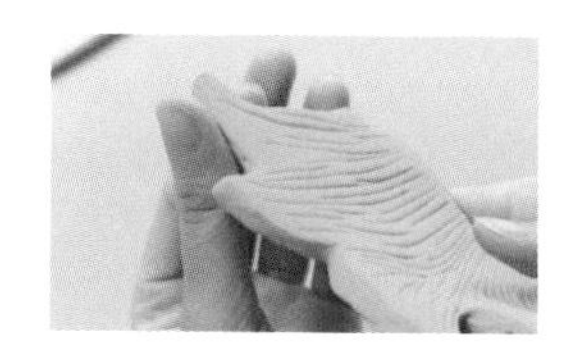
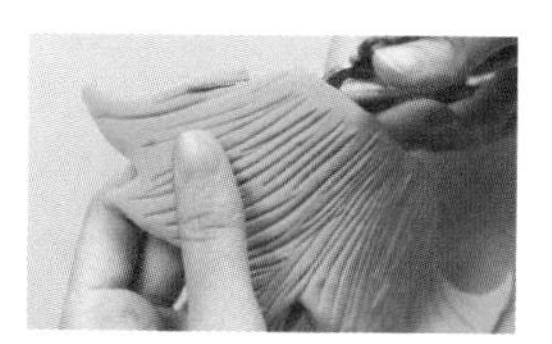

02 用指腹把切割处整理光滑，再用剪刀修剪一下形状，在制作好的底层树叶薄片背后粘一块绿色黏土增加其厚度，这就是底层树叶。

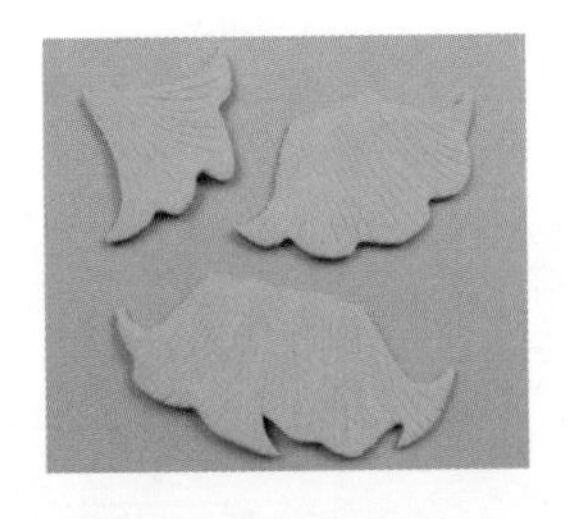
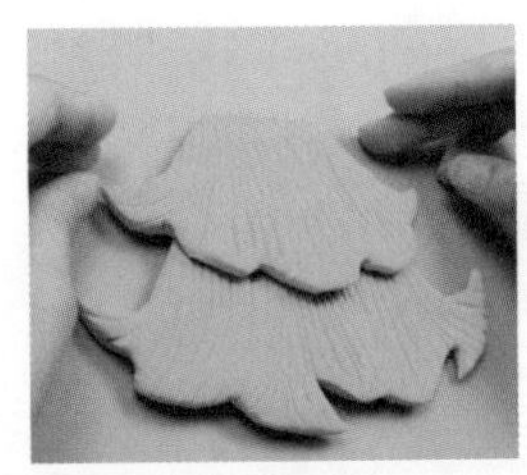

03 用上一步的方法做出顶层树叶和中层树叶，依次把它们叠在一起，这就是树冠。

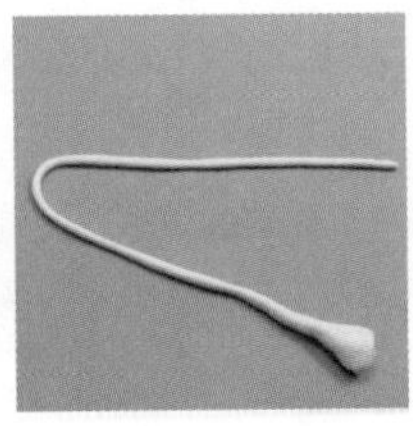

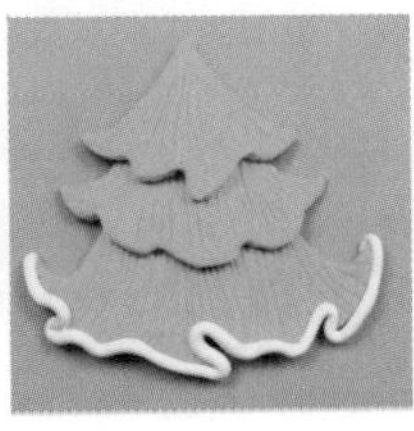
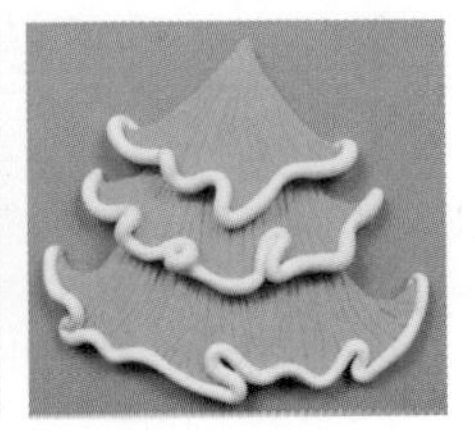

04 取白色黏土搓出 3 根长条，将白色长条粘在底层树叶的下边缘，每层树叶的下边缘都要贴上白色长条。

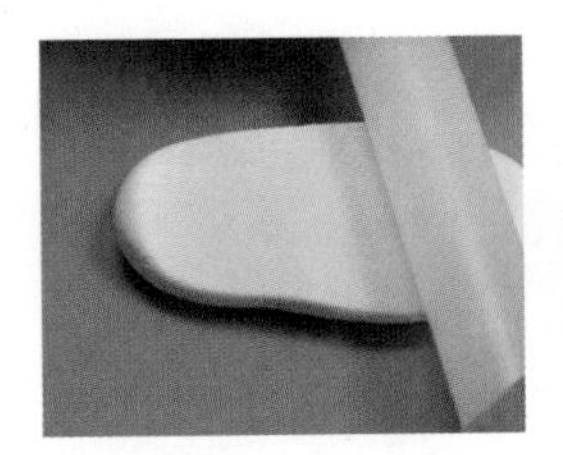
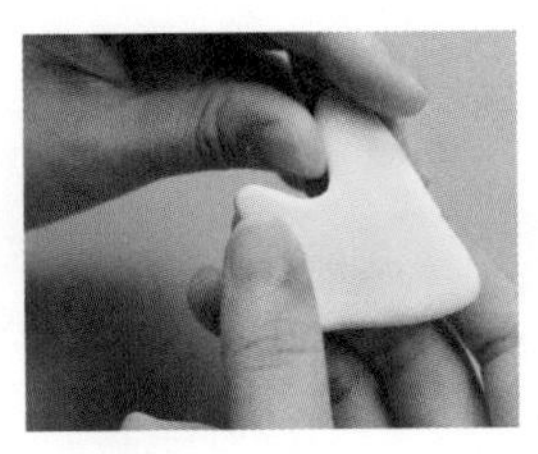
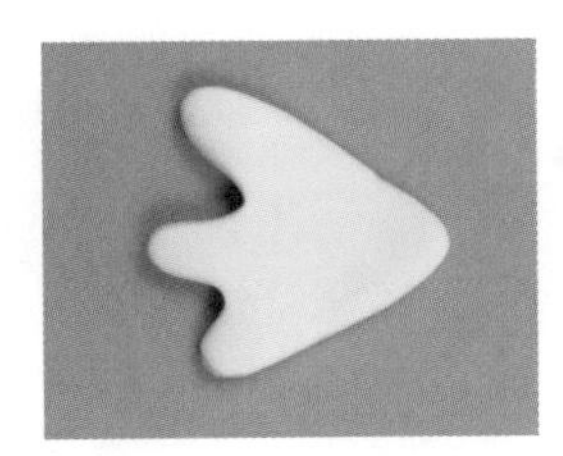

05 取白色黏土擀成片状，捏成三角形，再将其捏成一个向内凹的小雪堆，粘在树冠的顶端。

树木纹路的制作方法

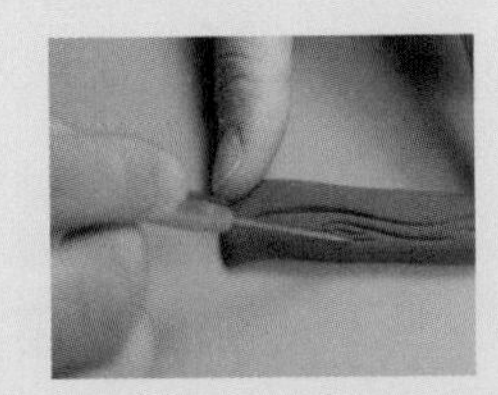
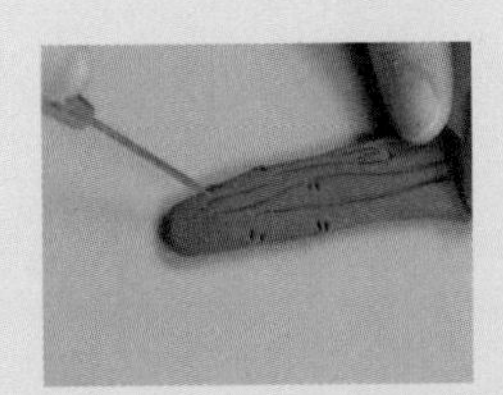

首先用细节针画出条状的树纹以奠定整体的基调，然后用细节针画上些许圆形的纹路，最后用细节针戳出一些小孔以增加树木的质感。

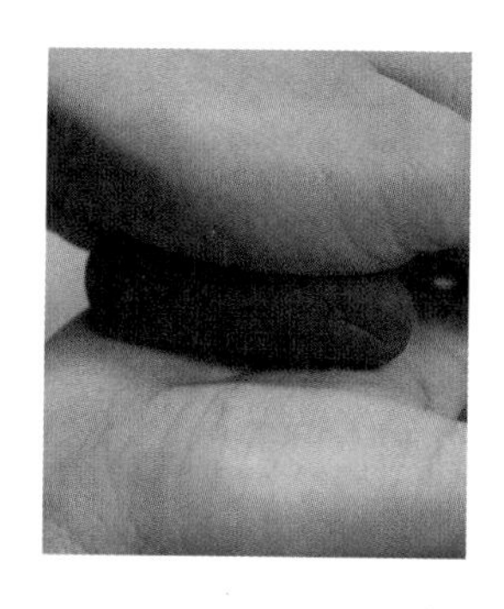

06 取褐色黏土搓成柱状，再用手掌微微压扁后用细节针划出木纹做树干，然后把它粘在树冠下面，圣诞树本体就做好了。

制作圣诞树装饰物

一闪一闪亮晶晶的小礼物挂满枝头是不是让人很心动？从金色小饰物、小挂件到彩灯、手杖，有很多五颜六色的物品，制作这些物品并不费劲，而且可以用这些物品进行非常漂亮的色彩搭配。

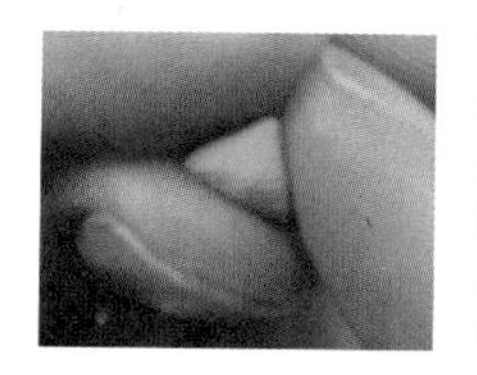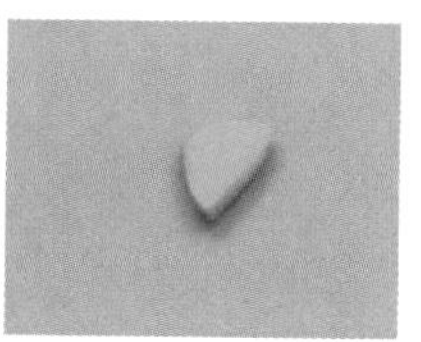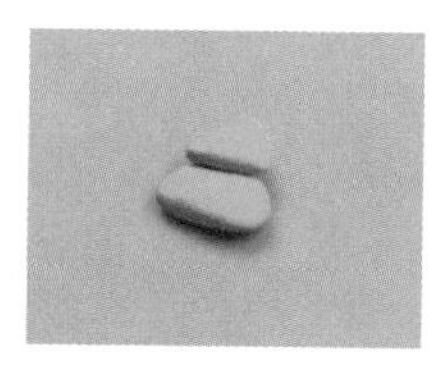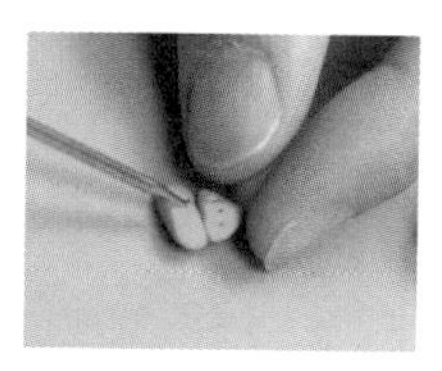

07 取翠绿色黏土捏成两个小三角形，并将它们叠在一起，用细节针压几道痕。取黄色黏土揉一个小圆球，粘在三角形黏土顶部，小圣诞树就做好了。

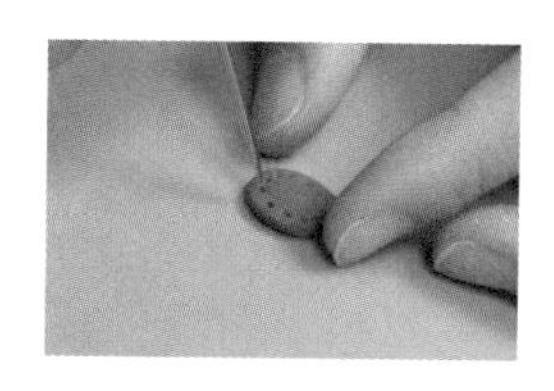

08 取褐色黏土揉成圆球并压成圆片，用细节针在小圆片上沿边缘戳一圈小圆孔，这就是饼干。然后把刚刚做好的小圣诞树粘在饼干上面，圣诞树饼干就做好了。

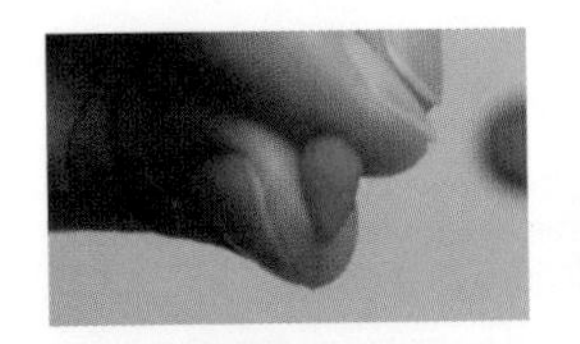
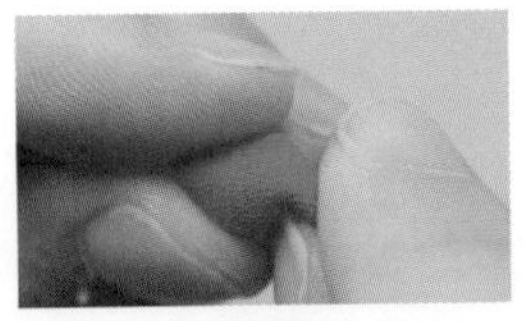
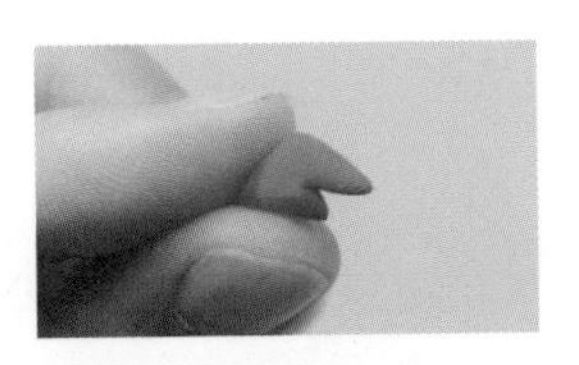
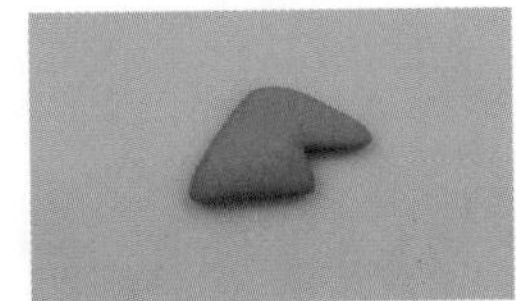

09 取红色黏土，捏成三角形，然后捏成圣诞帽的形状。

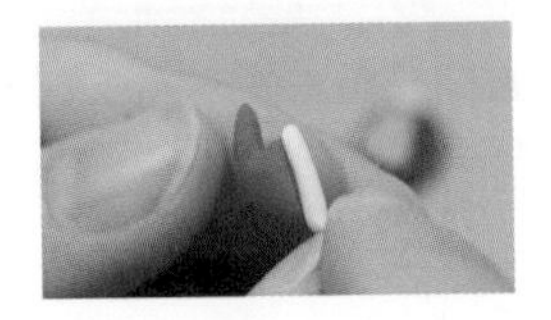
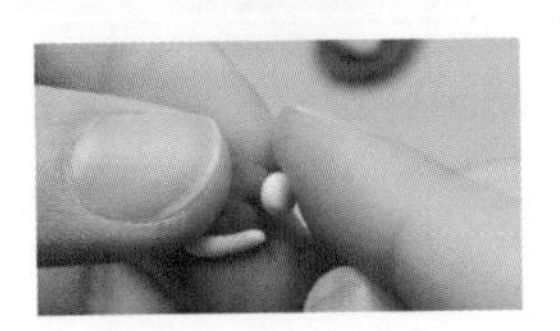
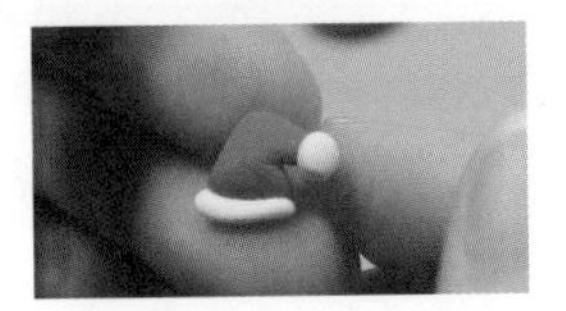

10 取白色黏土捏一个小长条和小圆球粘在帽子上，这就是圣诞帽。按照第 55 页 08 步的方法做一个饼干，然后把做好的圣诞帽粘在饼干上，圣诞帽饼干就做好了。

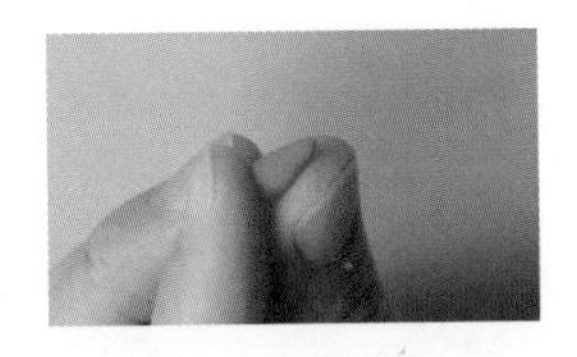
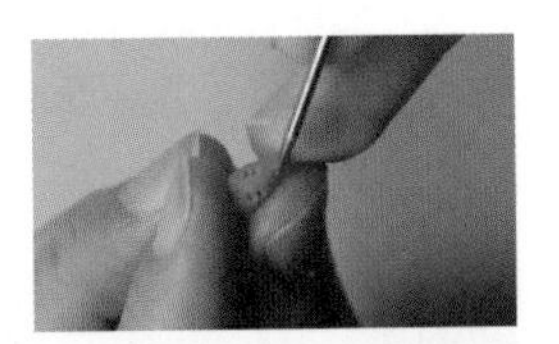

11 取白色黏土揉成圆球并压扁成圆片作为雪人的头部，再取黑色黏土揉两个小圆球粘在雪人头部作为眼睛，然后取橙色黏土捏一个水滴形，并用细节针戳一些点状纹理，作为胡萝卜鼻子，把胡萝卜鼻子粘在雪人头部。按第 55 页 08 步的方法做一个饼干，把做好的雪人粘在饼干上，雪人饼干就做好了。

12 取褐色黏土捏一个圆环，再取红色黏土揉一个小圆球放入圆环里。

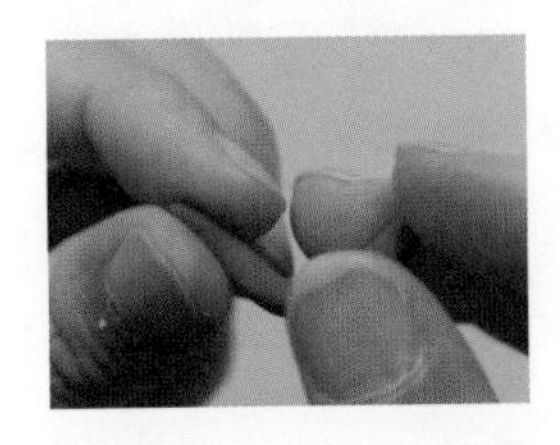
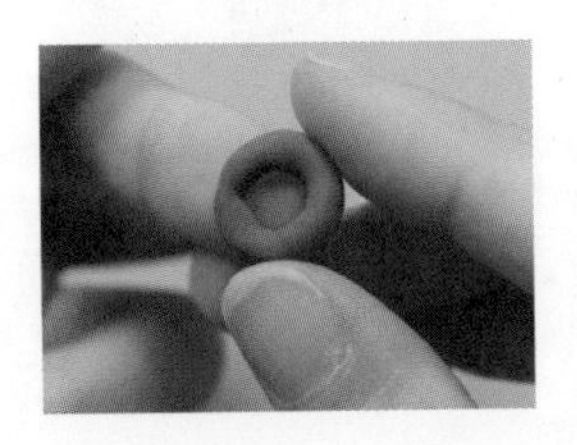
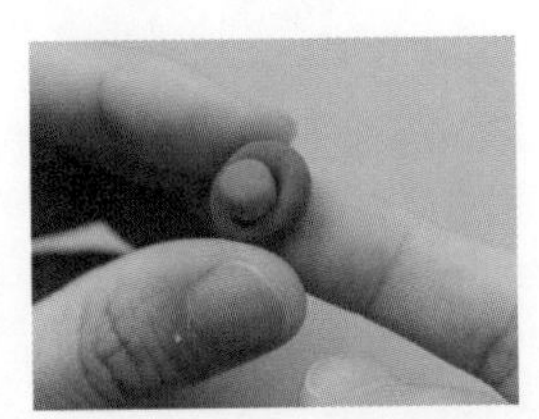

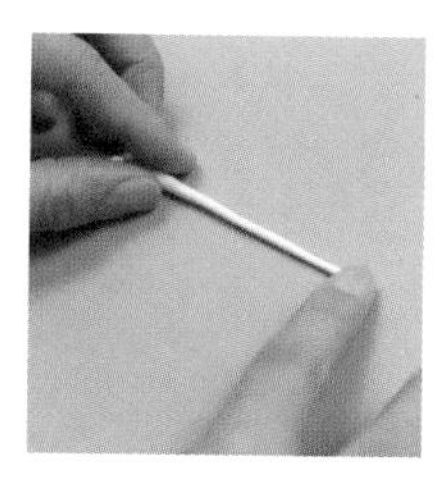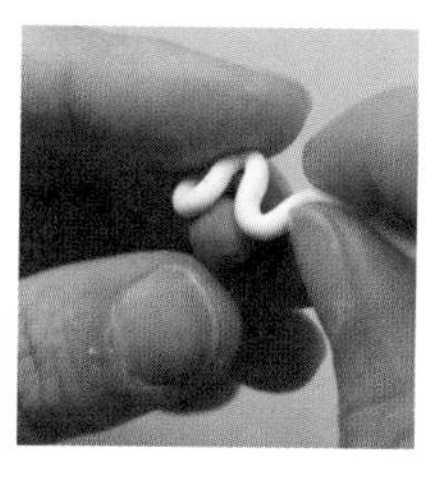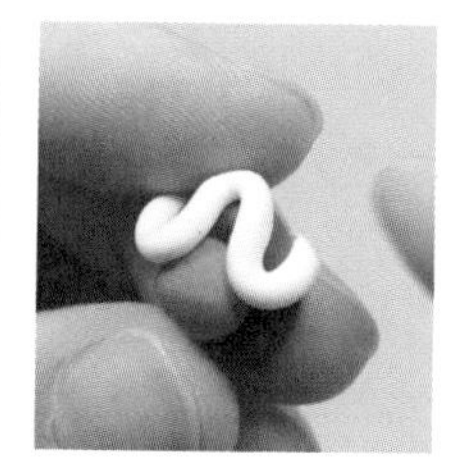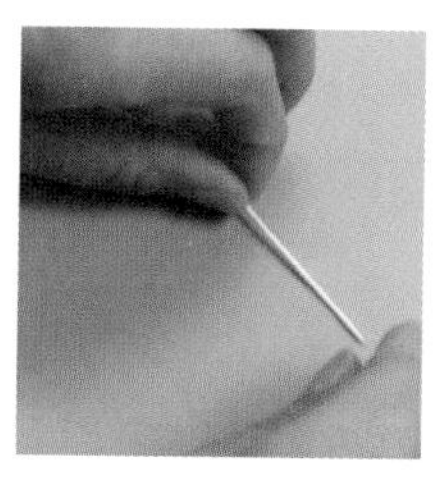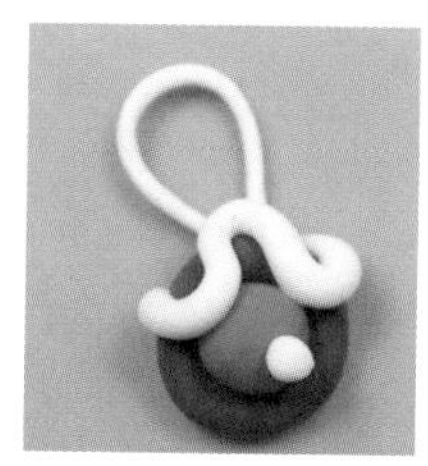

13 取白色黏土搓一根长条曲折地粘在圆环上，再取一个白色黏土搓成的长条作为挂绳，最后将一个白色黏土揉成的小圆球粘在红色圆球上作为点缀，小挂饰就做好了。

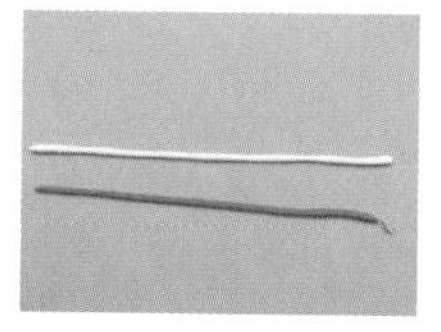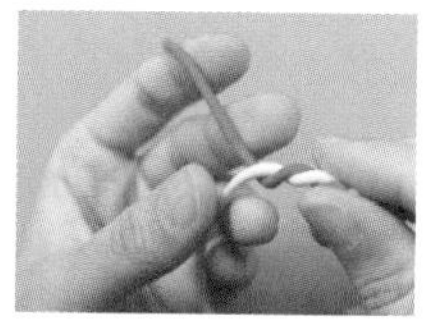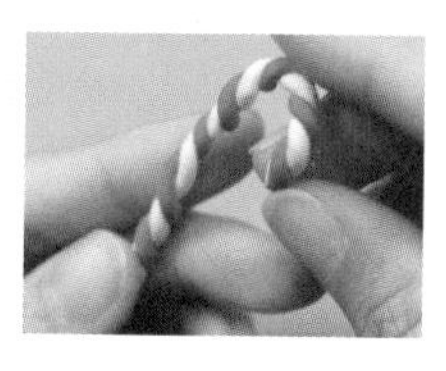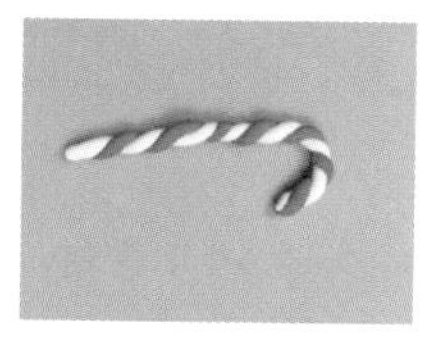

14 取红色黏土和白色黏土搓成细长条，把它们交叉缠绕在一起，将一端弯成钩状，手杖就做好了。

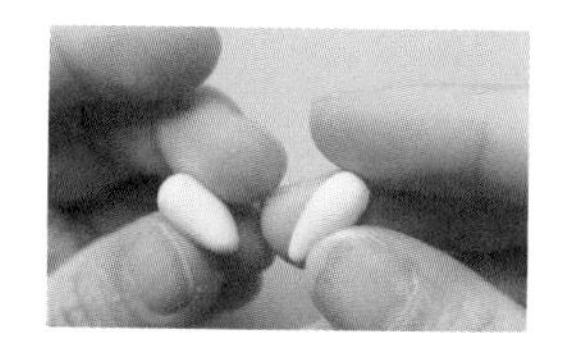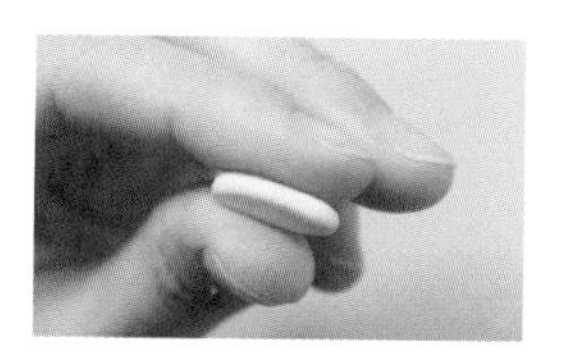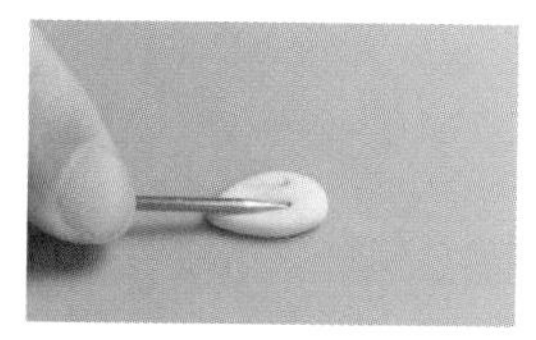

15 取黄色黏土捏两个水滴形，用指腹压扁，再用细节针在黄色水滴形上压出几道痕迹，最后把它们粘在一起，这就是蝴蝶结的上半部分。

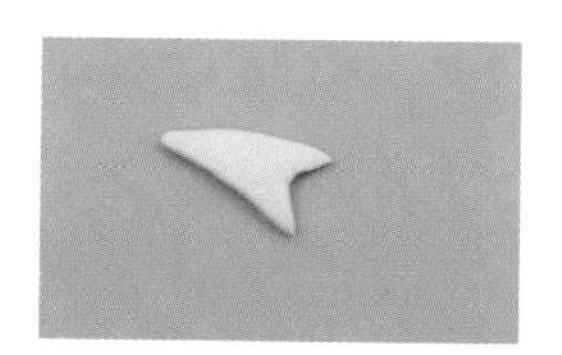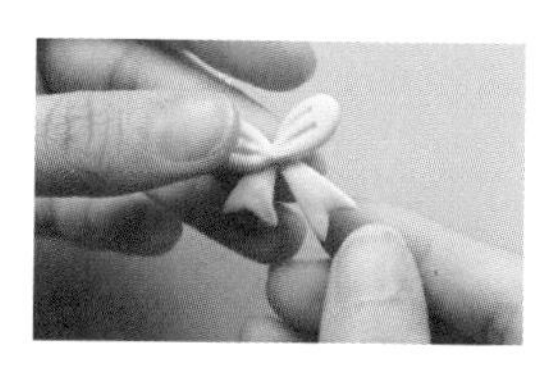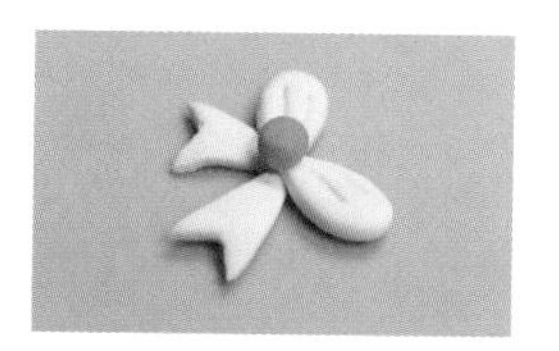

16 取黄色黏土捏两个箭头形作为蝴蝶结的下半部分，把它们与蝴蝶结的上半部分粘在一起。再取橙色黏土揉成一个小圆球，放在蝴蝶结上半部分和下半部分的连接处，蝴蝶结就做好了。

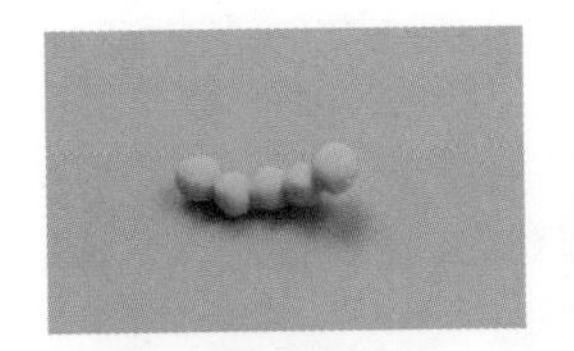 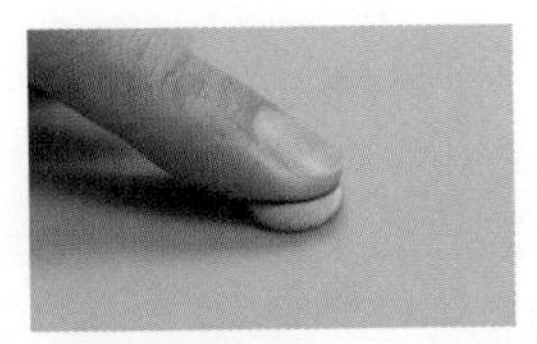 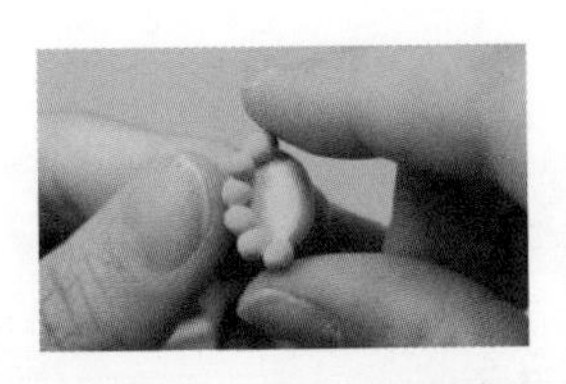 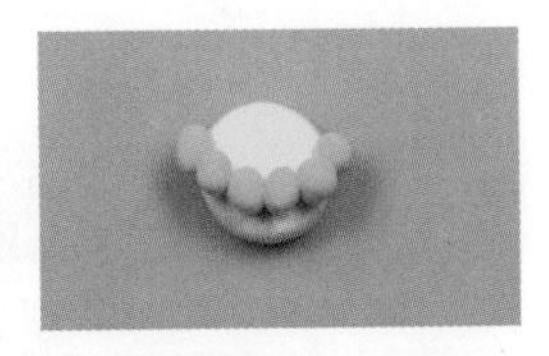

17 取绿色黏土揉 5 个小圆球并排粘在一起。取黄色黏土揉成小球，再用指腹压扁成圆片。然后把 5 个绿色小球在圆片底部沿边缘粘半圈。粘完后，还有空缺，再揉一个小圆球，填补空缺。

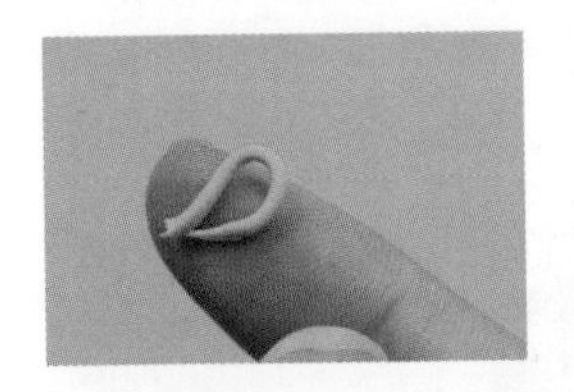 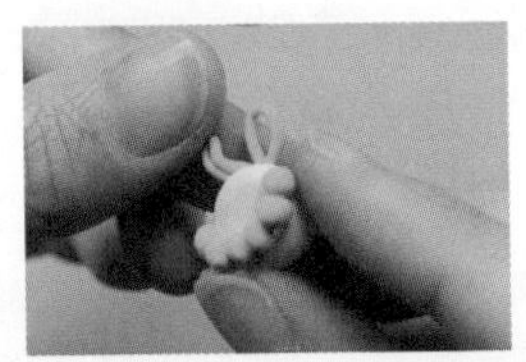 

18 取绿色黏土搓一根细长条并分成两半，弯曲成两个环，作为装饰粘在圆片上，小摇铃就做好了。

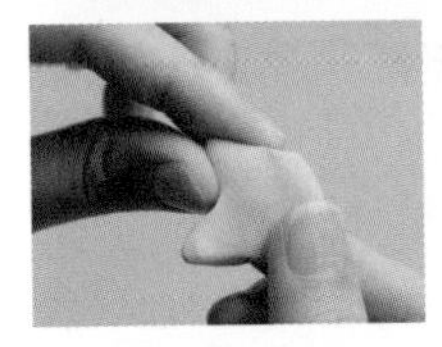    

19 取黄色黏土捏出一个五角星，用剪刀把五角星的角修剪得尖一些，再用细节针在五角星上戳一些点状纹理，五角星就做好了。

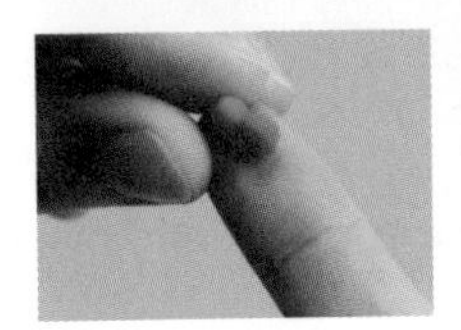 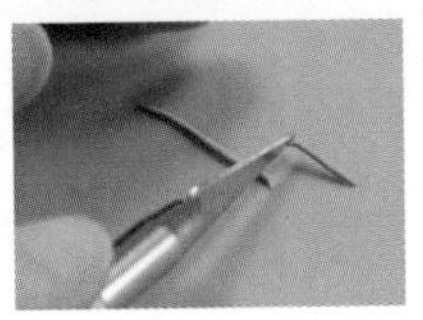 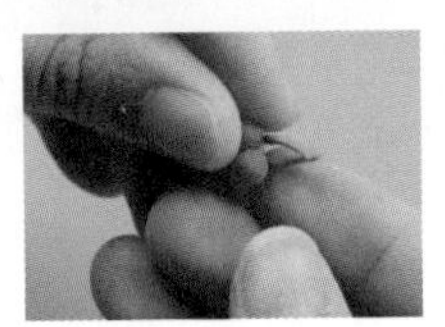 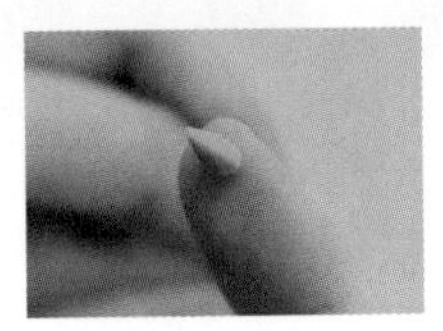 

20 取红色黏土揉两个小圆球并排粘在一起作为樱桃。取翠绿色黏土搓一根细长条，用剪刀修剪形状后作为樱桃的梗，将梗和樱桃粘在一起。取翠绿色黏土捏成水滴形作为叶子，将叶子粘在梗上，整个樱桃就做出来了。

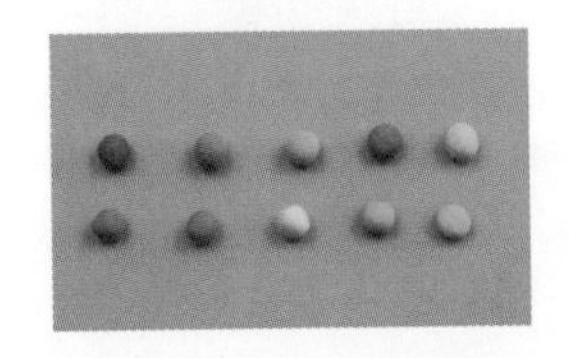 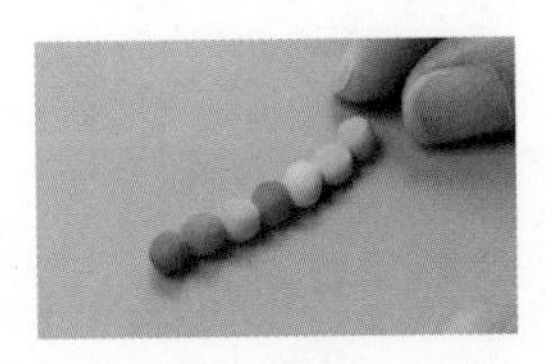  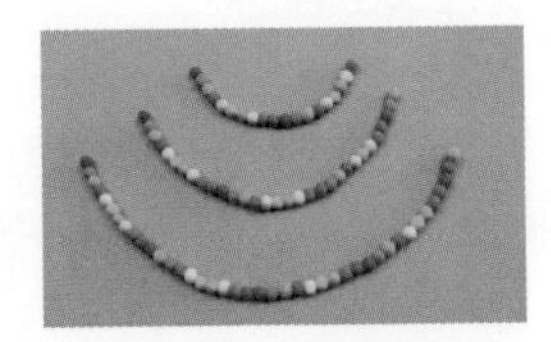

21 取 10 种颜色的黏土揉出一些大小相近的小圆球，把它们并排粘在一起呈链条状并弯成弧形，彩灯就做好了。用相同的方法做出 3 条不同长度的彩灯。

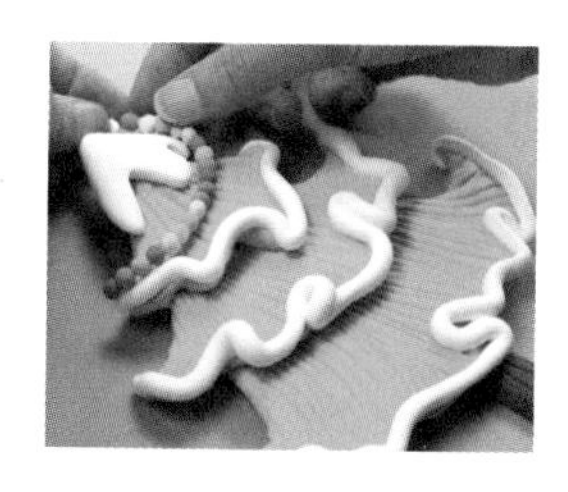

22 将 3 条彩灯分别与 3 层树叶粘在一起，彩灯两端可以收在圣诞树后面。

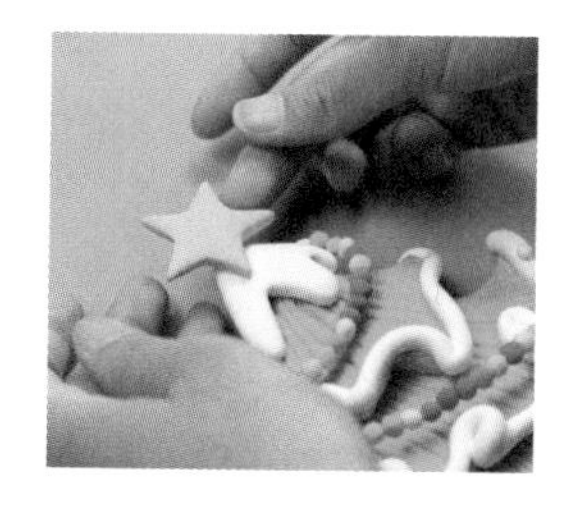
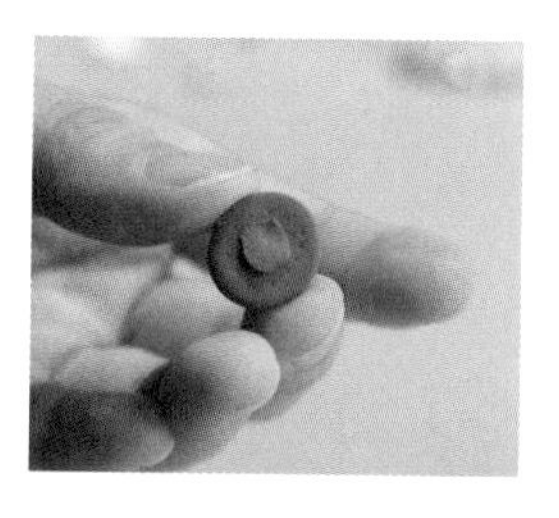
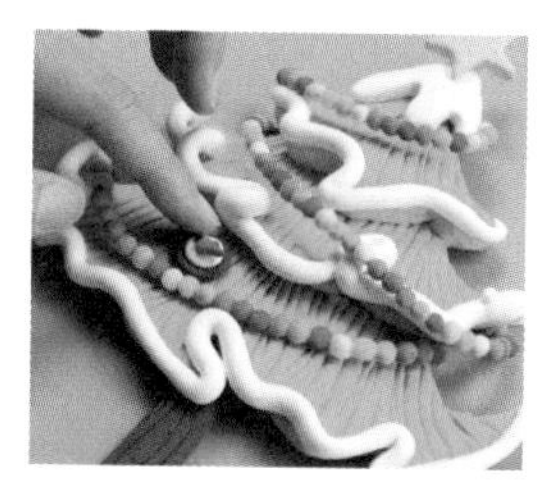

23 把做好的所有小装饰都粘在圣诞树上，如果有些小装饰已经干了就在其背后粘一些黏土，就可将其粘在圣诞树上，圣诞树就做好了。可以自由发挥，制作不同款式小装饰来装饰圣诞树。

制作云层

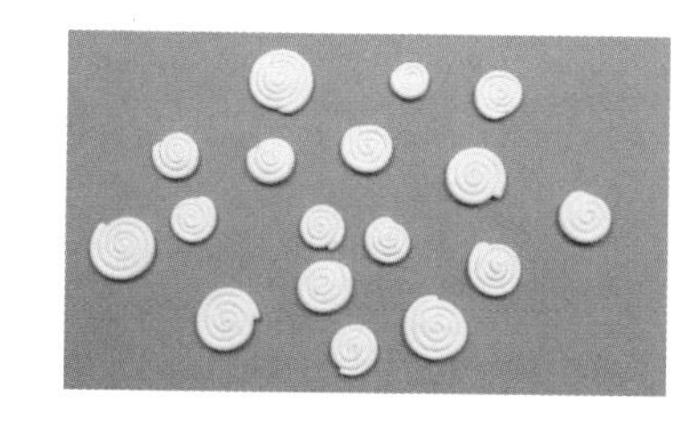

24 取白色黏土做出一些大小不一的圆盘，随意粘在一起作为圣诞树下的云层。

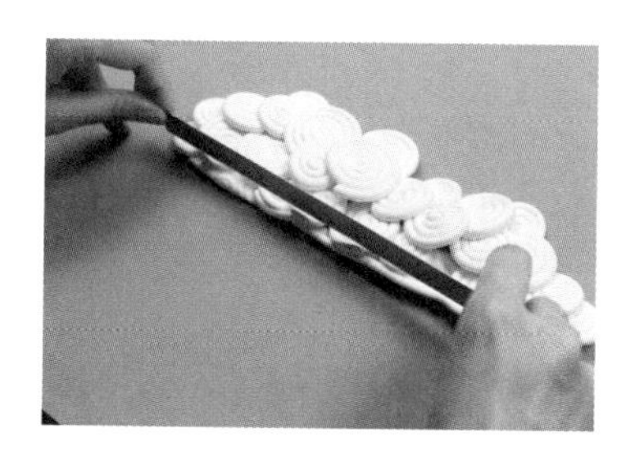
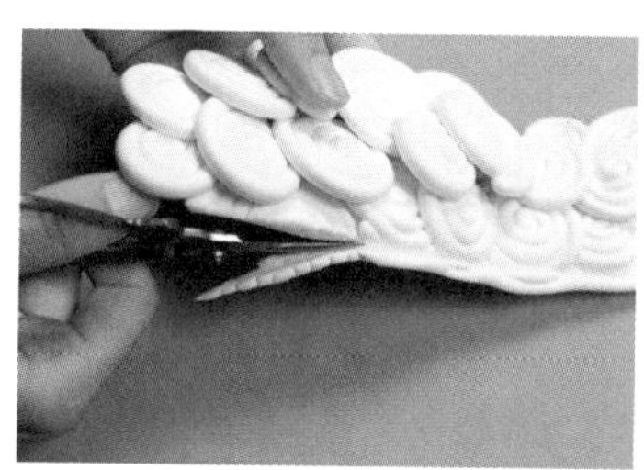

25 用刀片在云层的下边缘压出一条裁切线，然后用剪刀剪去多余的部分，修平整云层的底部，云层就做好了。

制作背景板

26 在画框底板上用木片棒涂抹胶水，迅速把深蓝色不织布粘在上面，然后把底板装回画框里。

安装黏土画

27 取白色黏土放进雪花硅胶模具里，将表面抹平，然后平放 1 ~ 2 天，等黏土晾干后再取出。另外，做好的圣诞树也应放在桌面上晾干。

28 把晾干的黏土装裱进画框，先粘白色的云层，按画框的大小用剪刀剪去云层两端多余的部分，在云层后面粘上白色黏土并抹上胶水，然后将其粘在画框下端。

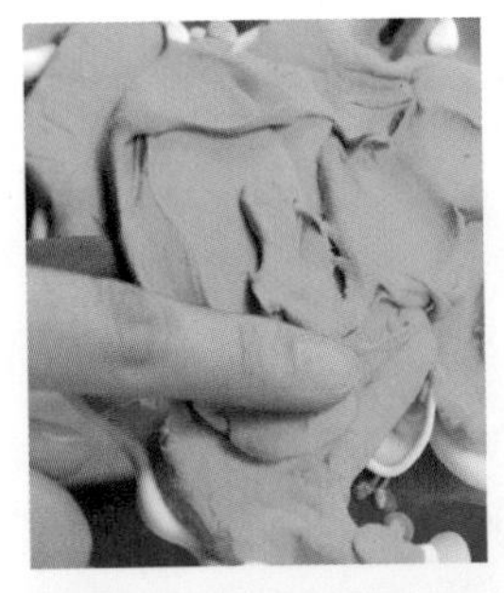
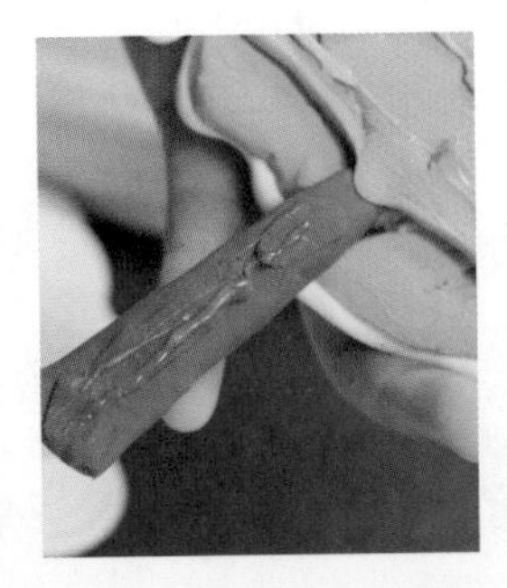

29 在圣诞树后面粘上绿色黏土和褐色黏土，再抹一些胶水即可将其粘在画框中间，将部分树干藏在云层后面，在云层上粘一些装饰物。最后在画框上端粘上雪花和一些捏成小球的白色黏土，这幅黏土画就完成啦！

3.2 装扮起我的萌宠宝宝吧

我养了两只可爱的小狗狗，棕毛的叫波波，白毛的叫叮叮，它们都是中大型犬，既调皮又可爱。波波最喜欢叼着玩具叫我玩“丢丢”；叮叮只要有吃的，什么姿势都能很快学会。我不在家的时候它们会悄悄地做很多平时不能做的事情，如玩一地的墨水，扯一地的纸巾，又或者……算了，想象一些美好的吧，如果它们能表演，一定很可爱吧！

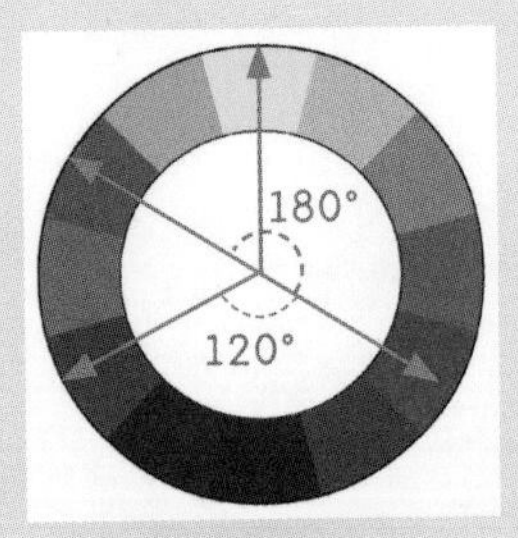

色彩分析时间

画面中小狗狗的装束色彩鲜艳，它们时髦的打扮和深色背景交相辉映，渲染出一种舞台的气氛。

脑洞大开

1 肥鱼是叮叮喜欢的食物。

2 想要扮演王子的叮叮选了青蛙王子的装扮。

3 青蛙王子叮叮诞生啦！

创想开始：两只可爱的小狗狗，在我不在的时候穿上了奇装异服登台表演。

4 波波最爱的玩具——大骨头。

5 比叮叮小的波波只能当小鸟。

6 小鸟波波也很可爱！

重点提示：毛发纹理的制作方法

小狗的毛发是一层一层的，且边缘是向外翘的，需要用细节针在黏土上反复地挑才能形成毛发效果。

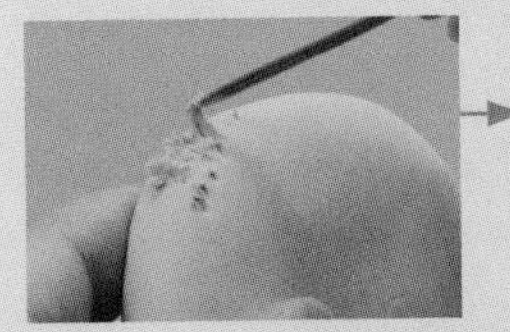

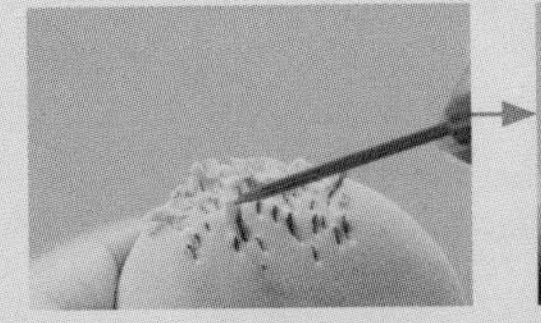

01 在黏土表面按照一定的层次用细节针向上挑，挑出毛发的质感。

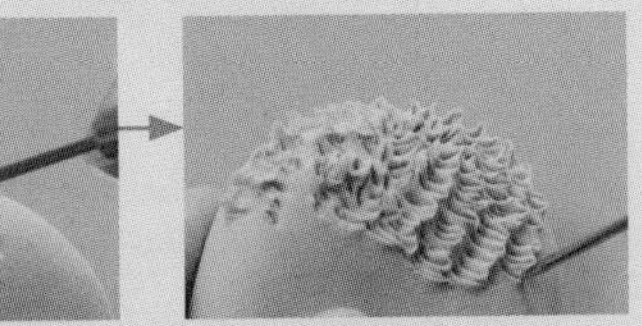

02 用细节针在黏土表面戳出圆孔后向下挑，按照一定的层次挑出毛发的层次感。

准备材料和工具

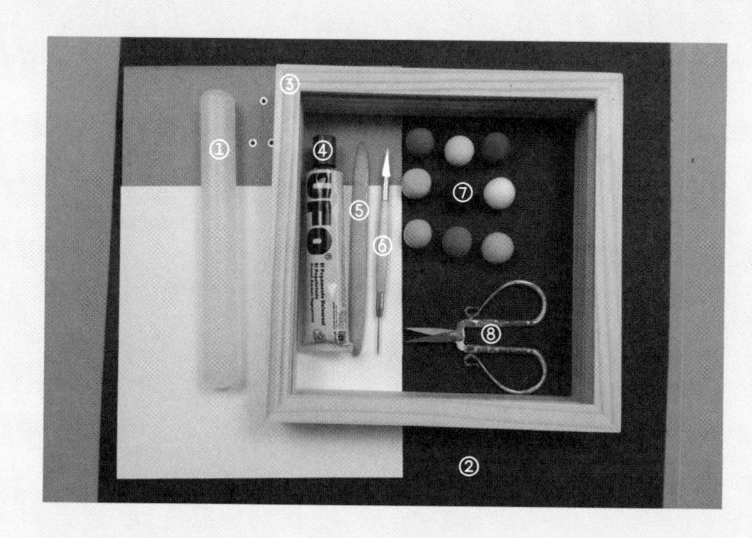

① 擀泥棒
② 不织布(深褐色)
③ 画框 (260mm×260mm)
④ 胶水
⑤ 木片棒
⑥ 细节针
⑦ 各色黏土 (红色、黄色、深蓝色、绿色、黑色、白色、粉色、紫色、浅棕色)
⑧ 剪刀

制作第一只小狗毛茸茸的脑袋

毛茸茸的棕色小狗头上戴着一个蓝色的小鸟发带，嘴上叼着一块大骨头，高兴时脸上露出两块粉色的红晕。

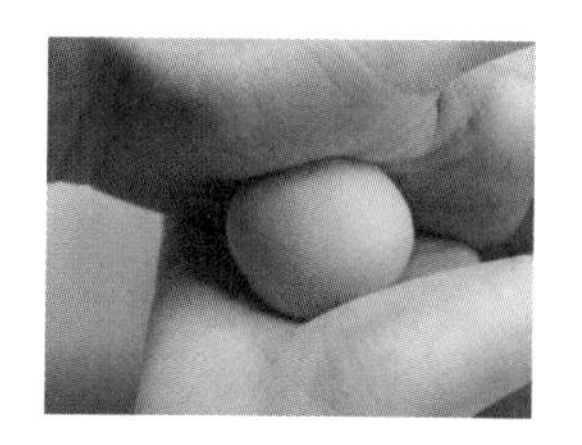
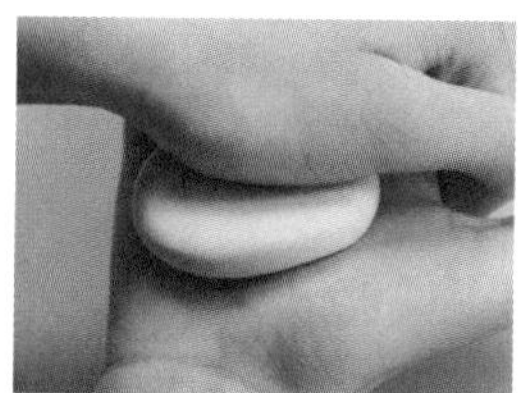

01 取浅棕色黏土在掌心揉一个圆球并压扁，捏成一个接近三角形的形状，为制作小狗的脑袋做准备。

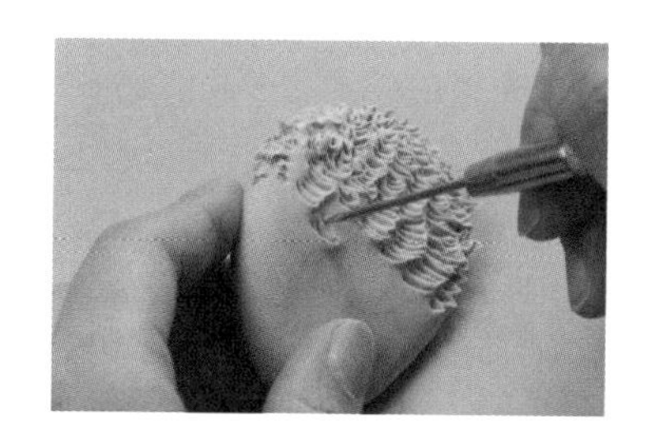

02 用细节针一层一层挑出小狗的毛发，这就是头部。

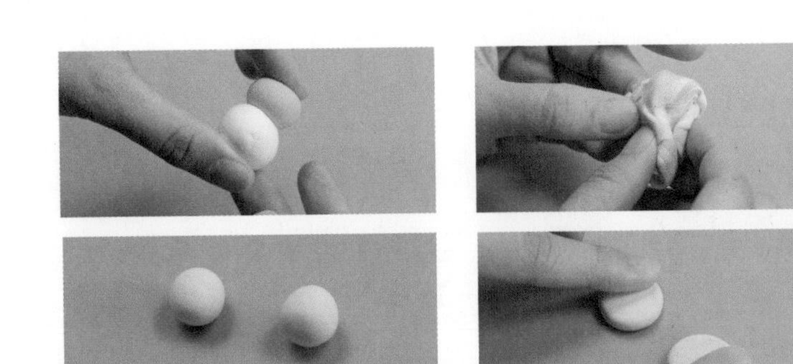

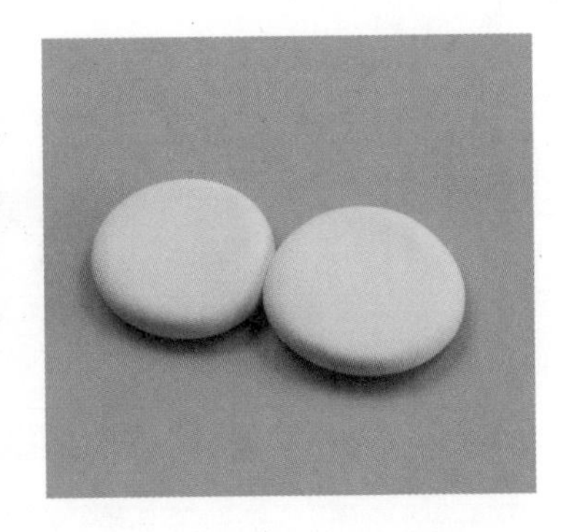

03 在浅棕色黏土中加入白色黏土混合出肉色。用肉色黏土捏两个圆球并压成圆片，将其并排粘在一起，作为小狗的唇部。

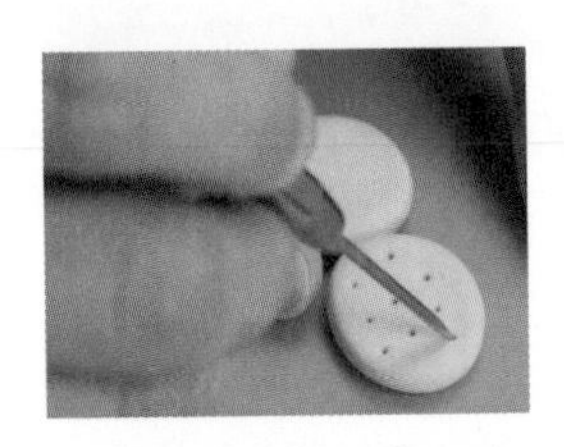

04 用细节针在小狗的唇部戳出一些小孔，然后取黑色黏土捏出一个三角形作为小狗的鼻子，在鼻子上粘一个白色黏土揉成的小圆球作为点缀。

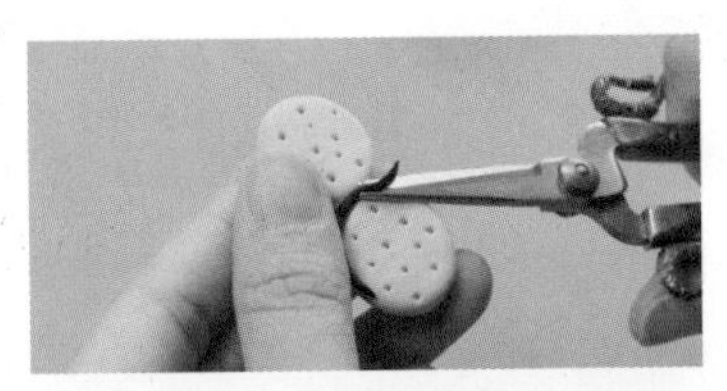

05 取黑色黏土搓两根长条，用一根长条沿着唇部边缘粘小半圈，用剪刀剪掉多余部分，另一根长条也如此粘到另一个唇部圆片上。最后把鼻子粘在唇部中间。

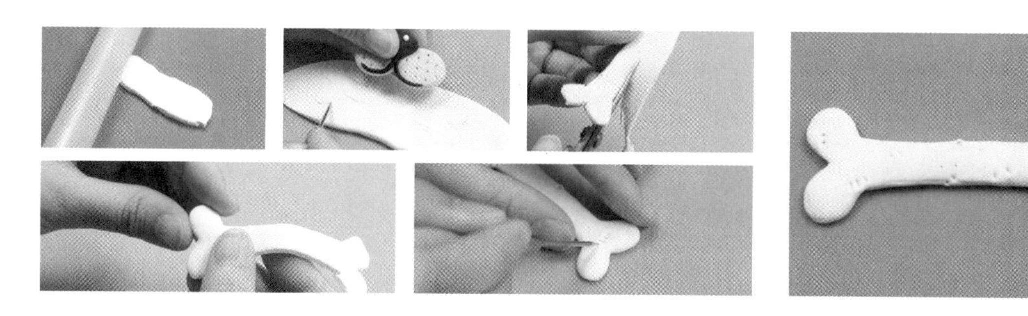

06 取白色黏土擀成薄片，用细节针在薄片上画出骨头的形状，用剪刀沿其剪下并用指腹把边缘处整理光滑，最后用细节针戳一些点状纹理，骨头就做好了。

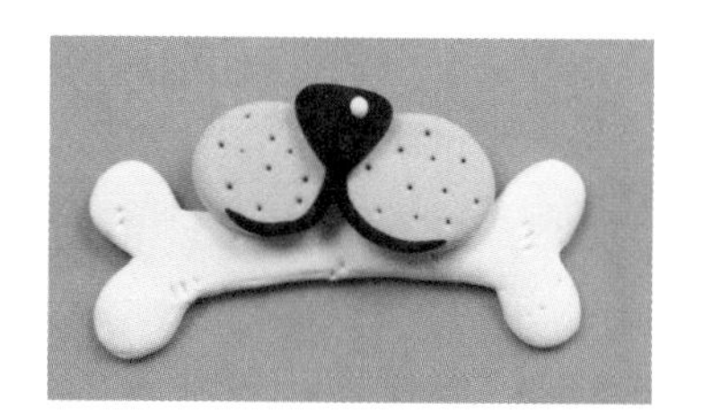

07 把骨头与唇部粘在一起，在小狗头上确定唇部的位置。

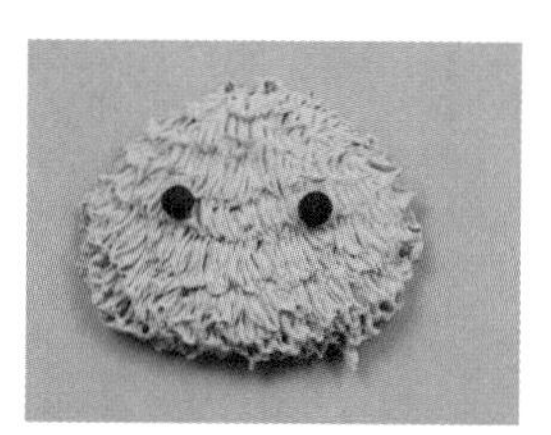

08 取黑色黏土揉两个小圆球，粘在头部中间位置作为小狗的眼睛，然后把带有骨头的唇部与头部粘在一起。

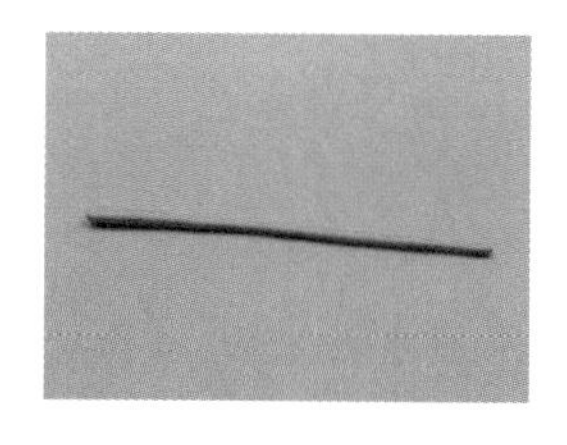

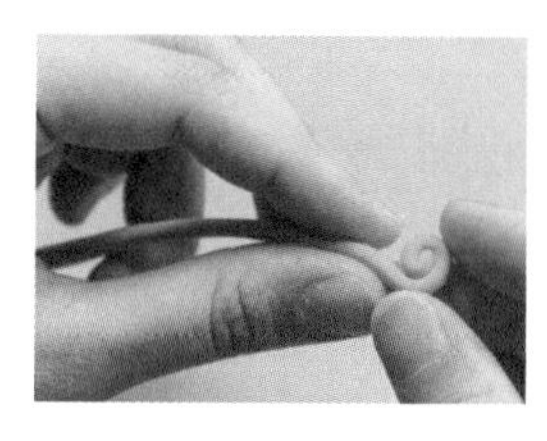

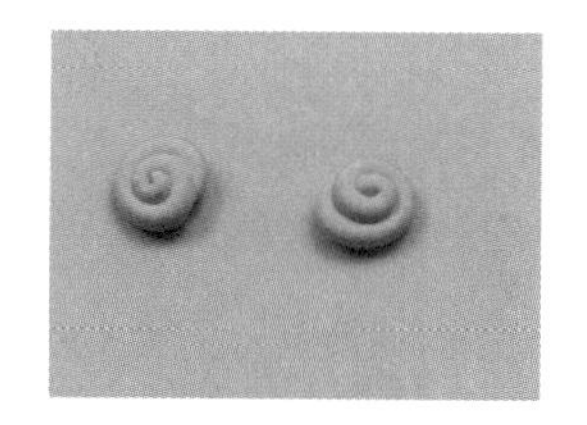

09 取粉色黏土搓出一根细长条，将细长条卷成圆盘作为红晕并粘在小狗头部两侧。

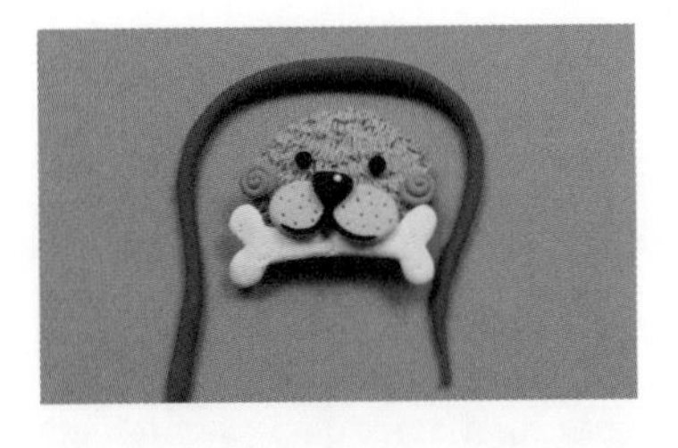

10 取深蓝色黏土搓一根中间粗、两头细的长条作为小狗的小鸟发带，去掉多余部分将小鸟发带紧贴着小狗头部顶端绕半圈粘在一起。

11 用细节针在小鸟发带上戳一些点状纹理。

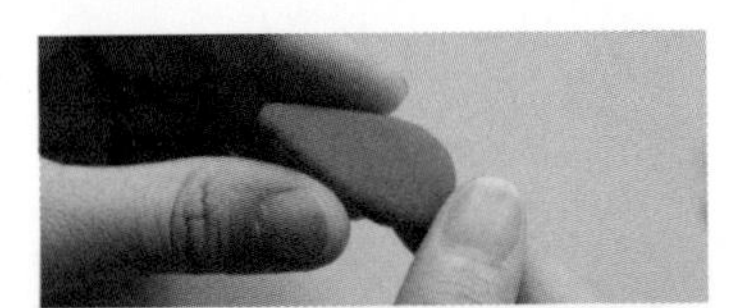

12 取红色黏土捏两个水滴形并压扁作为小鸟发带的鸟羽，将鸟羽粘在小鸟发带左侧。取白色黏土和黑色黏土做出两只向一旁看的眼睛，粘在小鸟发带右侧，小鸟发带就做好了。

13 取浅棕色黏土擀成薄片并捏成三角形，用细节针在上面挑出一层层毛发作为小狗的耳朵，用同样的方法再做一只耳朵。

14 分别把两只耳朵粘在小狗头部两侧，注意要粘在小鸟发带后面。

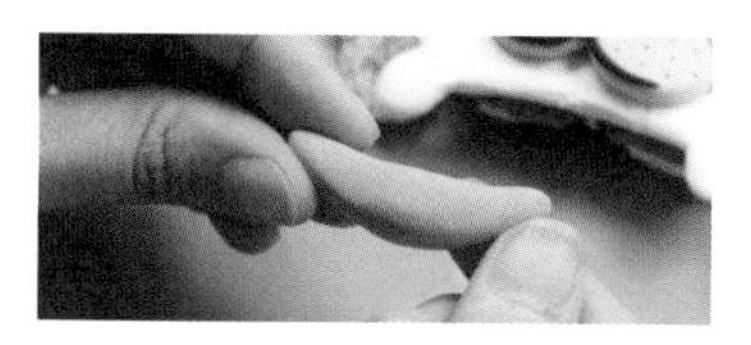
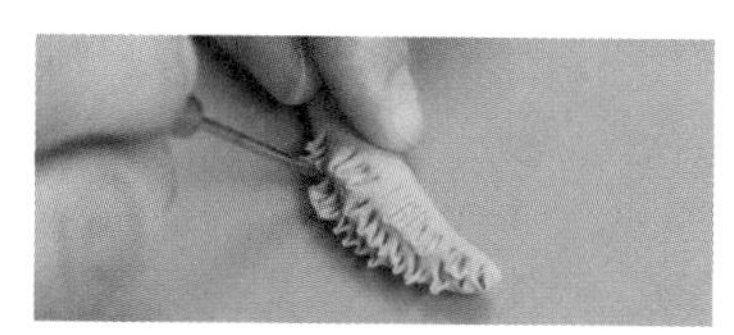

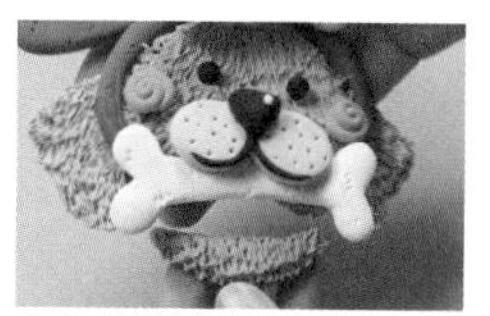
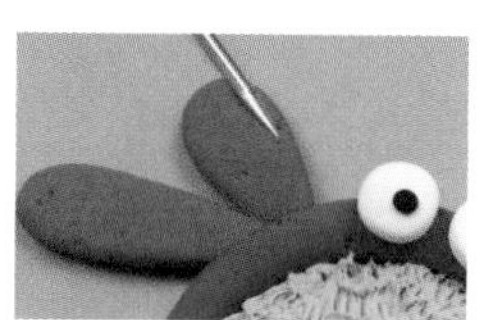

15 取与头部颜色一样的浅棕色黏土捏成月牙形作为小狗的下巴，用细节针在下巴上挑出绒毛并在鸟羽上戳一些点状纹理，然后把下巴粘在骨头后方。

制作第一只狗毛茸茸的身体

棕色小狗身体上的毛非常蓬松，给小狗系上一条紫色的斑点围巾，能让小狗看起来更可爱。

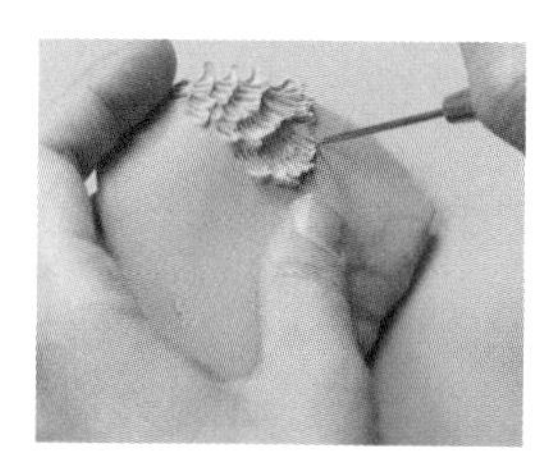

16 取浅棕色黏土压成片状，用剪刀剪出小狗的身体，用细节针一层一层地挑出小狗的毛发。

17 取紫色黏土捏成水滴形并压成片状，作为小狗的围巾，把它围在身体的脖子部分，用剪刀剪去围巾多余的部分，将围巾下角弯出一些小弧度。

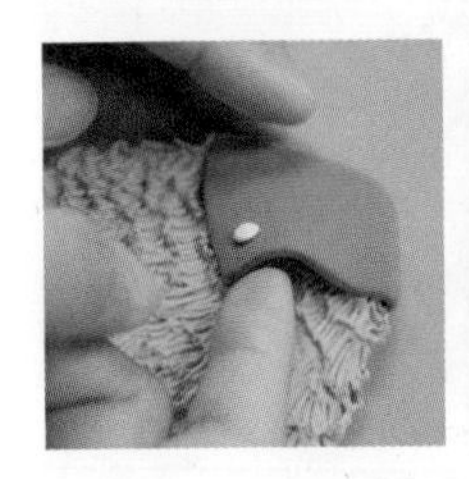

18 取白色黏土揉几个圆球并压扁成小圆片，粘在围巾上作为装饰，用细节针在围巾上戳出一些点状纹理，然后把头部与身体粘在一起。

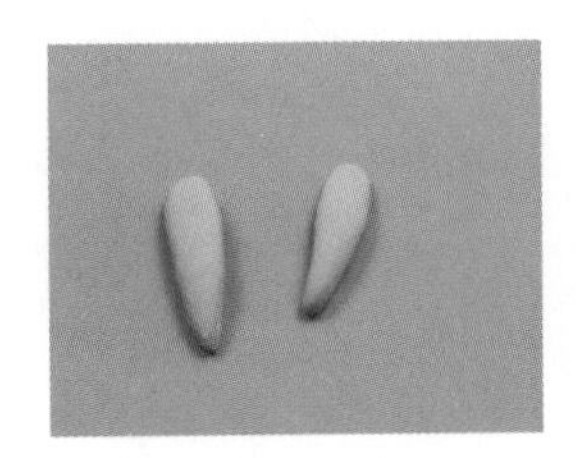

19 取浅棕色黏土捏出两个水滴形作为小狗的前腿，用细节针挑出绒毛之后，把前腿粘在身体两侧，将小狗摆成一个乖乖的姿势。

制作第二只小狗毛茸茸的脑袋

第二只小狗是雪纳瑞犬，有着毛茸茸的白色脑袋，长着大胡子是它的特征，给它戴一顶青蛙王子的帽子，这样它就变得活泼可爱起来了。

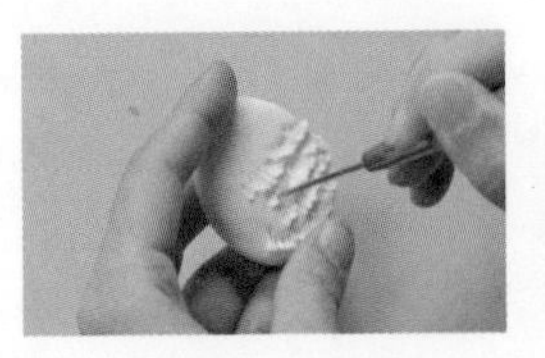

20 取白色黏土捏成椭圆形并压扁作为第二只小狗的头部，用细节针一层一层地挑出绒毛。

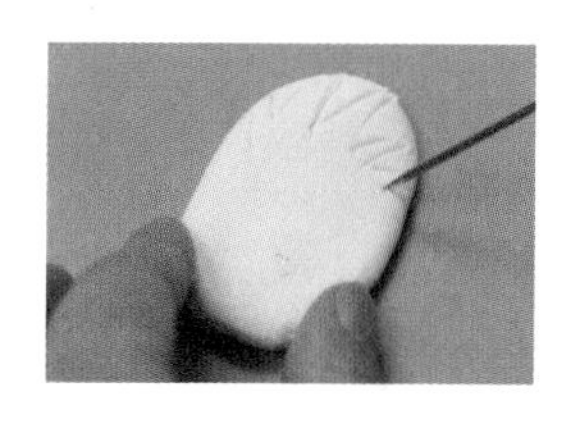

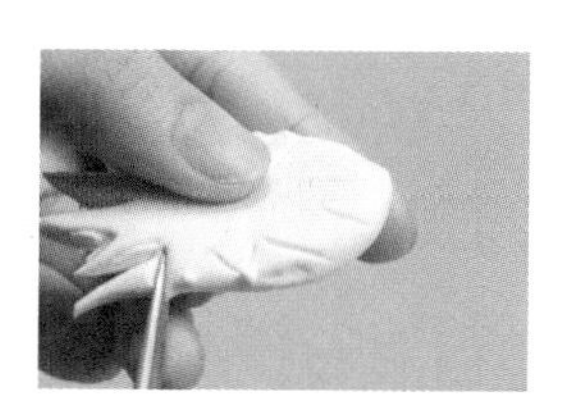

21 取白色黏土捏成椭圆形并压扁，用细节针在上面画出锯齿形状，用剪刀剪出锯齿形状，胡子就做好了。

22 把剪好的胡子与头部大概比对一下，看看大小是否合适。然后再用剪刀修整胡子的形状，并用细节针挑出绒毛纹理。

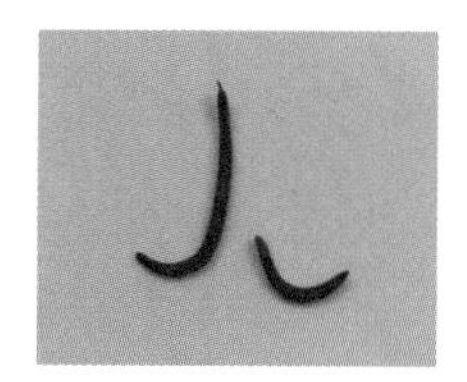

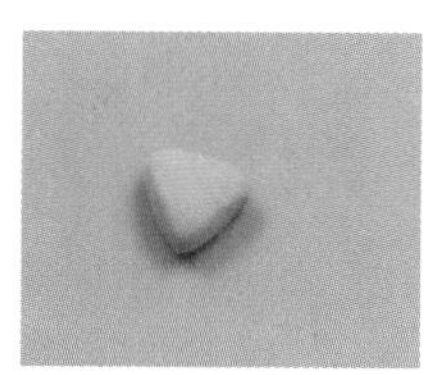
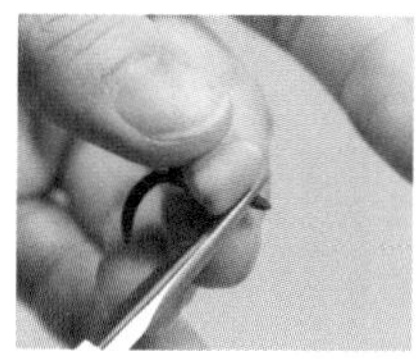
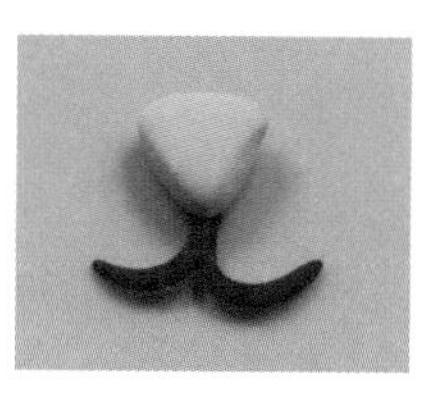

23 取黑色黏土搓出一长一短两根长条，将其弯曲，做成嘴巴的形状。再取粉色黏土捏出一个三角形作为鼻子，将其与嘴巴粘在一起，用剪刀剪去多余部分。

24 用细节针把胡子与头部的毛发再往外挑得夸张一些。

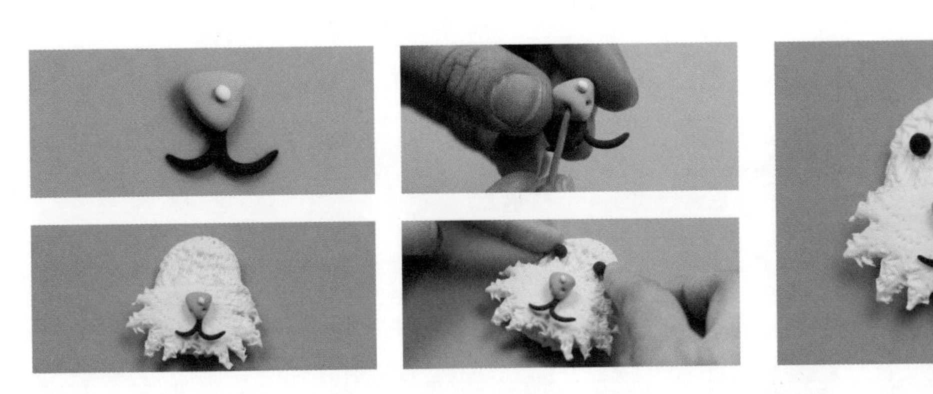

25 把胡子与头部粘在一起。取白色黏土揉成圆球粘在鼻子上，再把鼻子与嘴部粘在胡子上，用细节针在鼻子上戳两个小孔。取黑色黏土揉两个小圆球作为眼睛，粘在头部。

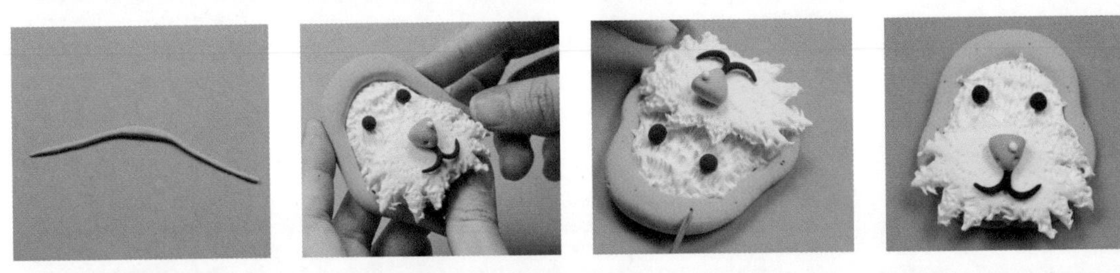

26 取绿色黏土搓一根中间粗、两端细的长条作为第二只小狗的青蛙头饰，把它围着小狗的头绕一圈粘在一起，用细节针在青蛙头饰上戳一些点状纹理。

27 取绿色黏土捏两个圆片，再取白色黏土捏两个小一点的圆片，对应粘在绿色圆片上，然后将两个黑色黏土揉成的小圆球粘在白色圆片上，完成青蛙的眼睛后，将眼睛粘在青蛙头饰上。

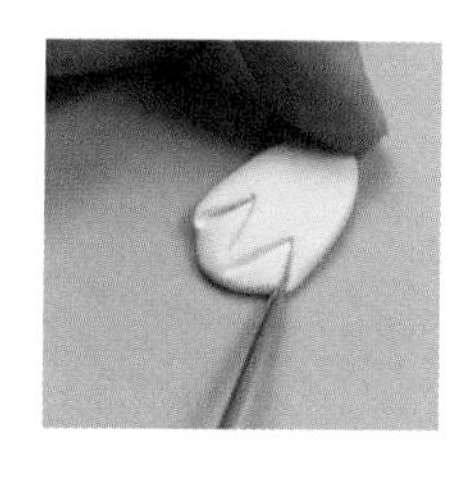
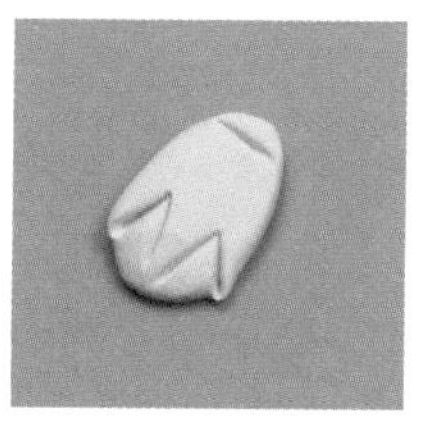
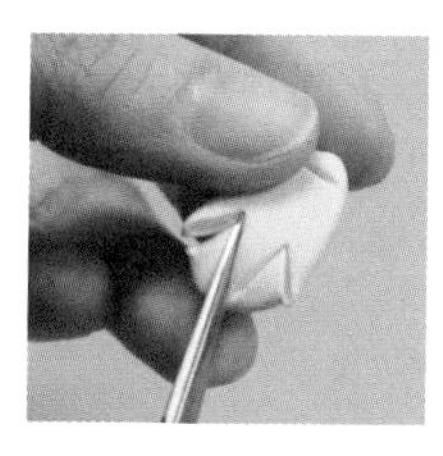
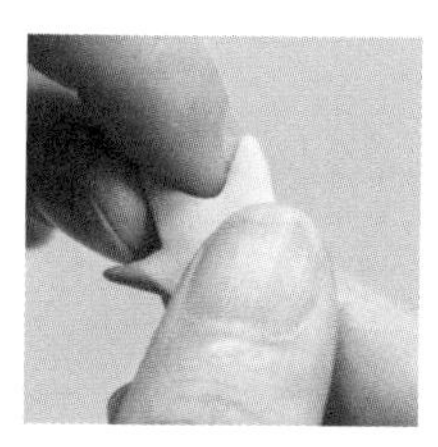

28 取黄色黏土擀成薄片并用细节针画出皇冠的形状，用剪刀剪出皇冠并且用指腹把周围整理光滑。将皇冠粘在青蛙头饰的两只眼睛中间，第二只狗的脑袋就做好了。

制作第二只小狗毛茸茸的身体

第二只小狗的身体大致是三角形的形状，毛茸茸的手臂和毛茸茸的身体显得十分温暖、可爱。

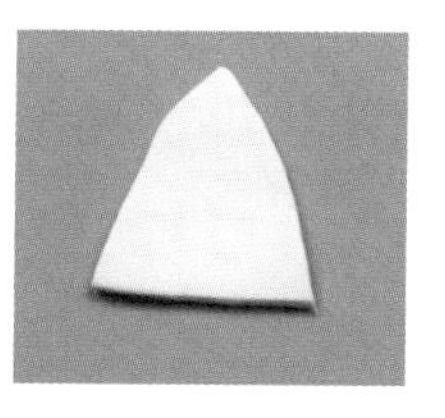

29 取白色黏土擀成薄片，用剪刀剪成三角形作为第二只小狗的身体，用细节针一层一层挑出绒毛纹理。

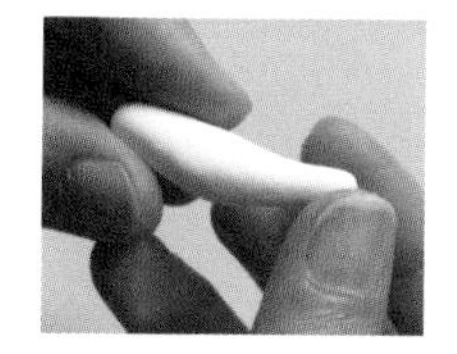
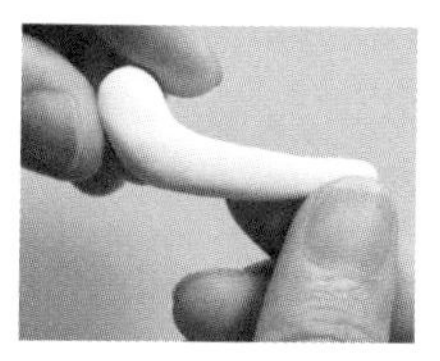
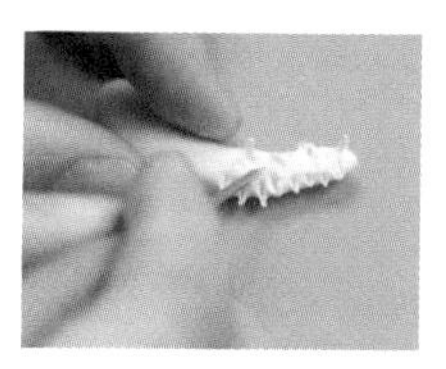
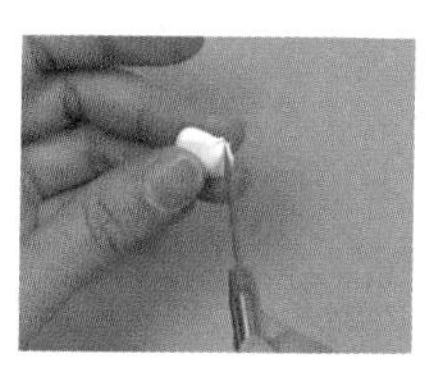
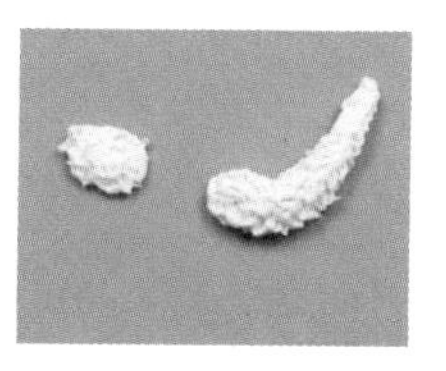

30 取白色黏土搓一根长条并将其稍弯曲，作为第二只小狗的一只前脚，用细节针在前脚上挑出绒毛纹理。再捏一个圆片，作为另一只前脚掌并且戳出绒毛质感。

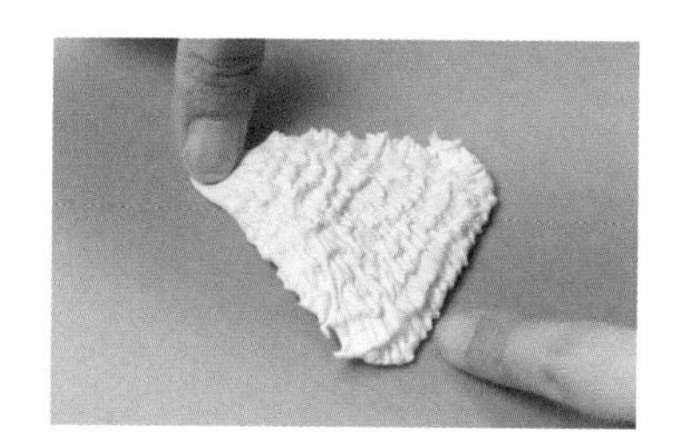

31 把小狗身体顶部压扁，然后把小狗脑袋与身体粘在一起，第二只小狗毛茸茸的身体就做好了。

制作围巾和小鱼

32 取黄色黏土搓成长条作为围巾，粘在第二只小狗的脖子处，再用细节针在围巾上戳出一些点状纹理。

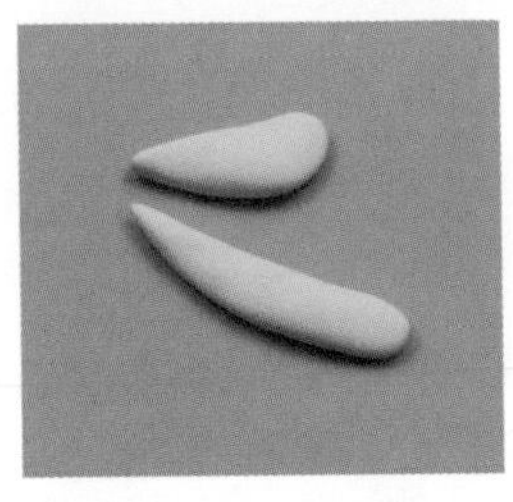
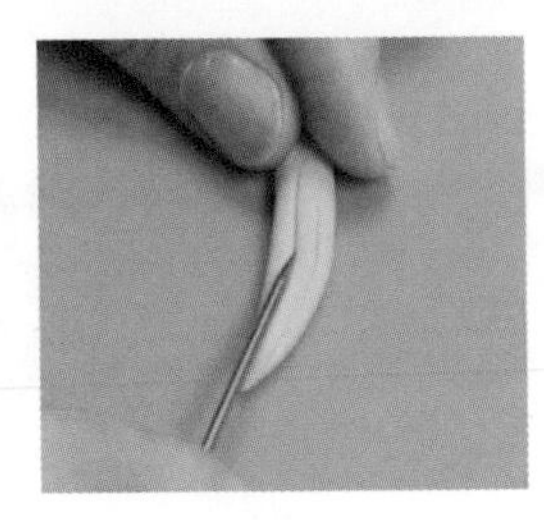

33 取黄色黏土捏出一长一短两个水滴形，用细节针在其上画出条纹，然后将其粘在围巾后面，做出围巾飘荡的造型，围巾就做好了。

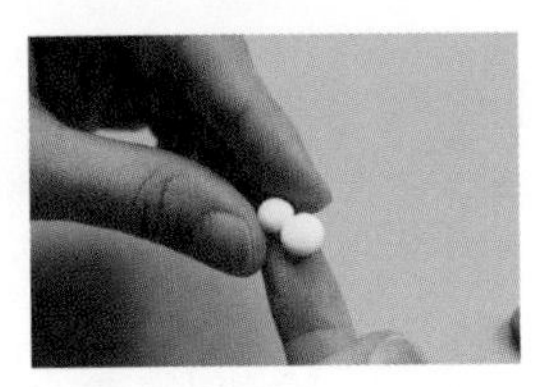
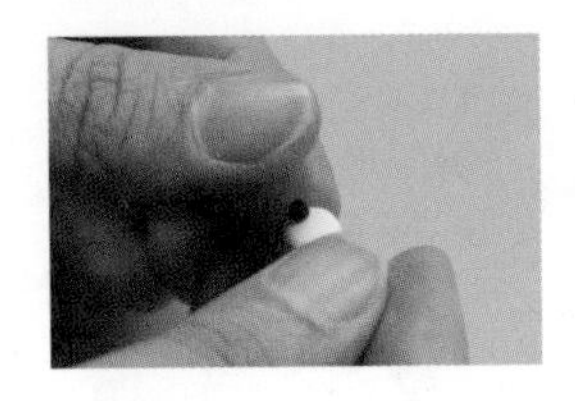

34 取红色黏土捏成水滴形作为小鱼的身体。再取白色黏土和黑色黏土做两只大小不一的眼睛，将眼睛横排放置在身体的头部。

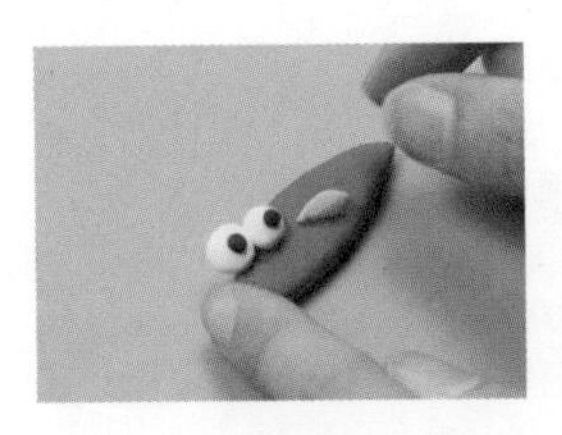
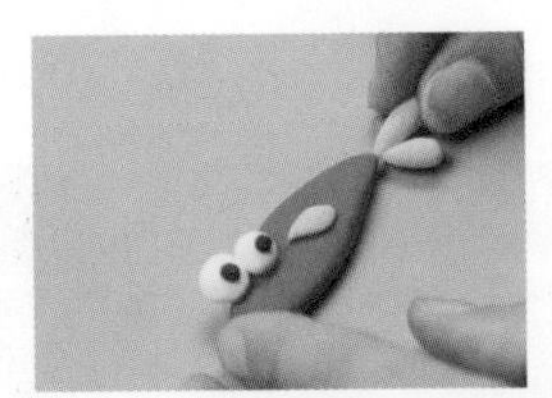

35 取黄色黏土用指腹搓成水滴形，做 3 个，作为侧鳍和尾鳍。然后把侧鳍和尾鳍粘在小鱼身体上，小鱼就做好了。

36 把做好的小鱼粘在第二只小狗身体的中部位置，把做好的前脚和脚掌分别粘在小鱼的两端，呈现小狗抱着小鱼的姿态，让手臂的顶部与身体相连。

制作舞台背景

在红色幕帘为背景的舞台上，两只小狗尽情地表演，一唱一和，十分有趣。

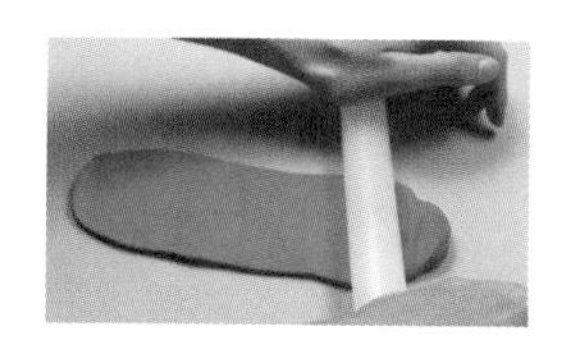
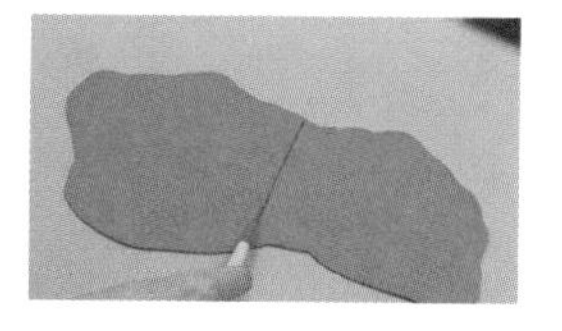
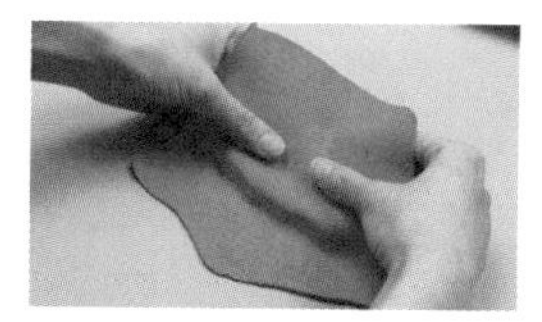
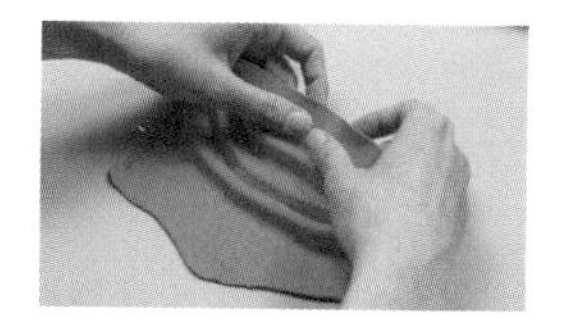
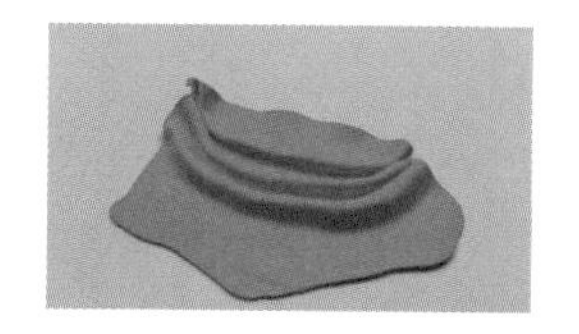

37 取红色黏土擀成薄片，用细节针将其划成两块，用手指折出 3 层褶皱，为制作幕帘做准备。

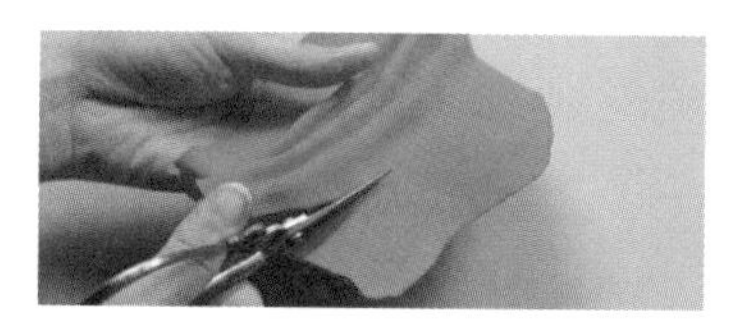
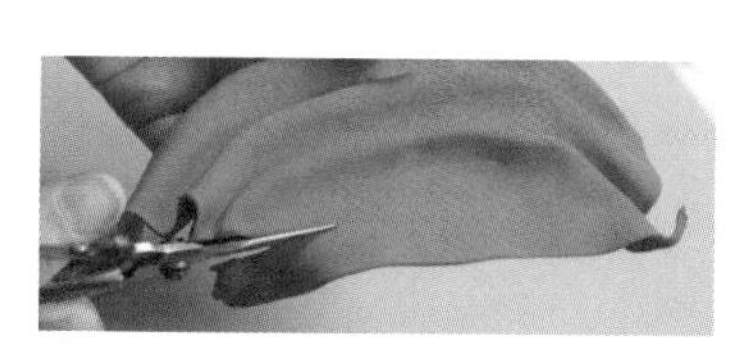
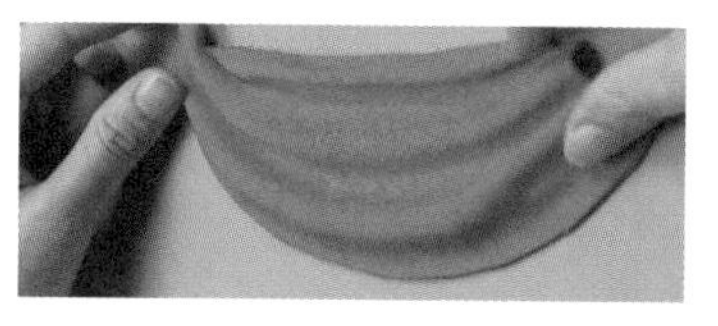
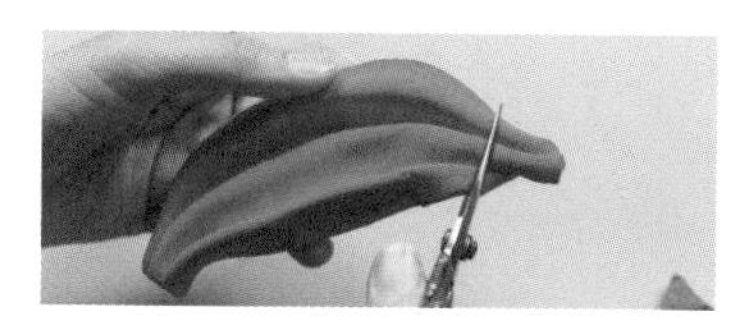
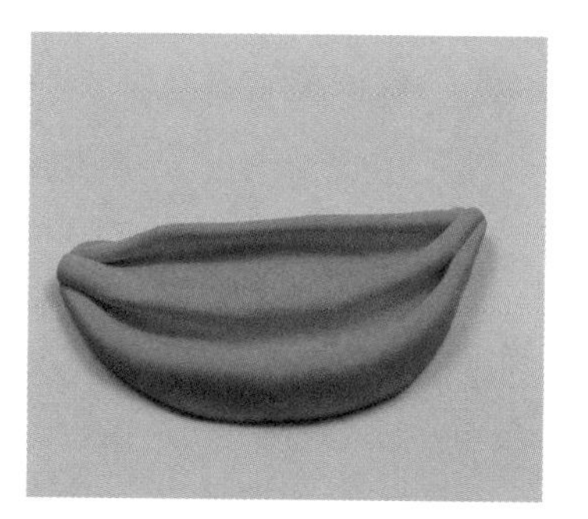

38 确定幕帘的形状，用剪刀把幕帘多余的部分剪去，再用指腹把边缘调整光滑，然后再次用剪刀进行修剪，最终做成船形的幕帘。

39 用细节针在幕帘上戳出点状纹理。再做两块只有两层褶皱的幕帘，并用细节针在其上戳出点状纹理。

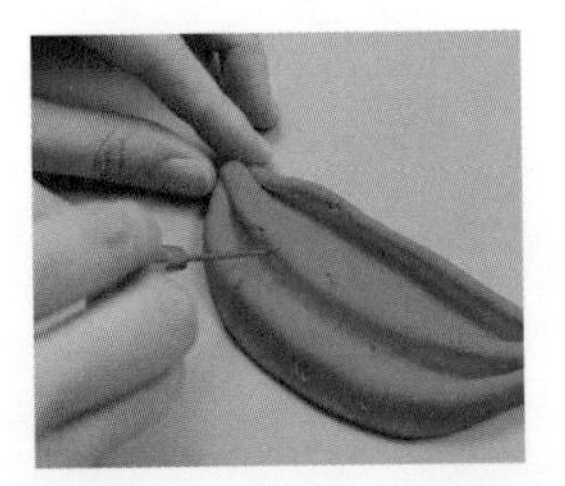

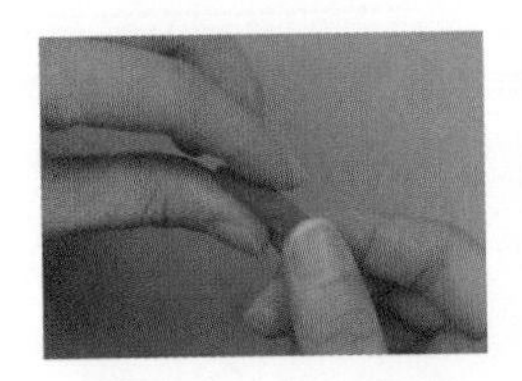
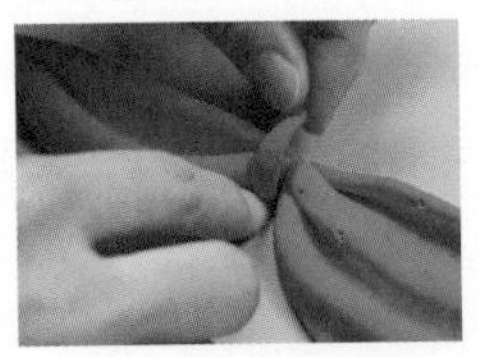

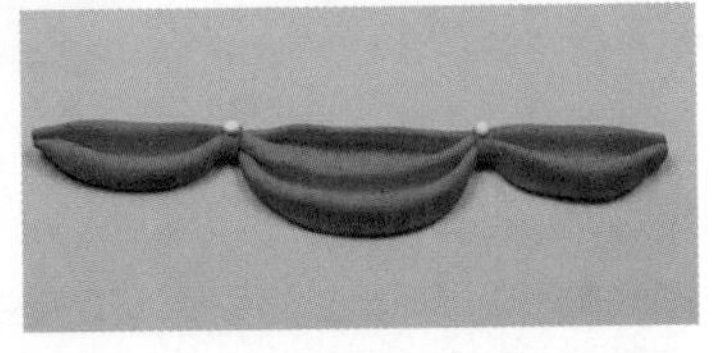

40 按照3层褶皱的幕帘在中间、两层褶皱的幕帘在两端的形式把3块幕帘拼接在一起。取红色黏土搓成长条并压扁缠绕在幕帘连接处，然后在连接处粘上黄色黏土揉成的小圆球作为装饰，幕帘就做好了。

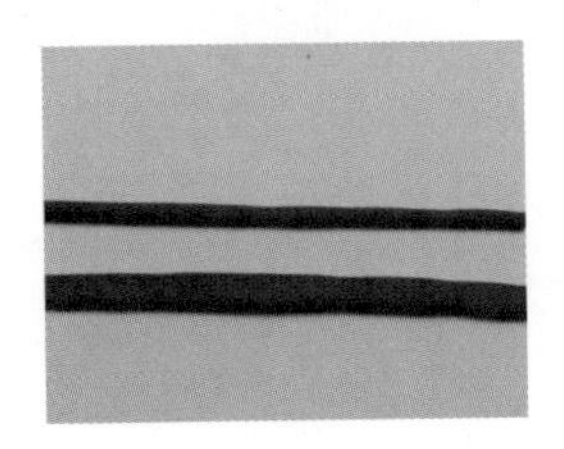

41 取黑色黏土搓出一粗一细两根长条，用细节针在粗的长条上压出一排竖纹，再用细节针在细的长条上戳出一排孔。

42 把两根黑色长条粘在一起作为舞台，再将一根用黑色黏土搓成的粗长条与舞台粘在一起，用来增加舞台的厚度。

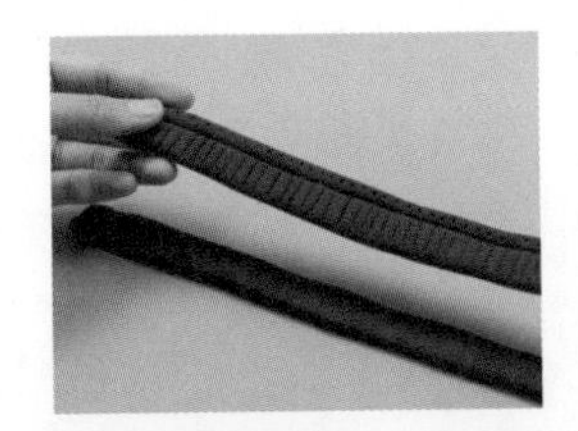
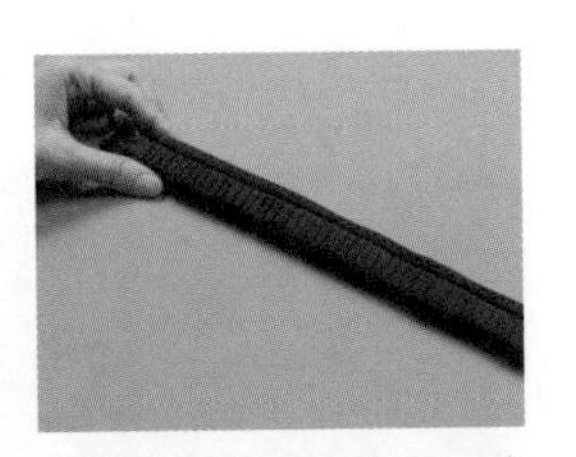

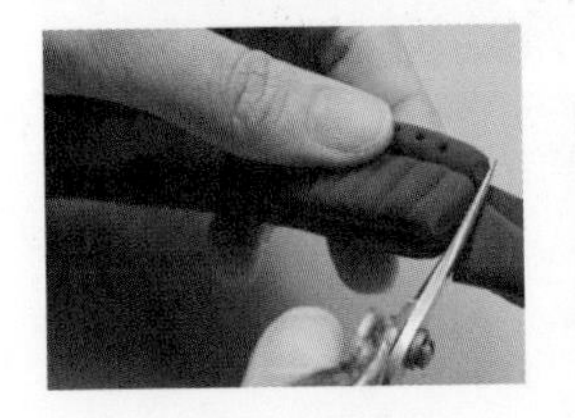
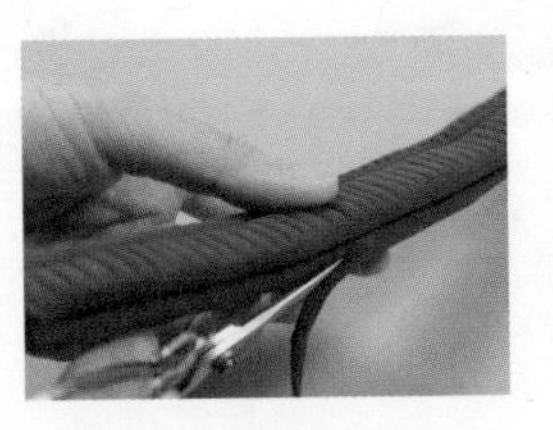

43 用剪刀把舞台多余的部分剪去。把所有做好的部件晾干，为装入画框做准备。

制作背景板

44 剪一块与画框底板大小相同的方形深褐色不织布。在画框底板上涂上胶水并用木片棒抹开，迅速把深褐色不织布粘在底板上，将底板装回画框。

安装黏土画

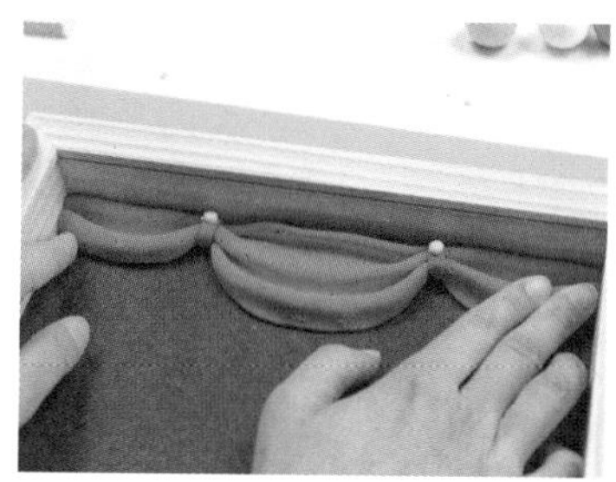

45 根据画框大小用剪刀把幕帘剪到合适的宽度，粘在画框顶端。

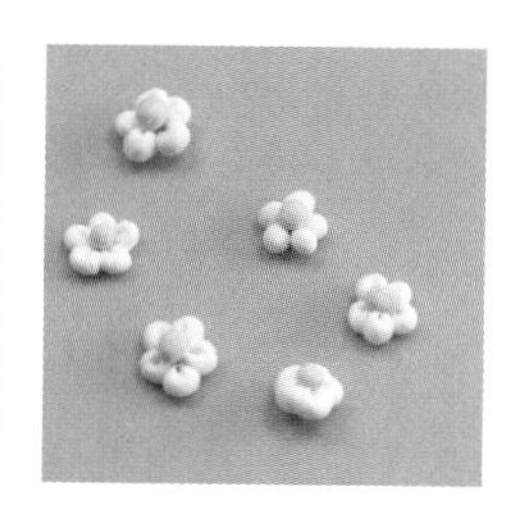

46 把舞台和两只小狗依次粘在画框上，再用白色黏土和黄色黏土做一些小花粘在它们周围就大功告成啦！

3.3 这些小花是为那个穿白裙的巧克力女孩而采的吧

有一天我做了许多小花，但不知道如何安置它们，不如就做顶大大的花帽子吧！花帽子充满夏日风情，很适合有着厚厚的嘴唇、卷卷的头发和巧克力色皮肤的女孩呀，那就给她戴上花帽子吧，多可爱呀！

没人比我更懂什么叫美了。

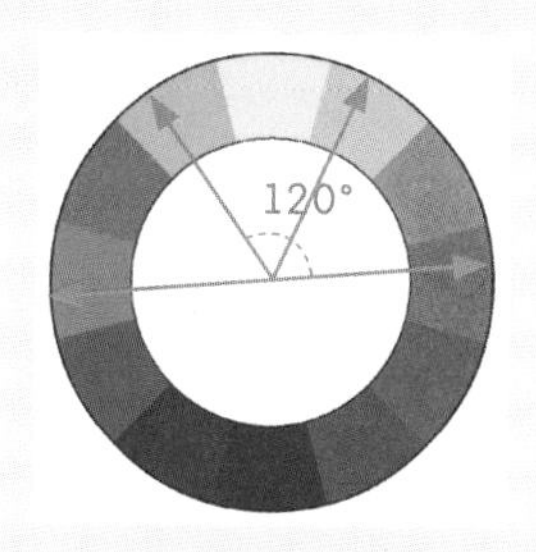

色彩分析时间

蓝色的海水搭配绿色的叶子衬托出夏日风情，白色的帽子和衣服表现出女孩的纯洁，而鲜艳的花朵则是对女孩的点缀。

脑洞大开

创想开始

在热带风情的阳光海岸边有个戴花帽子的女孩，她的皮肤被晒得黑黑的，头发烫得卷卷的。

1 蓝色的海面上泛起了波纹。

2 皮肤黑黑的女孩有着卷卷的头发。

3 大大的芭蕉叶子带有夏日气息。

4 花儿都簇拥在女孩的帽子上，巧克力肤色的女孩也非常美丽。

重点提示：黏土网的制作方法

制作黏土网需要将黏土长条均匀垂直排列，形状要规整。

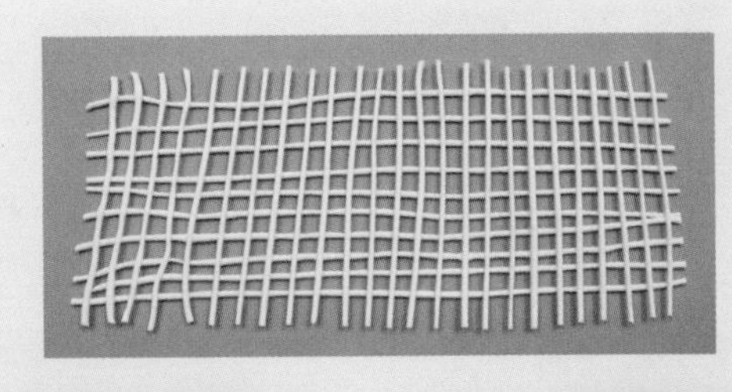

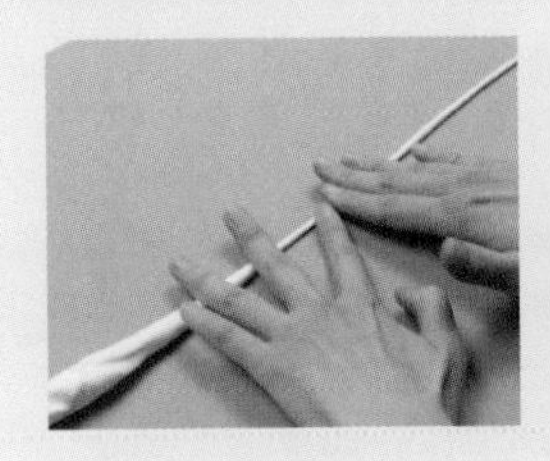

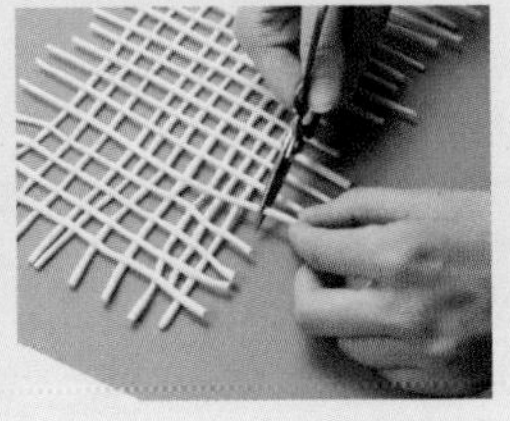

首先需要搓出一组细长的黏土长条，将它们平行且等间隔排列。再搓出另一组长条，小心翼翼地以同样的排列方式垂直粘在第一组长条的上面。用剪刀整齐地剪掉网格四周参差不齐的黏土长条，最后得到一个方形的黏土网。

准备材料和工具

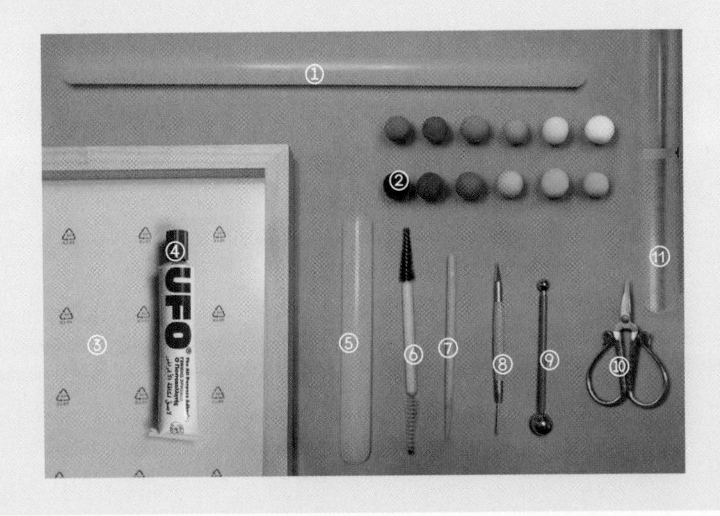

① 擀泥棒（50cm）

② 各色黏土（紫色、红色、紫红色、橙色、黄色、白色、黑色、褐色、棕色、天蓝色、翠绿色、绿色）

③ 画框（380mm×380mm）

④ 胶水

⑤ 擀泥棒

⑥ 刷子

⑦ 木棒

⑧ 细节针

⑨ 大号丸棒

⑩ 剪刀

⑪ 保鲜膜

制作花帽子女孩

花帽子女孩有着一张可爱的脸和一头浓密的卷发，脸上的红晕让她看起来像是在害羞，更能够打动人心了。

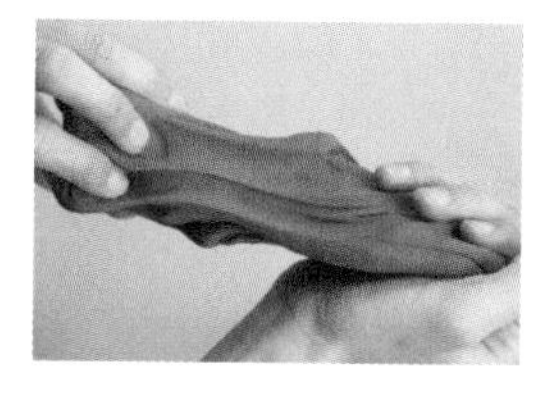
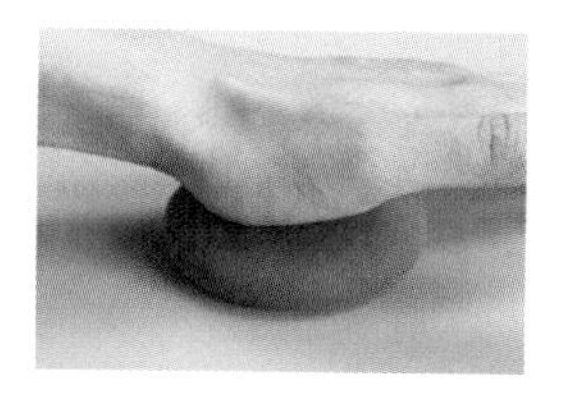

01 准备一大块棕色、一小块黄色和一小块白色黏土，将 3 种颜色的黏土混合，得到黄棕色黏土。将黄棕色黏土揉成圆球并压扁成鸡蛋形，作为女孩的脸部。

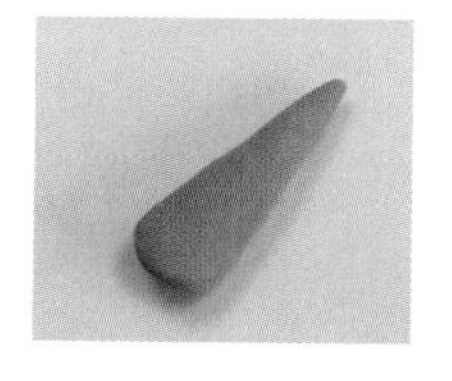
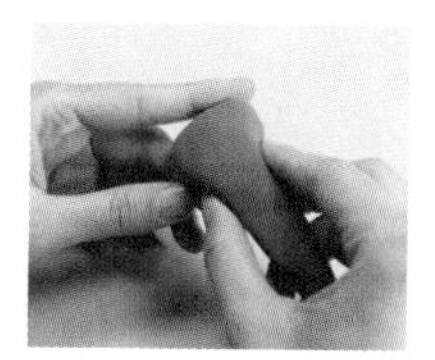
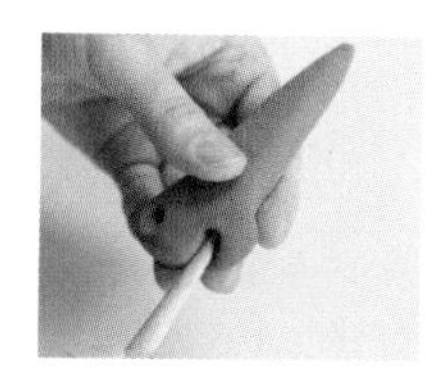
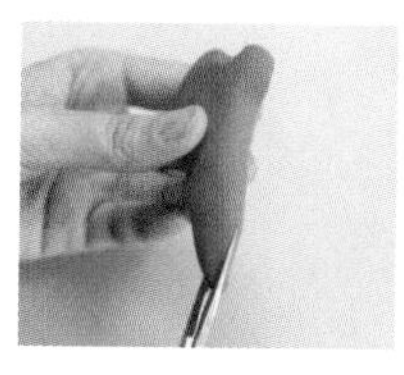
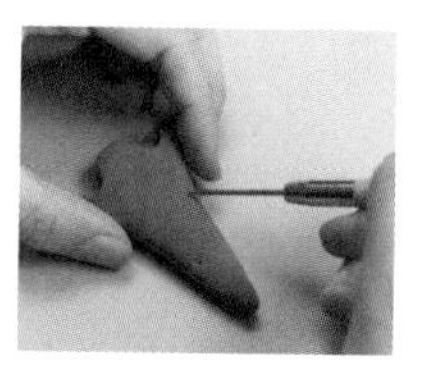

02 取黄棕色黏土捏一个水滴形，并将靠近偏圆的一端稍向中间捏，将其作为女孩的鼻子，用木棒在鼻子上戳出两个孔，用剪刀剪去鼻子多余的部分，再用细节针戳出点状纹理，鼻子就做好了。

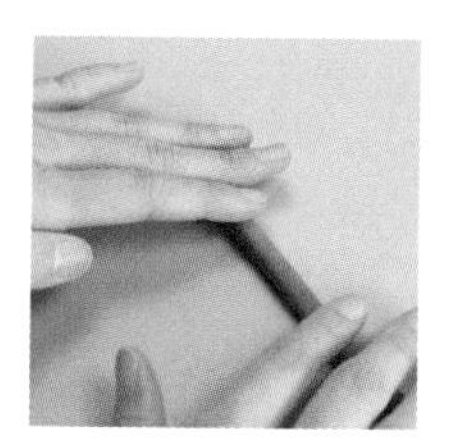

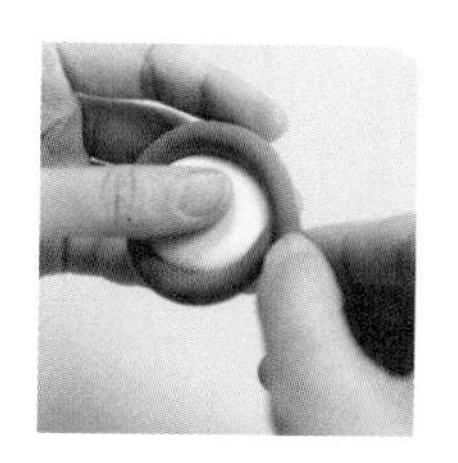
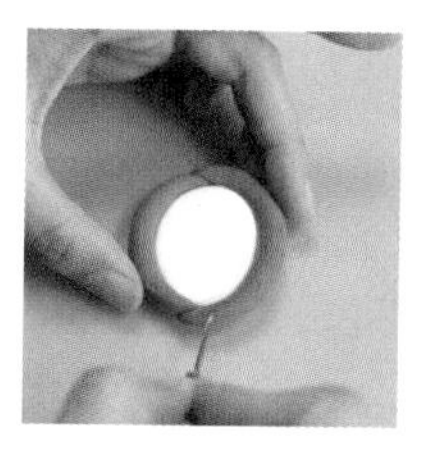

03 取白色黏土捏一个圆片，然后取黄棕色黏土搓两根长条，用两根黄棕色长条包住白色圆片，并用细节针在长条上戳出点状纹理，一个眼眶就做好了。

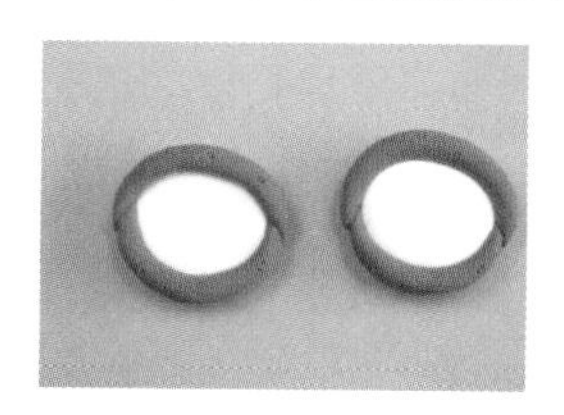

04 按上一步的方法再做一个眼眶，取黑色黏土捏两个小圆片。将黑色小圆片粘在白色圆片的中间靠左的位置，眼睛就做好了。把鼻子粘在脸部中间，眼睛粘在鼻翼两侧。

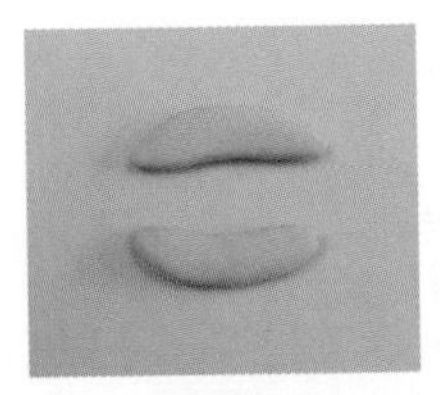
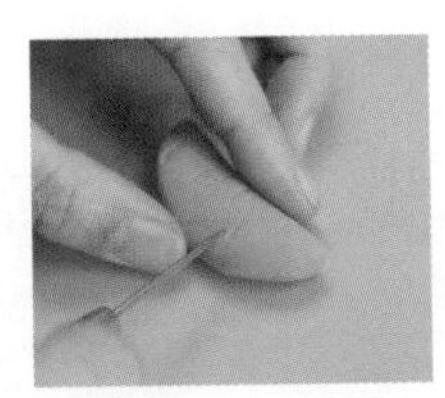
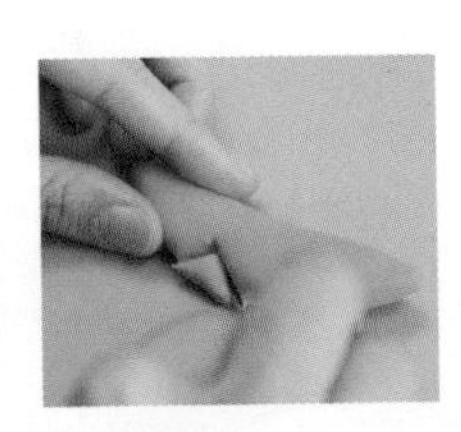

05 取橙色黏土搓两根月牙形的长条，用细节针画出纹理作为上下嘴唇。上嘴唇用细节针挖一个倒三角形缺口。修整好形状后，把上下嘴唇粘在一起。

06 把嘴唇粘在鼻子下方，然后在脸部粘两个紫红色黏土做成的圆盘作为脸上的红晕。

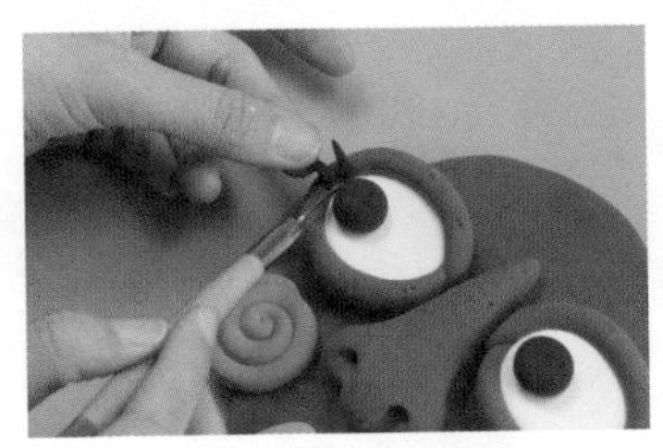

07 取黑色黏土捏一个瘦长的水滴形，用细节针固定在眼角上作为睫毛，每个眼角粘两根睫毛。

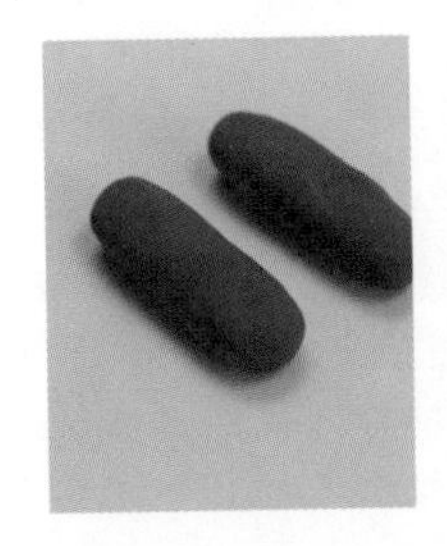

08 取黑色黏土搓两个等长的黑色粗条，用细节针戳出绒毛纹理作为粗眉毛，粘在眼睛上方。

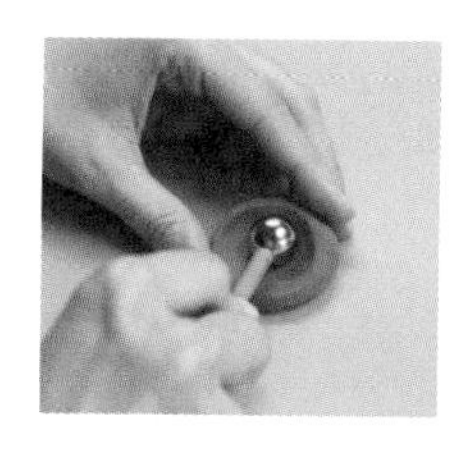
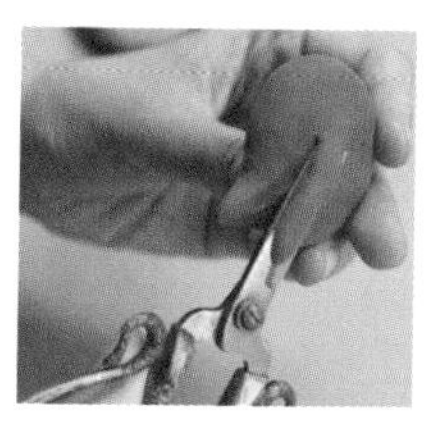
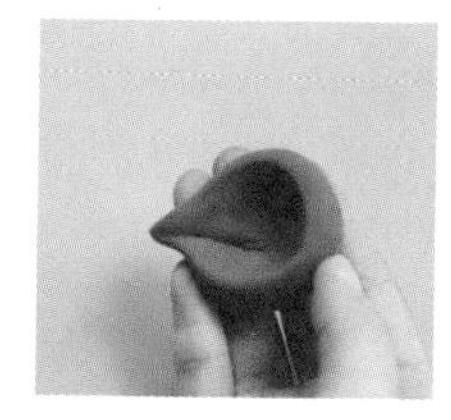

09 取黄棕色黏土揉成小圆球并用大号丸棒压出凹槽，用剪刀沿凹槽剪开，捏合到一起作为耳朵，最后把耳朵粘在脸部后面。

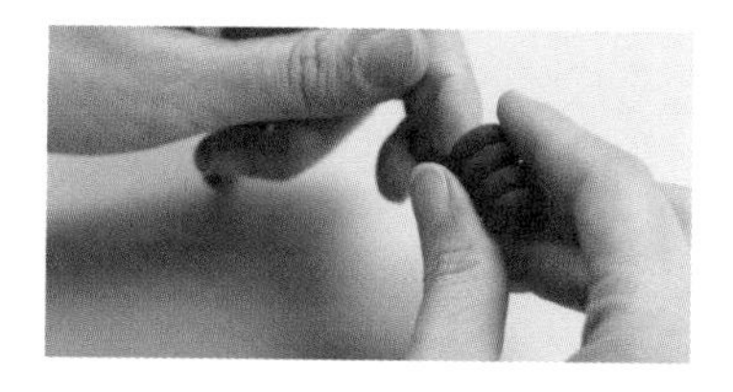
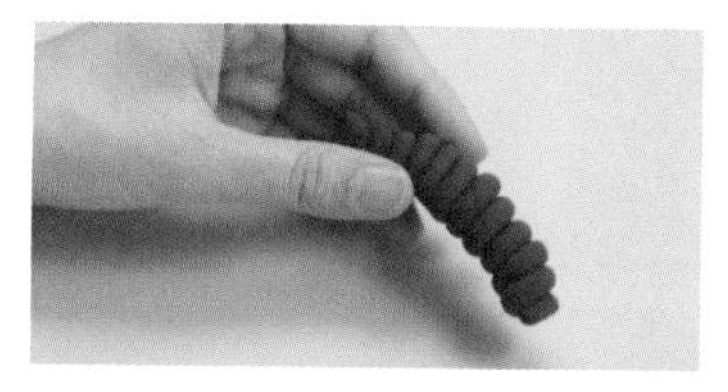

10 取黑色黏土搓成长条，然后将其一圈一圈地卷起来作为卷发，用同样的方法做出多组卷发。

11 捏一片月牙形黑色黏土片，将黏土片接在头顶。把卷发与头部粘在一起，从内向外依次粘好，头部就做好了。

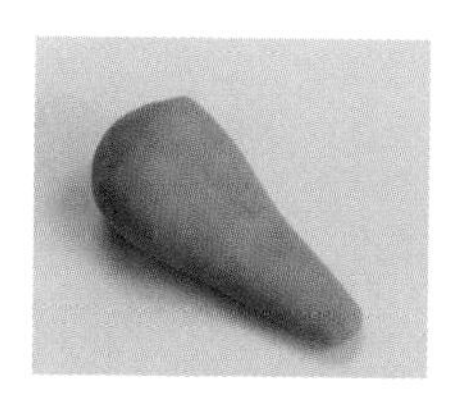
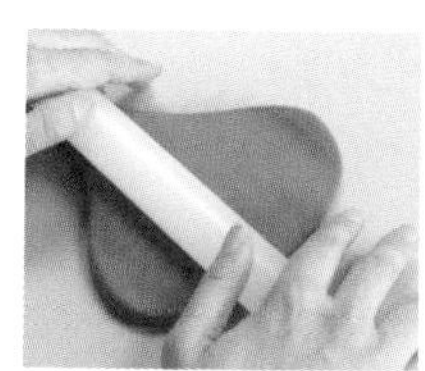
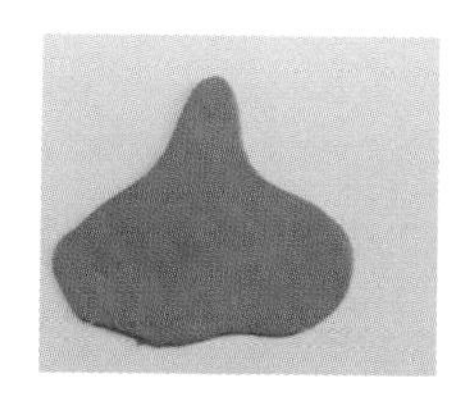
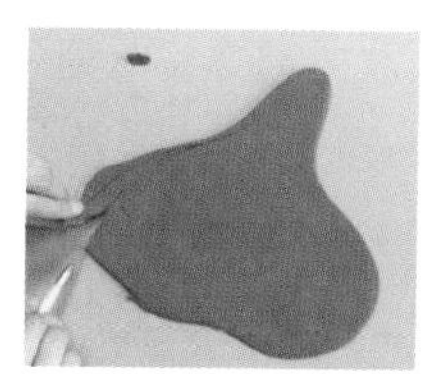
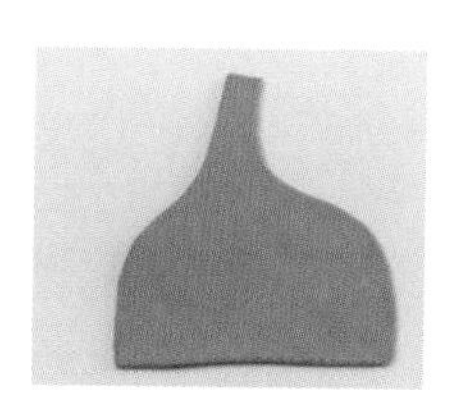

12 取黄棕色黏土捏一个大水滴形，用擀泥棒将其擀成大蒜的形状，用细节针修整出脖子和身体。

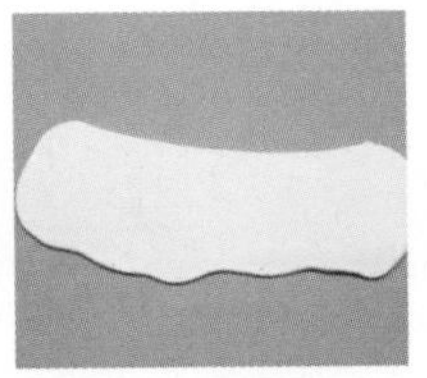
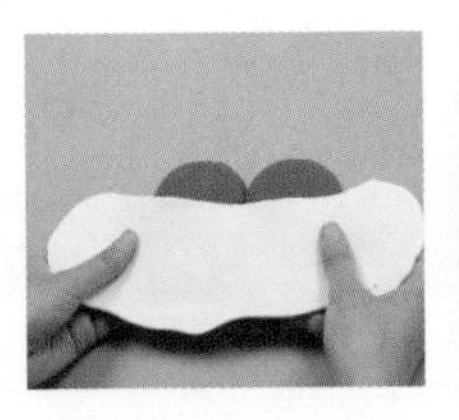
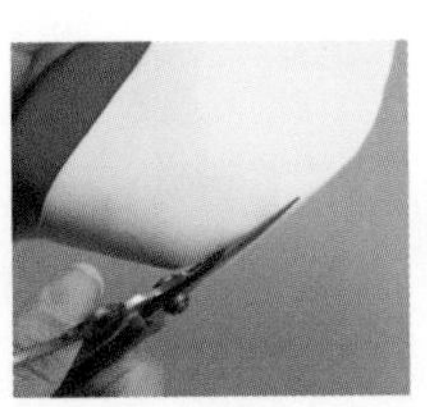
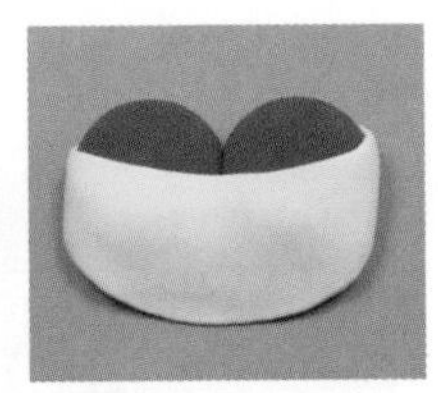

13 取黄棕色黏土捏出两个厚实的圆片，再取白色黏土擀成薄片。把薄片平铺在两个黄棕色圆片上，盖住大半的圆片，然后用剪刀剪去白色薄片多余的部分。

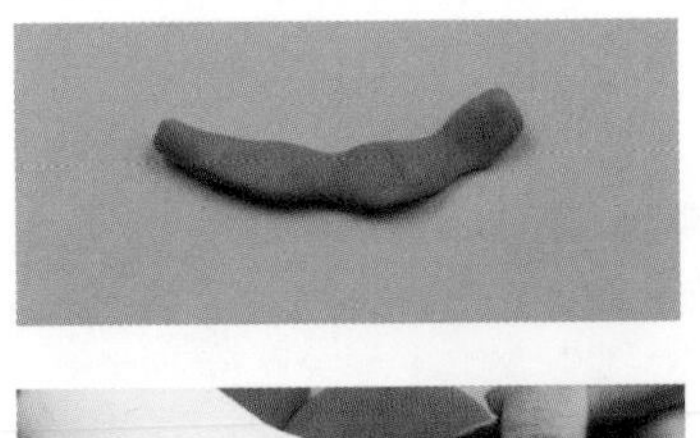
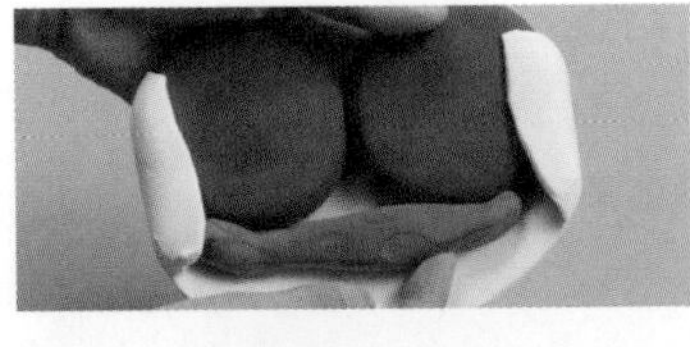
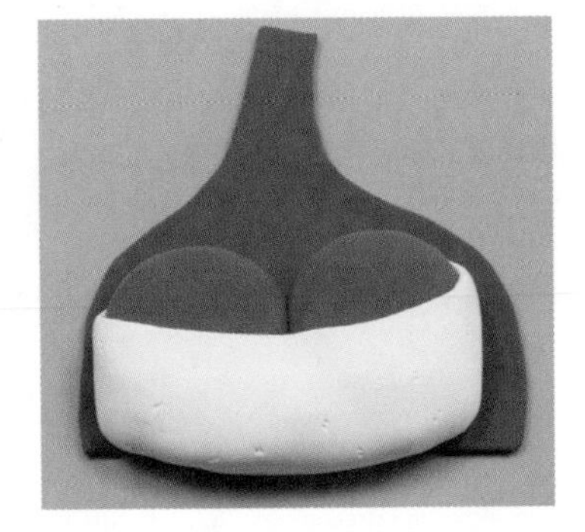
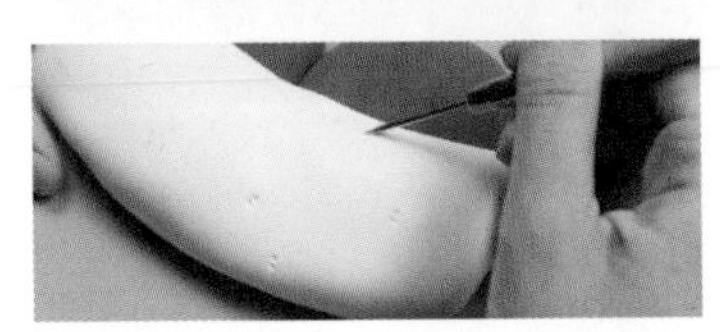
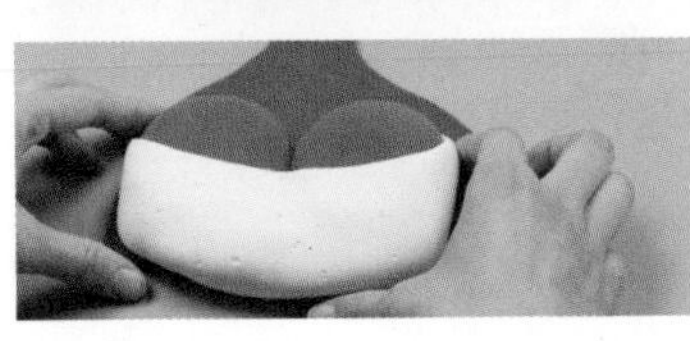

14 取橙色黏土搓成长条垫在胸部下方，然后用白色薄片把胸部包起来，用细节针在白色薄片上戳出一些点状纹理后把胸部粘在身体上。

制作向日葵

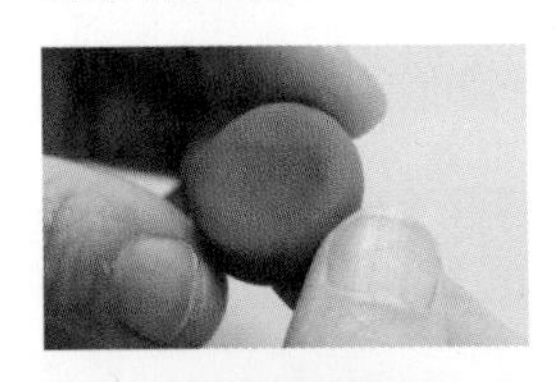

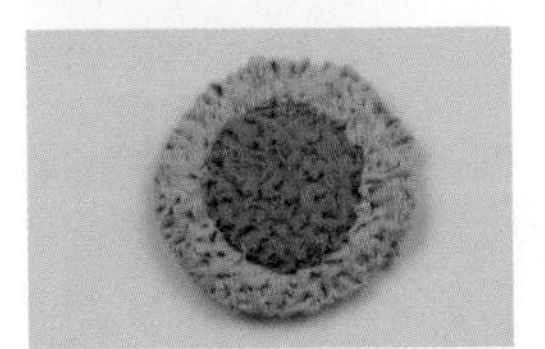

15 取褐色黏土捏一个小圆球并压扁作为内层花蕊，用细节针挑出花蕊的纹理，然后用棕色黏土搓一根长条，用长条包住内层花蕊，同样用细节针挑出外层花蕊的纹理。

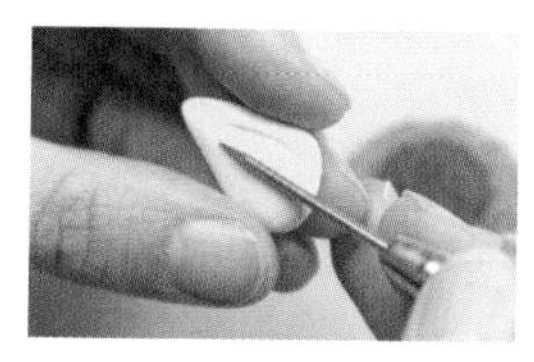
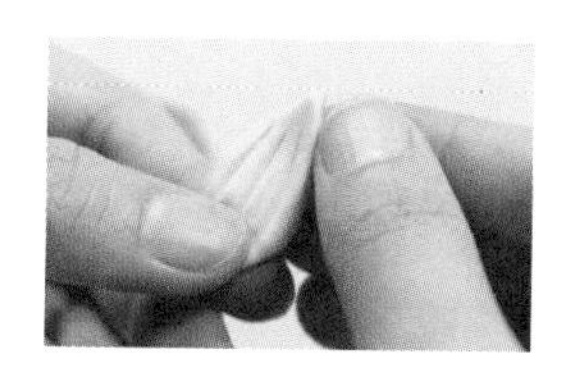

16 取黄色黏土捏成水滴形作为花瓣，用细节针压出 3 条痕迹，将其较圆的一端压扁，一片花瓣就做好了。

17 把上一步做好的向日葵花瓣粘在花蕊后面，做出第一层花瓣，接着用错位粘贴的方法做出向日葵的第二层花瓣，这样向日葵就做好了。再用同样的方法做出另外一朵黄棕色和褐色花蕊的大向日葵。

制作玛格丽特

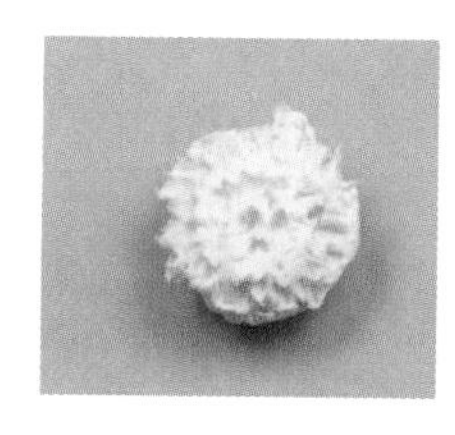
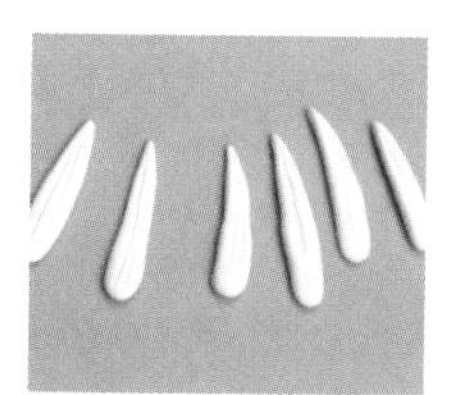

18 按照第 82 页 15 步的方法做一个黄色花蕊，再取白色黏土捏一些稍长的水滴形，并用细节针压出痕迹作为花瓣，把做好的花瓣粘在黄色花蕊后面，玛格丽特就做好了。按照同样的方法做一个只有两片花瓣的装饰。

制作芭蕉叶

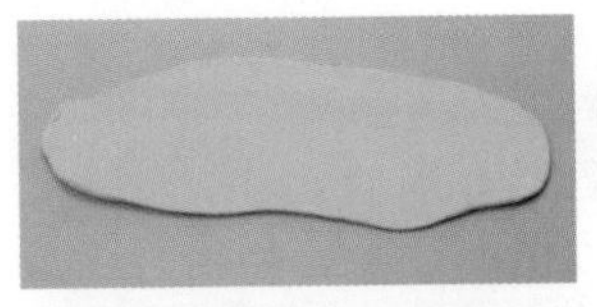
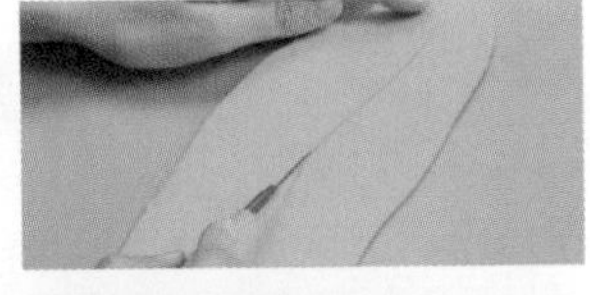

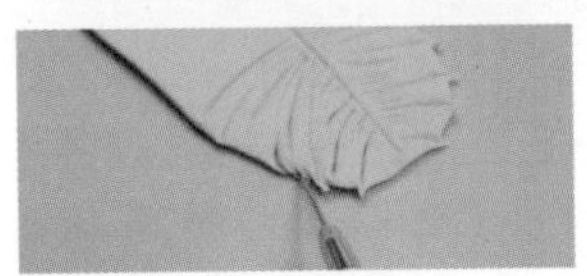

19 取绿色黏土擀成一块大薄片，先用细节针在绿色薄片正中画出一条主叶脉，接着画出两边的叶脉，然后用剪刀把绿色薄片边缘剪零碎一些，为制作芭蕉叶做准备。

20 将白色黏土、黄色黏土和翠绿色黏土混合出浅绿色黏土，用混合好的黏土搓出一根长条作为叶梗，把叶梗粘在叶子中间，芭蕉叶就做好了。

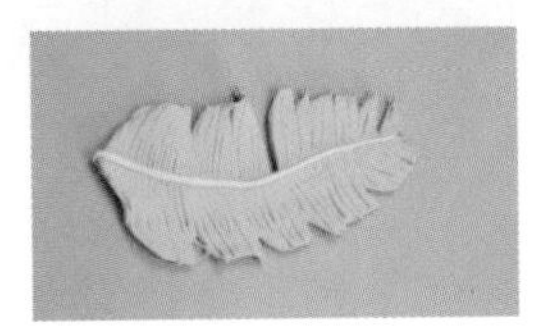

21 按照同样的做法，再做出 3 个形态和颜色有所区别的芭蕉叶。

制作薰衣草

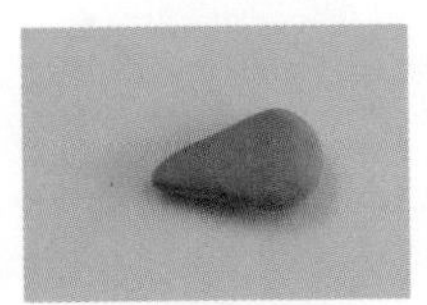
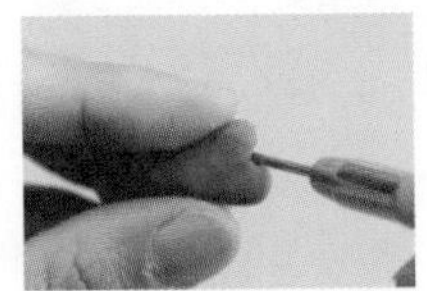
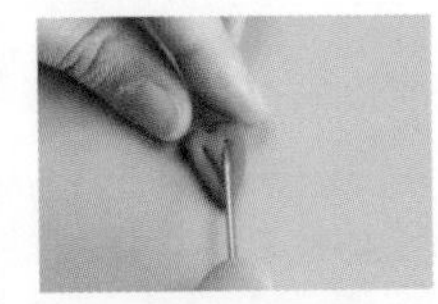
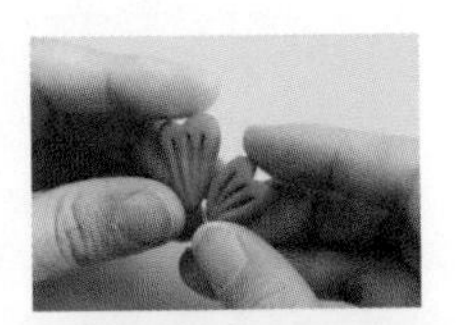

22 将红色黏土与少量紫色黏土混合，将混合好的黏土捏成水滴形。用细节针将其较圆的一端按凹一点，再在上面压出 3 条痕迹。用同样的方法做出 3 片花瓣，把 3 片花瓣（也可以是 2 片）粘在一起，薰衣草的花朵就做好了。

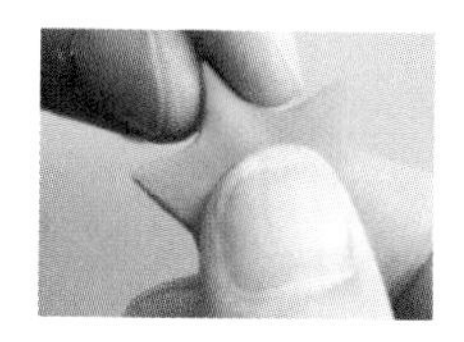
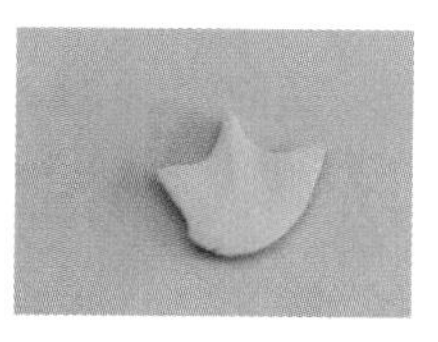
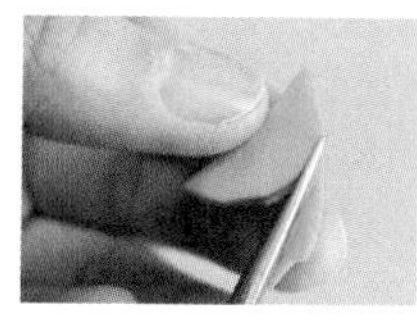

23 取翠绿色黏土，捏成叶子的形状，用剪刀剪去底部多余的部分，用细节针压出痕迹，把叶子粘在花瓣底部，放在一边备用。

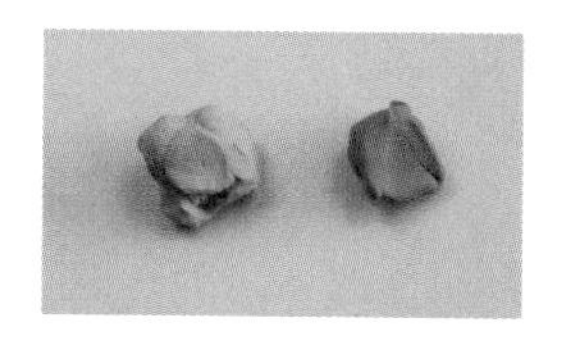
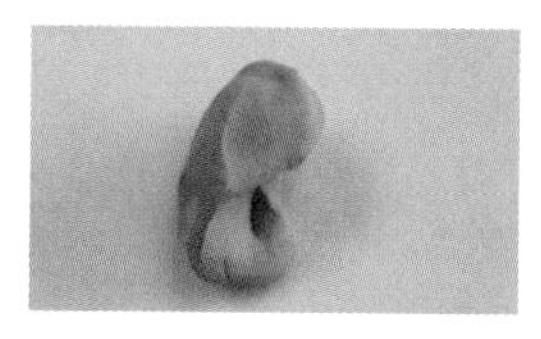

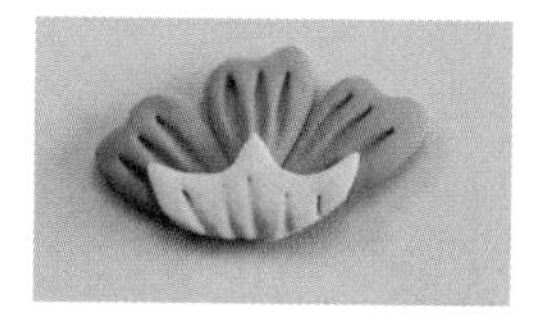

24 在红色黏土里多混一些紫色黏土，用混合得到的黏土做一些薰衣草的花朵，再粘上绿色黏土做成的叶子，放在一边备用。

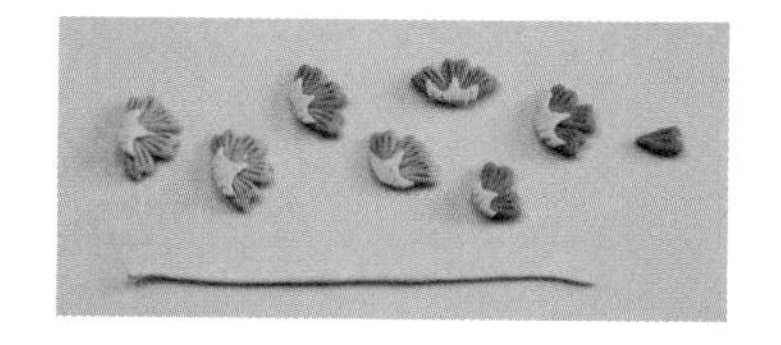

25 用紫色黏土做一些薰衣草花朵，3 种颜色的薰衣草花朵都准备若干个。然后取翠绿色黏土搓一根长条作为梗。把粘在叶子上的薰衣草花朵一层一层粘在梗上。

制作枫叶

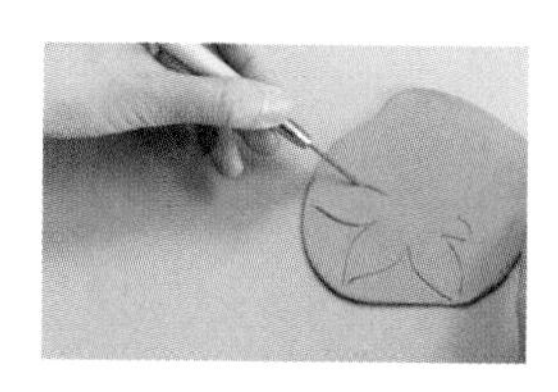

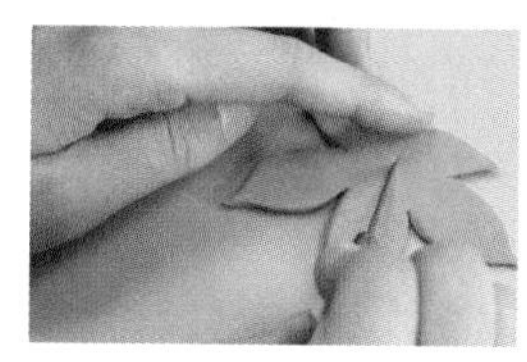

26 取橙色黏土擀成薄片，用细节针在上面画出枫叶的轮廓，用剪刀剪出枫叶的形状，再用细节针在枫叶上画出脉络，然后用剪刀把枫叶边缘剪零碎一些。

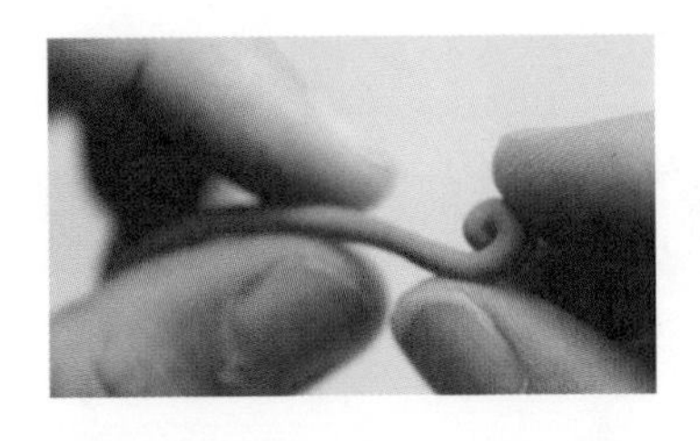
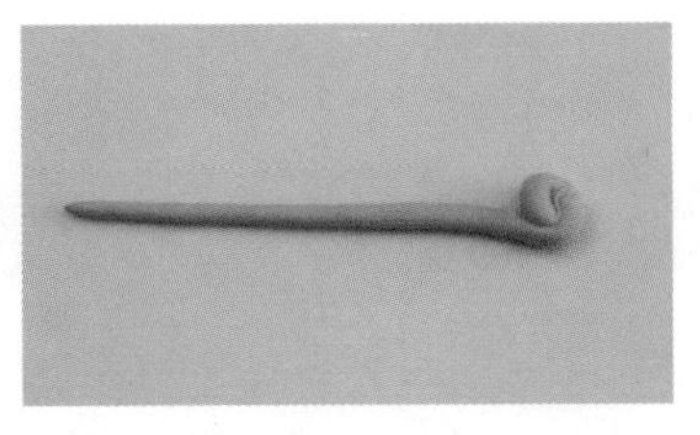

27 取橙色黏土搓一根长条，将长条的一端卷成圆盘作为叶梗，粘在枫叶上，枫叶就做好了。

制作小红花

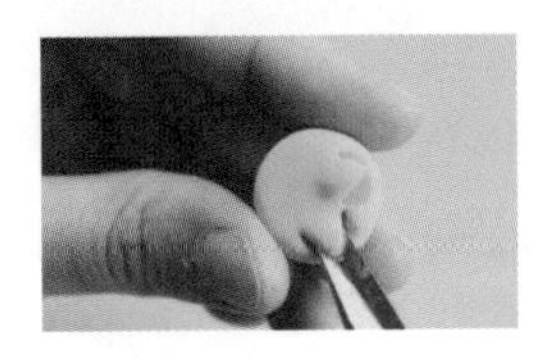
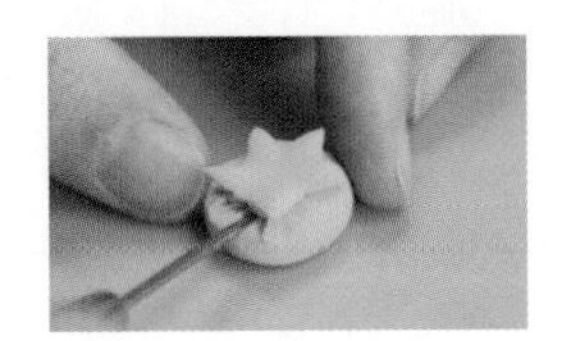
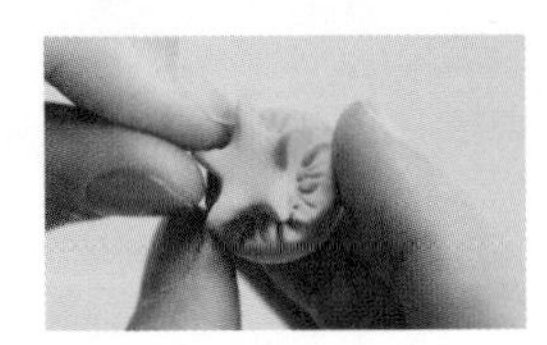

28 取翠绿色黏土捏一个圆片，用剪刀剪出五角星的形状，然后用细节针在圆片的下半部分按压出一些纹理，这就是小红花的花蕊中心部位。

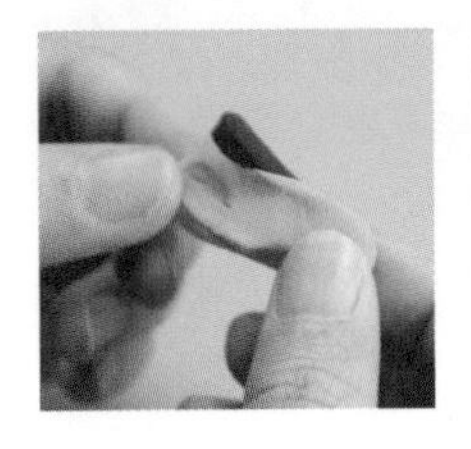
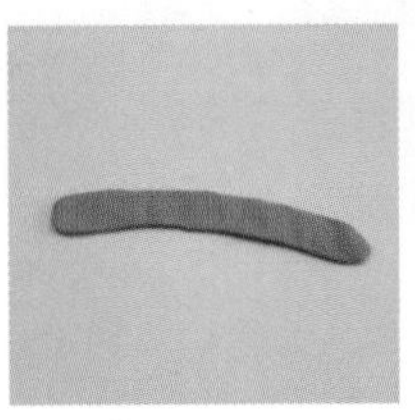
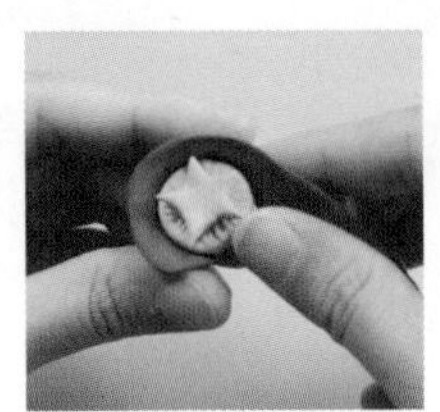
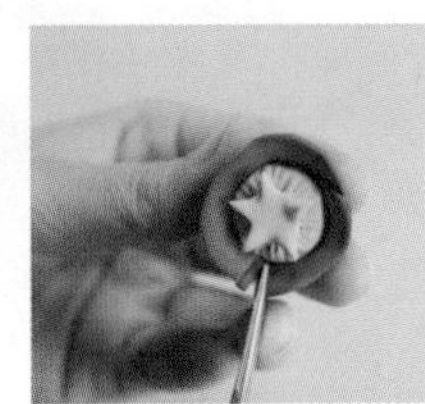

29 取翠绿色黏土和黑色黏土混出墨绿色黏土，把混合出的黏土搓成一根长条并压扁，然后将其紧贴小红花的花蕊中心部位绕一圈粘在一起，用剪刀将长条边缘剪碎，花蕊就做好了。

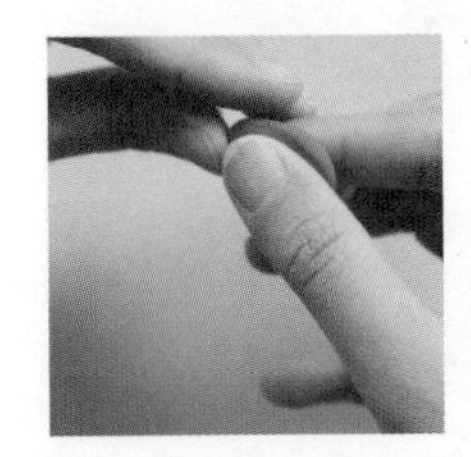

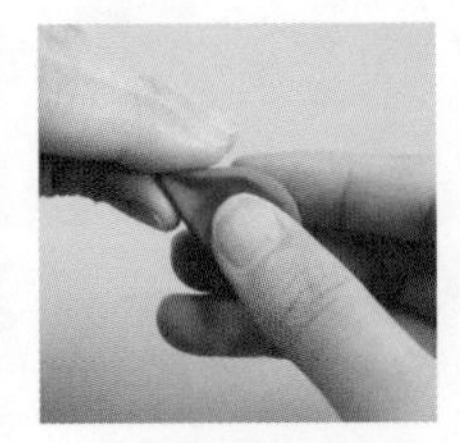

30 取红色黏土捏成水滴形黏土片，将尖端捏出褶皱，做出无压痕的花瓣，做出 6 瓣。然后将花瓣绕花蕊粘一圈，小红花就做好了。

制作小白花

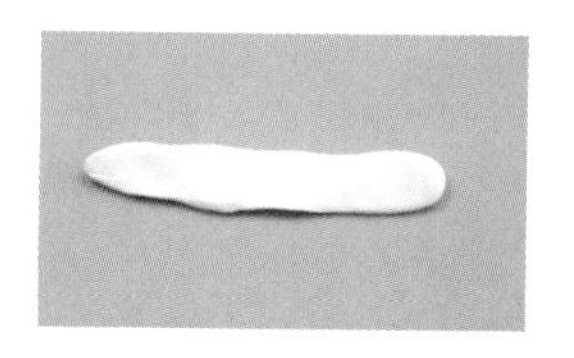
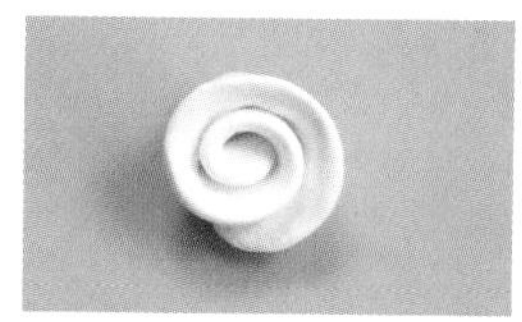

31 取白色黏土搓一根长条并压扁，然后将其卷成旋涡状，用剪刀将其边缘剪碎，白色小花就做好了。

制作背景板

淡蓝色的背景用黏土制成，上面有凹凸不平的水纹一样的纹路。

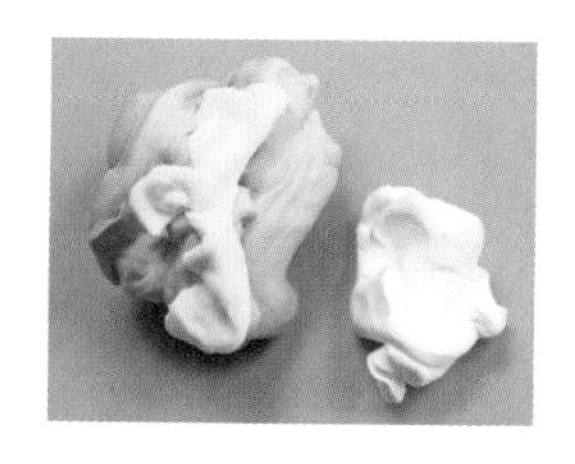

32 将天蓝色黏土与少量黄色黏土和白色黏土混合成淡蓝色黏土。

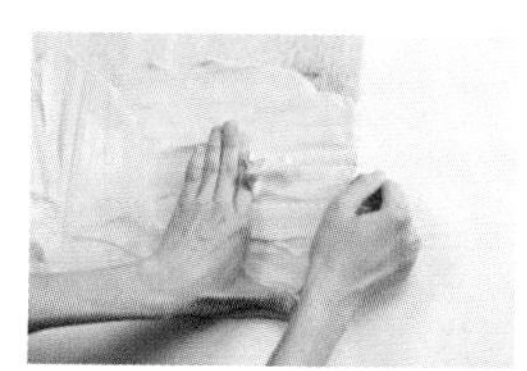

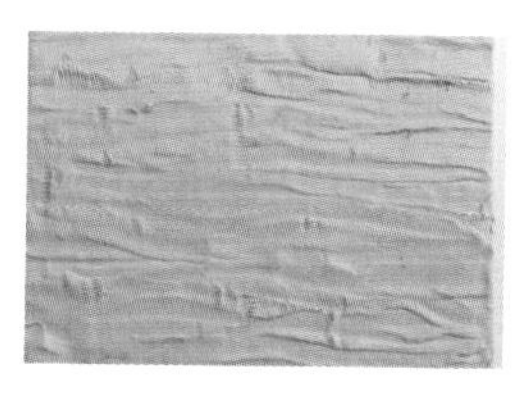

33 把淡蓝色黏土铺在画框底板上，用 50cm 擀泥棒擀匀，再用刷子刷出粗糙的纹理作为水纹。

制作帽子

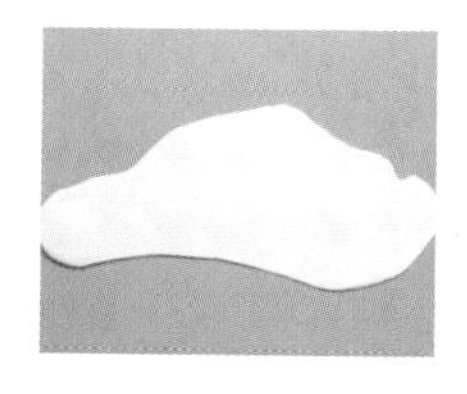
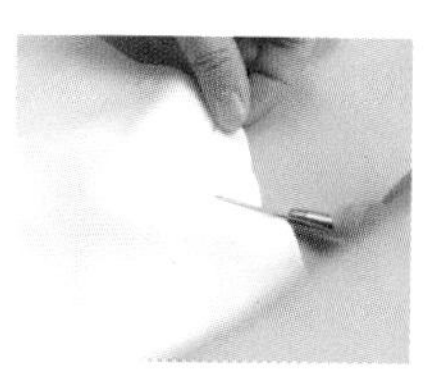
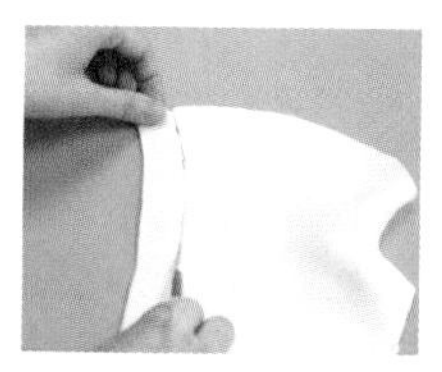
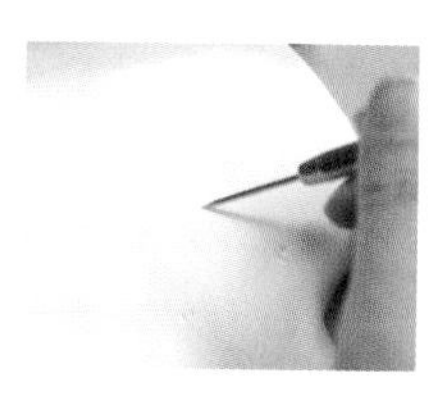
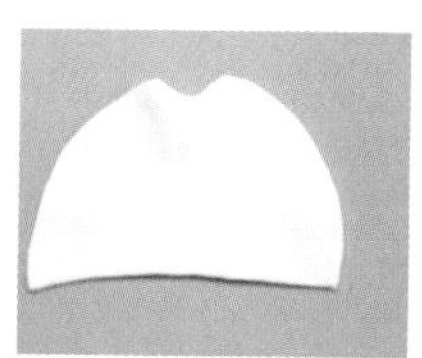

34 取白色黏土擀成一大块薄片，折出一点褶皱，用细节针划去边缘多余的部分，最后用细节针戳出点状纹理。

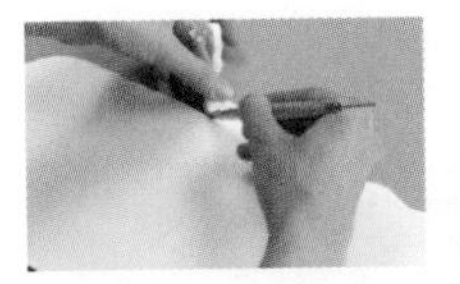
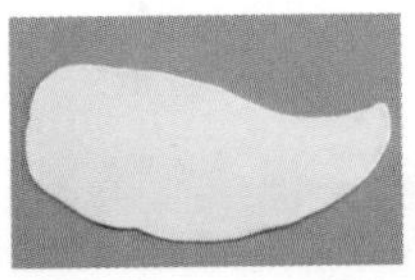
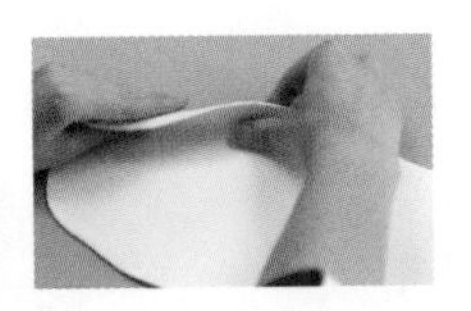
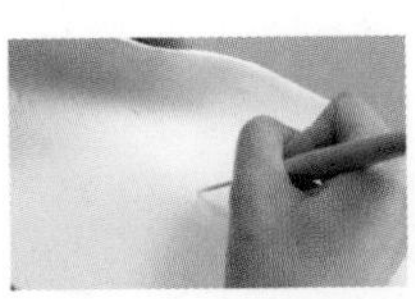
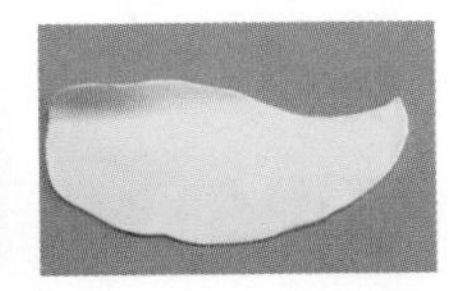

35 用细节针在一大块白色黏土擀成的薄片上划出水滴形，把水滴形薄片的上部稍翻折，用细节针戳出点状纹理，这就是帽檐。

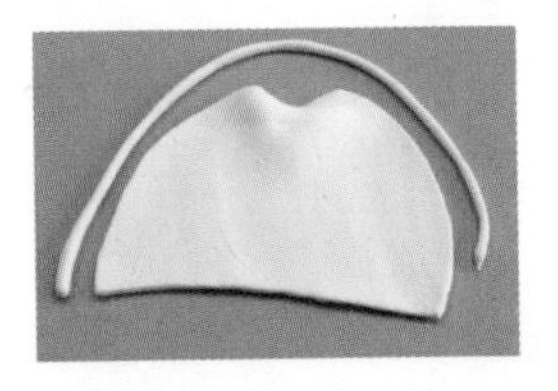
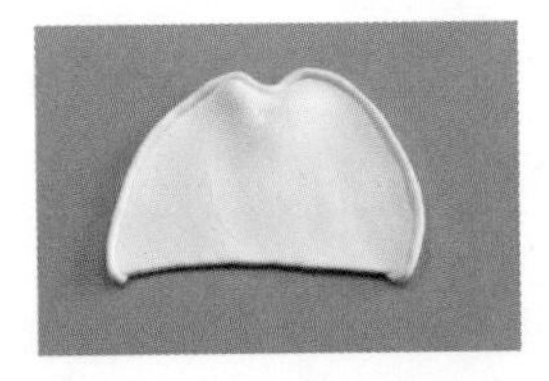
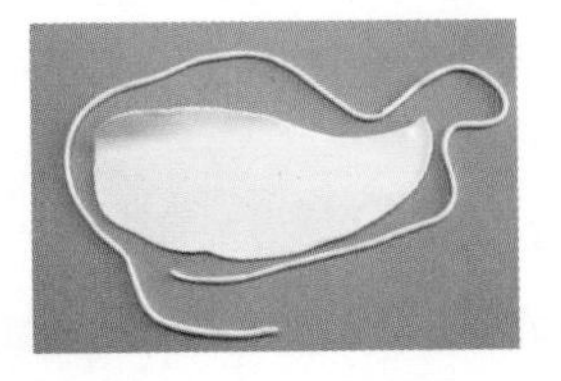
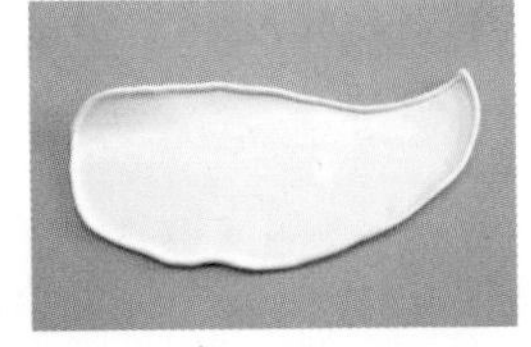

36 将两根白色黏土搓成的长条分别紧贴帽顶与帽檐的边缘粘在一起，并去掉多余部分，帽子就做好了。

安装黏土画

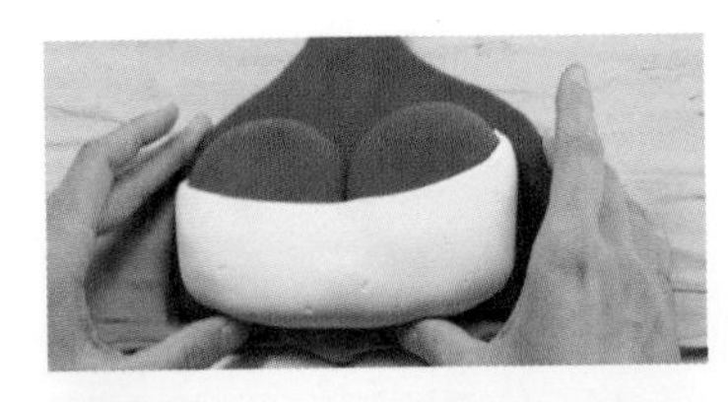
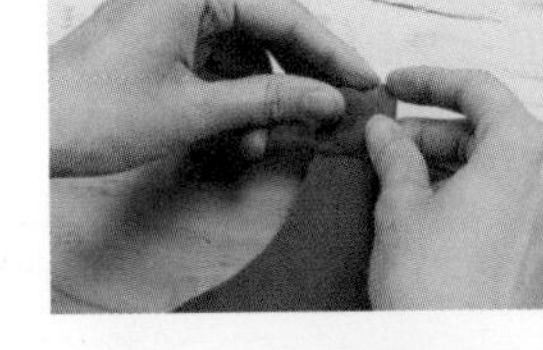

37 把身体先粘在背景板上，在脖子顶端加一点黏土，然后把帽檐粘在脖子上，最后把头部粘在帽檐上。

38 将保鲜膜放在帽檐下方让帽檐定型，避免翻折的部分回弹，把帽顶粘在帽檐后面。

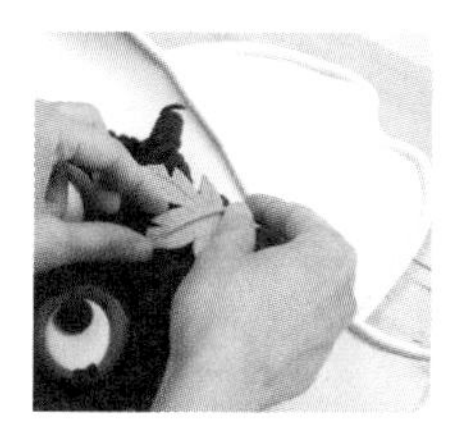    

39 把枫叶粘在卷发上，再把向日葵、小红花、小白花和薰衣草分别粘在帽子上，另外把玛格丽特粘在女孩的胸部上。

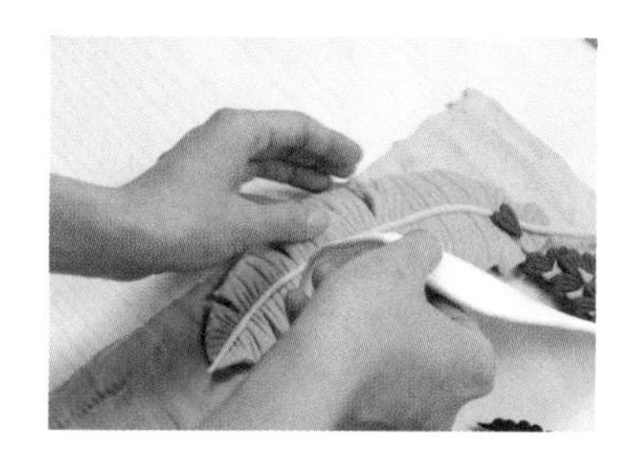 

40 把芭蕉叶粘在背景板上，将其中一片芭蕉叶粘在帽子下面。

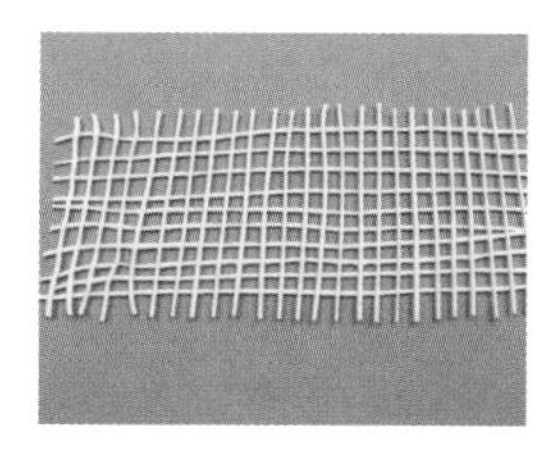   

41 取白色黏土搓成长条并制成黏土网，把做好的黏土网弯曲着覆盖在帽檐上面，注意形成一种镂空的效果。

 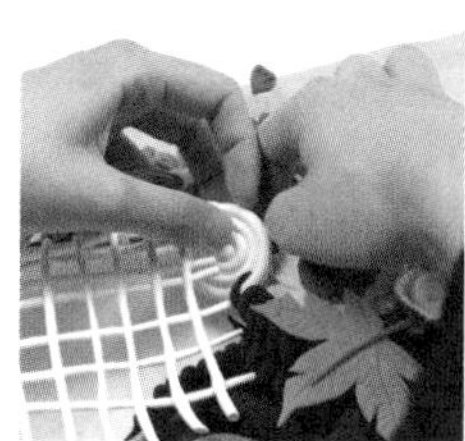 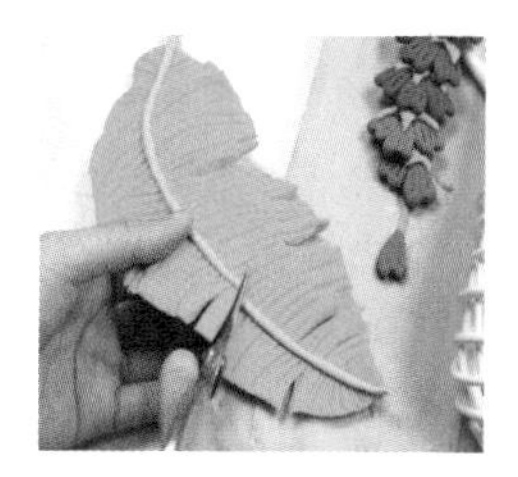 

42 添加一些小装饰，用剪刀把多余的芭蕉叶剪掉，装进画框，黏土画制作完成。

第4章
创意篇2
将看到的故事搬上黏土画的舞台吧

手鼓舞大叔的激情表演、人鱼公主凄美的爱情故事，都是令人激动的小剧场。小美老师正是这些小剧场的创作者，她将她无尽的想象力发挥出来。创作出了一幅幅富有幻想色彩的黏土画。

4.1 记录下旅行时领略的热情舞蹈

这是一个喜欢跳舞的国家，这里有华丽的大型舞蹈表演，有许多漂亮的服饰，还有大大的帽子。猫咪与当地一个鼓手相伴起舞，感受着舞蹈带来的热烈欢快的情绪，他们玩得可开心啦！

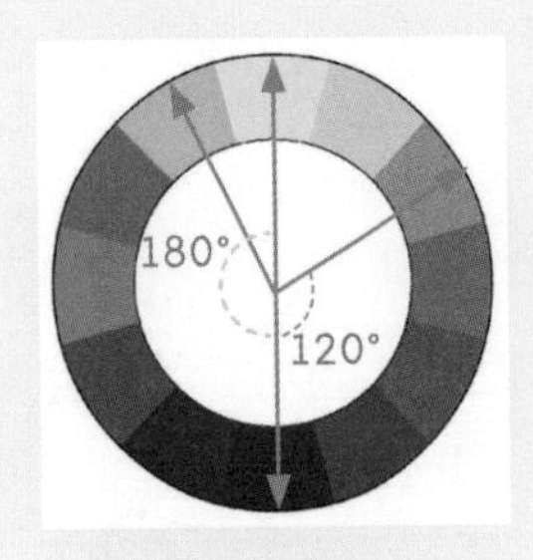

色彩分析时间

画面中手鼓舞大叔和猫咪组成搭档一起跳舞，深色的背景令角色变得鲜活起来，五颜六色的服装和小彩旗丰富了整个画面，宛如一个色彩的魔术。

脑洞大开

创想开始

手鼓舞是很有特色的舞蹈，所以要突出风格。

1 这是一个挺着圆滚滚的大肚子、留着小胡子的大叔。

2 猫咪戴着华丽的帽子参加舞会。

3 一顶具有特色的黄色牛仔帽。

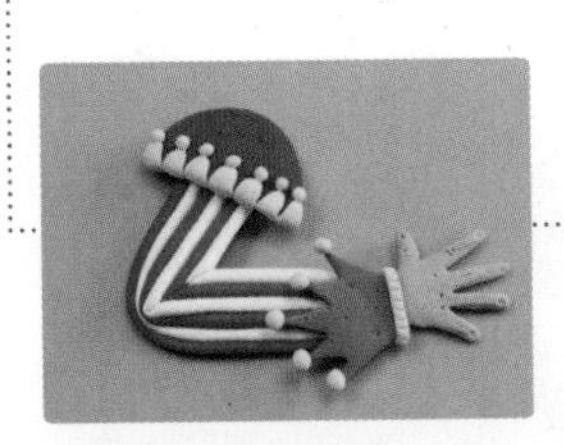

4 充满戏剧风格的袖子。

5 一个欢乐起舞的手鼓舞小剧场就诞生了。

重点提示：粗糙布料的制作方法

像帽子或者编织物这些纹理比较明显的材料，利用螺纹棒可以轻松地擀出需要的纹理，从而可以使黏土画的质感得到飞一般的提升。

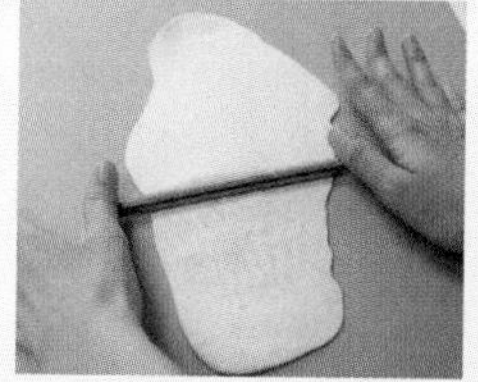
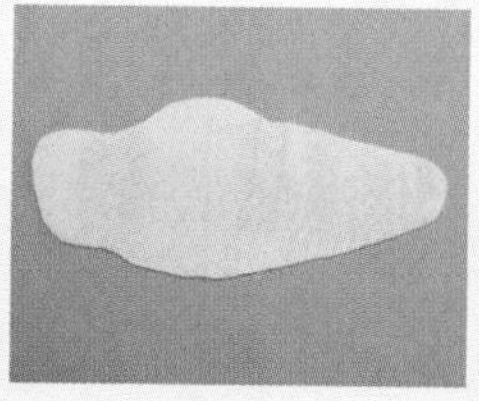

用螺纹棒将薄片擀出条状的纹路，再做一块薄片作为基底。

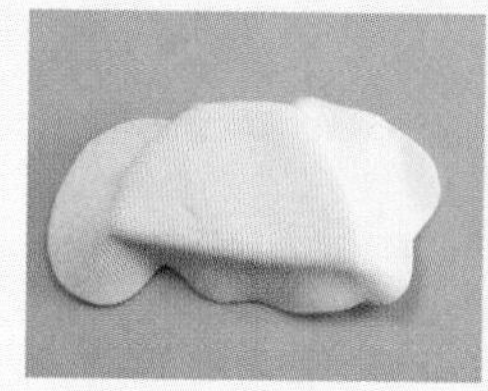
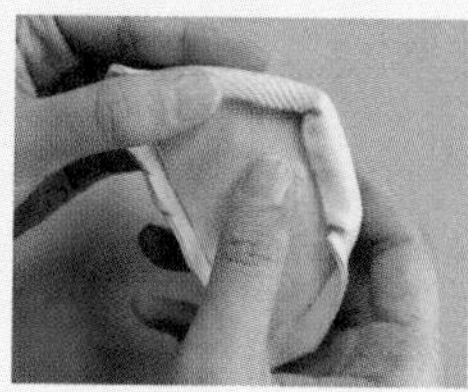

将条纹黏土薄片包裹在基底上面，剪去多余的部分，使其均匀地包裹住基底。

准备材料和工具

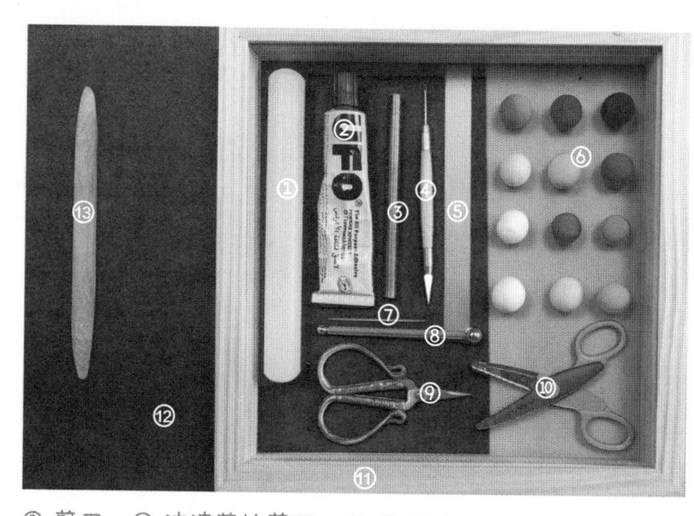

① 擀泥棒

② 胶水

③ 螺纹棒

④ 细节针

⑤ 刀片

⑥ 各色黏土（浅棕色、褐色、黑色、黄色、绿色、紫色、白色、红色、橙色、肉色、浅蓝色、粉色）

⑦ 牙签

⑧ 丸棒

⑨ 剪刀 ⑩ 波浪花边剪刀 ⑪ 画框（300mm×300mm）⑫ 不织布（深蓝色）⑬ 木片棒

制作手鼓舞大叔的身体

手鼓舞大叔穿着华丽的演出服，演出服上有着一排排的纽扣，虽然他已经将纽扣扣满，但仍遮不住自己的大肚皮，他的一只手敲打着圆圆的手鼓，动作欢快而轻松。

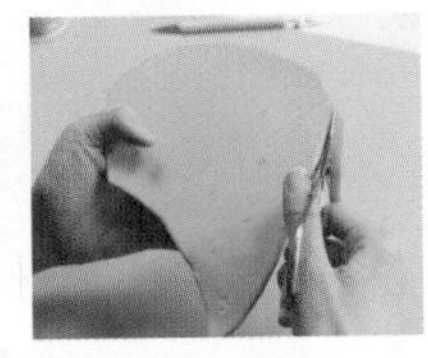

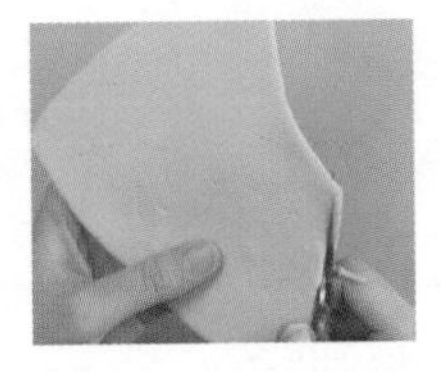
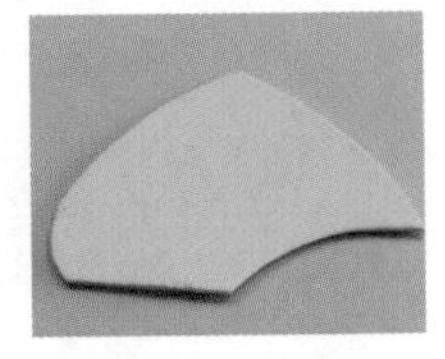

01 取绿色黏土擀成薄片，用细节针在其上戳出点状纹理，用剪刀剪出合适的形状，剪出一个圆弧作为衣服，用剪刀把衣服底部剪平。

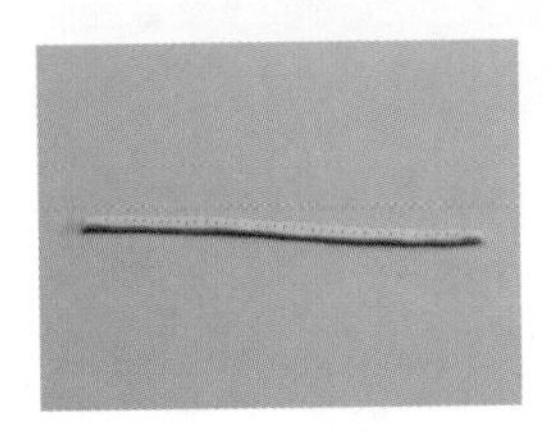
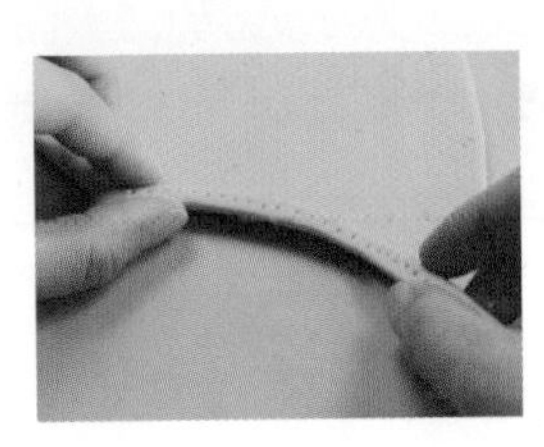

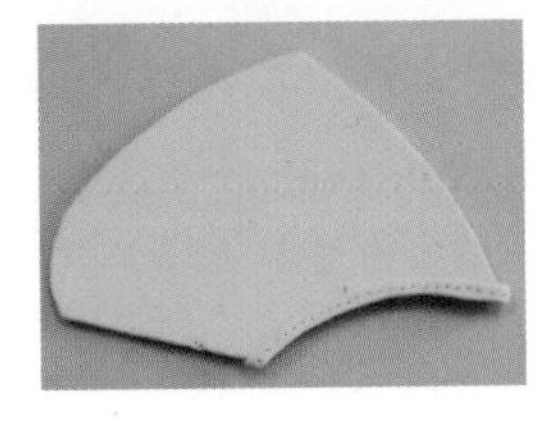

02 准备一根用绿色黏土搓成的长条并在上面戳一排小孔。把长条紧贴衣服底端圆弧处粘在一起作为衣服的装饰，为制作身体做准备。

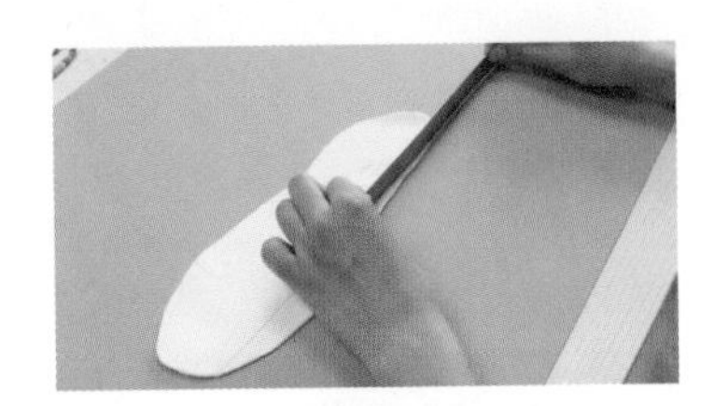
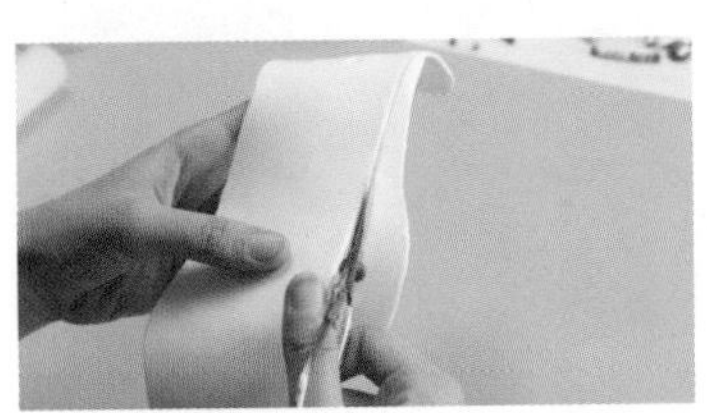
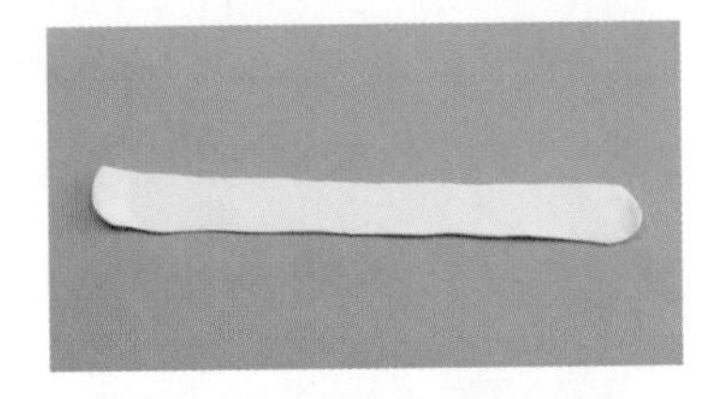

03 准备一块白色黏土擀成的薄片，用刀片压出痕迹，用剪刀沿痕迹剪出一个白色片状长条，为制作衣领做准备。

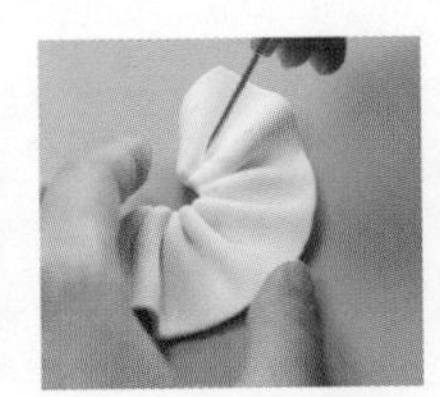

04 将白色片状长条折成衣领的形状，用剪刀剪去多余的部分，再用细节针在衣领上戳出点状纹理。

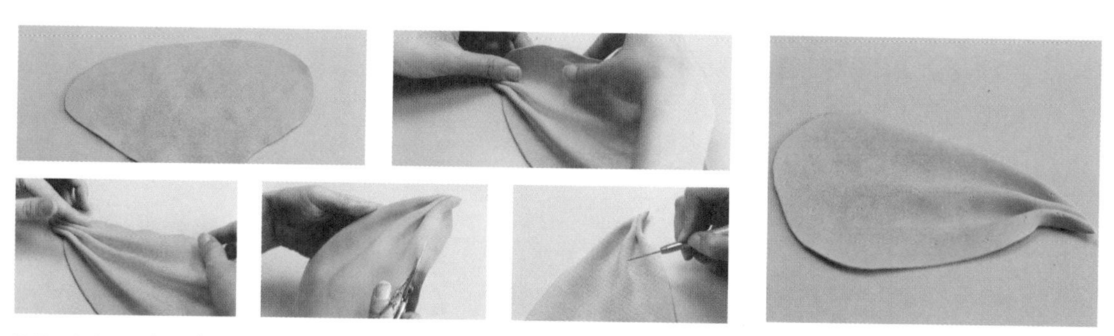

05 准备一块橙色黏土擀成的薄片，用手指捏出褶皱，捏紧褶皱的一端，用剪刀修剪边缘。用细节针在其上戳出纹理，披风就做好了。

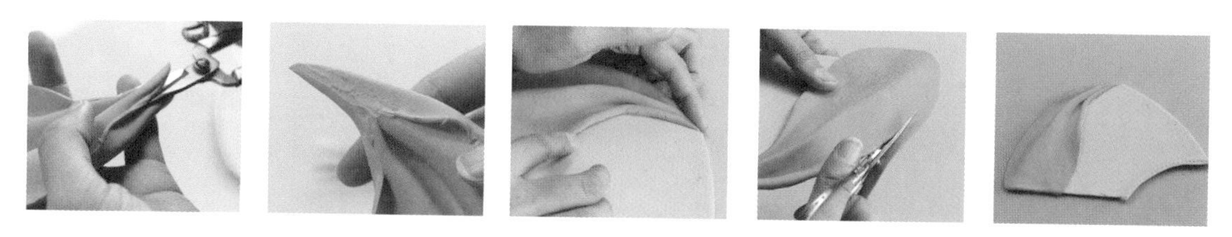

06 用剪刀修剪披风背面的顶部使披风变薄，便于使其与衣服自然地粘在一起。将衣服和披风粘在一起后用剪刀修剪边缘，把披风底部修平。

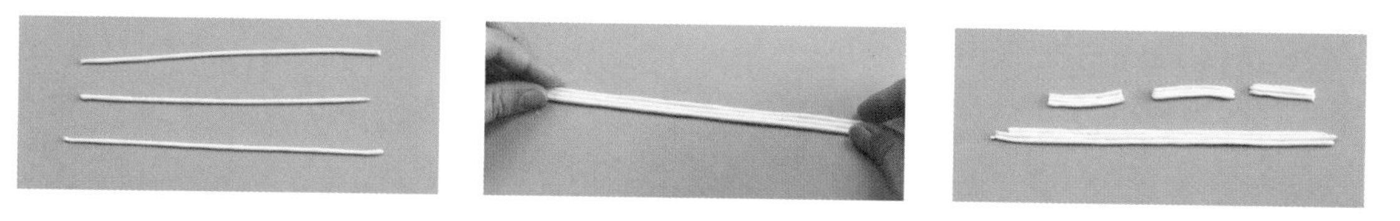

07 准备 3 根白色黏土搓成的长条，将它们并排拼在一起作为衣服的中缝，用同样的方法再准备 3 根短的长条作为衣服扣子的绳子。

08 把中缝粘在衣服上，多余的部分折到衣服背面。把衣领和扣子的绳子放在衣服上估量一下扣子的位置，再把扣子的绳子依次等间距地粘在中缝上。

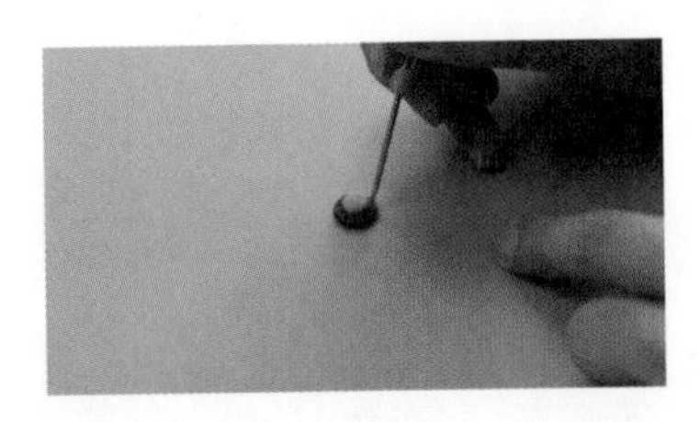
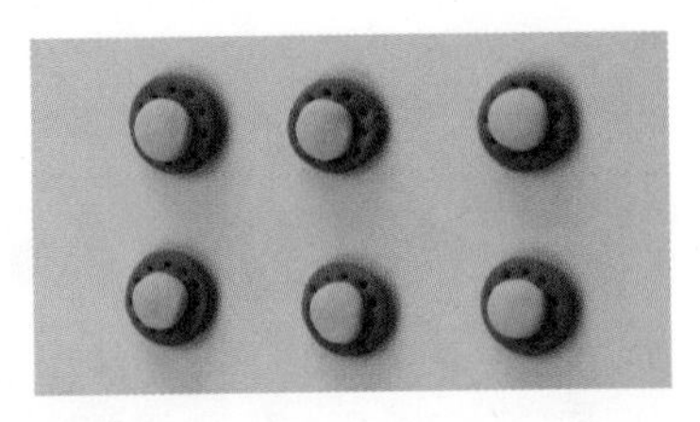

09 准备褐色黏土捏成的圆片和橙色黏土捏成的小圆片，将橙色的小圆片粘在褐色圆片上面，用细节针在褐色圆片边缘戳一圈小孔，扣子就做好了，准备 6 个扣子。

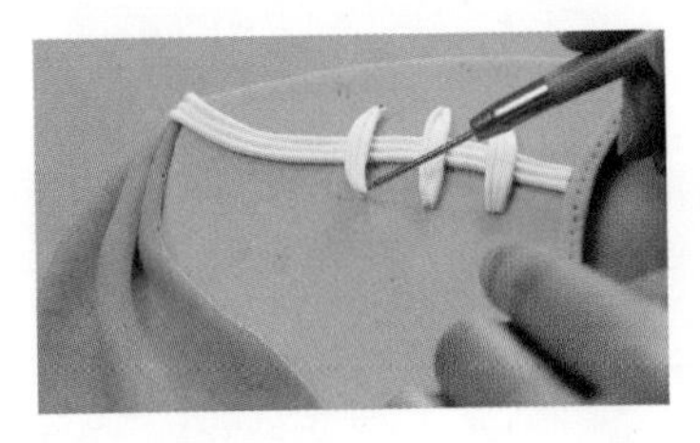
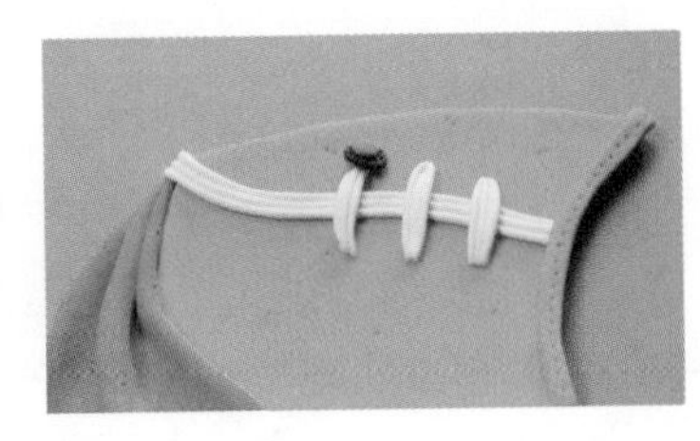
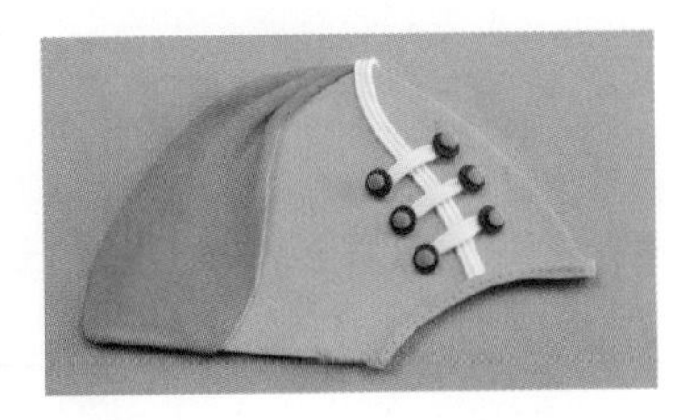

10 用细节针将扣子的绳子两端戳平，再把做好的扣子依次粘在绳子两端。

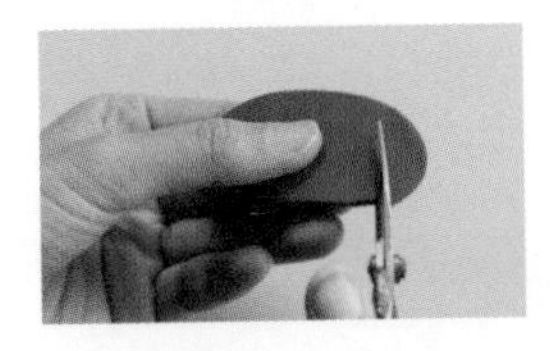

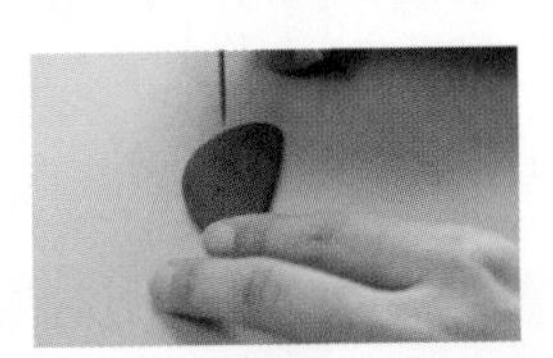

11 取褐色黏土擀成薄片并用剪刀剪成半圆形作为衣服肩部装饰，用细节针在其上戳出点状纹理。

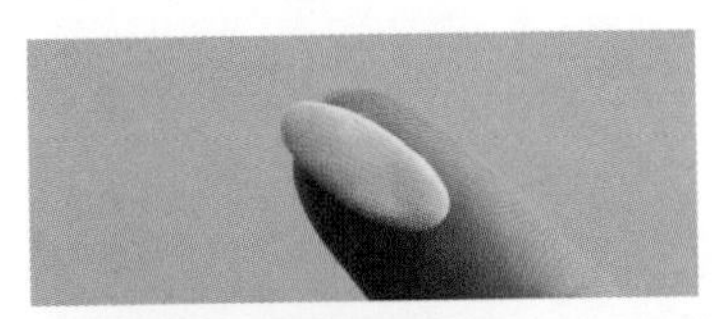
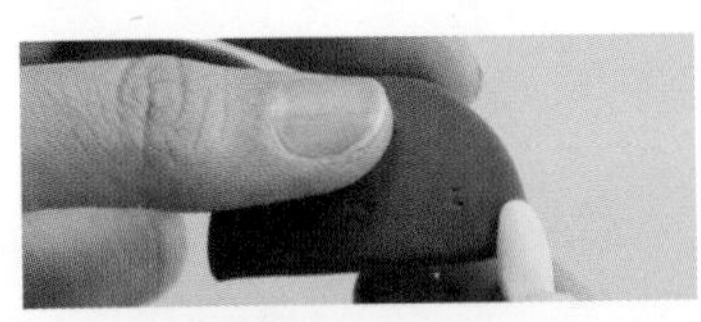
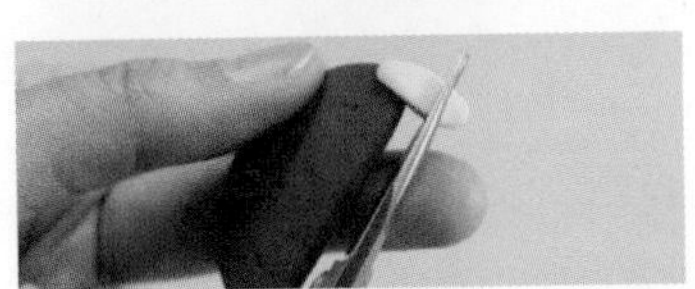
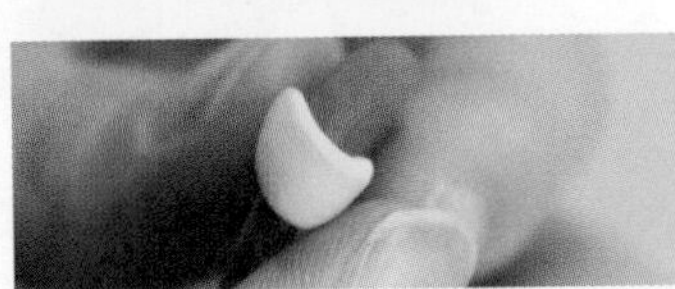

12 取黄色黏土捏成椭圆形并压扁作为装饰。将压扁的椭圆形粘在半圆形的底部，用剪刀进行修剪，让椭圆形包住半圆形的边缘。再做 6 个同样的椭圆形，将它们以同样的方式粘在半圆形的底部，然后在其顶端粘上黄色黏土揉成的小圆球作为点缀。

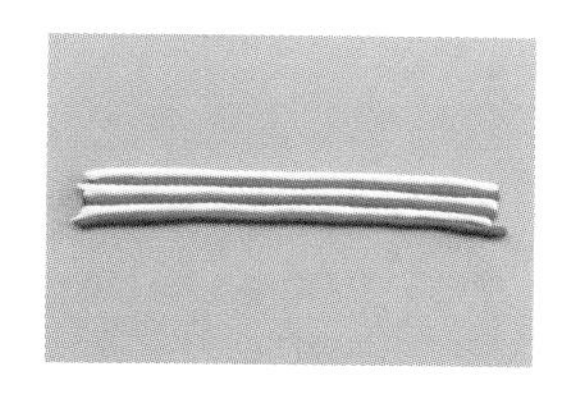
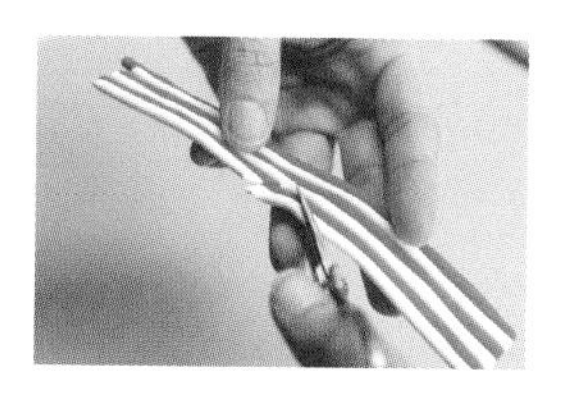

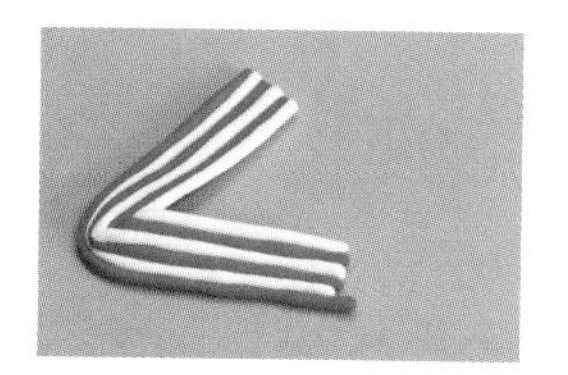

13 将红色黏土搓成的长条和白色黏土搓成的长条交叉着并排粘在一起，用剪刀在中间剪出一个三角形缺口，朝缺口方向将其折成约 45°的角，这就是手臂。

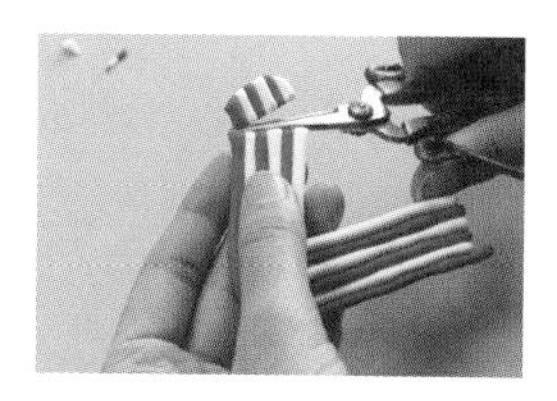
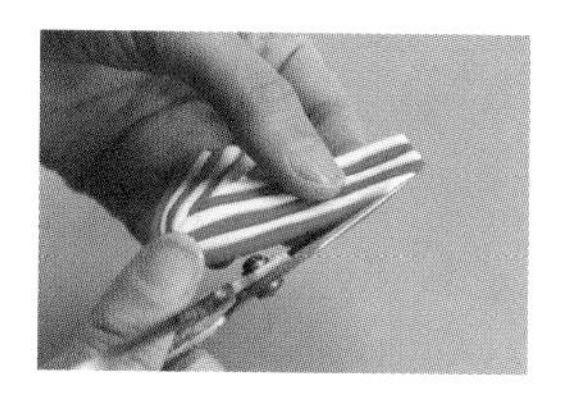

14 用剪刀分别剪去手臂两端多余的部分，把肩部装饰与手臂一端粘在一起。

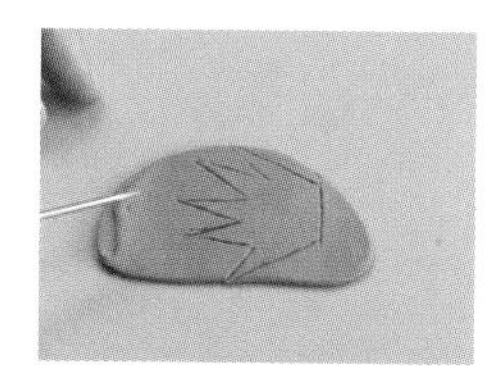
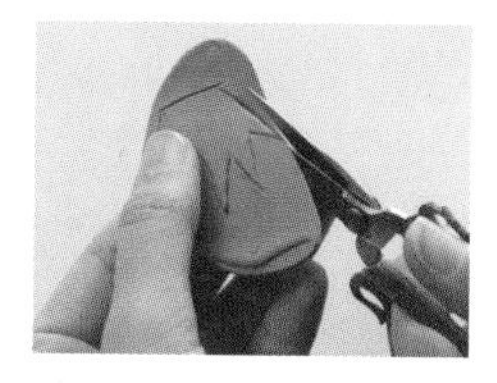
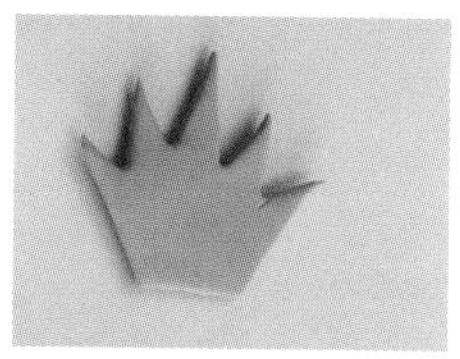
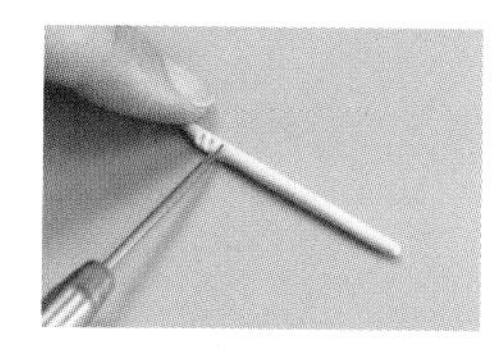
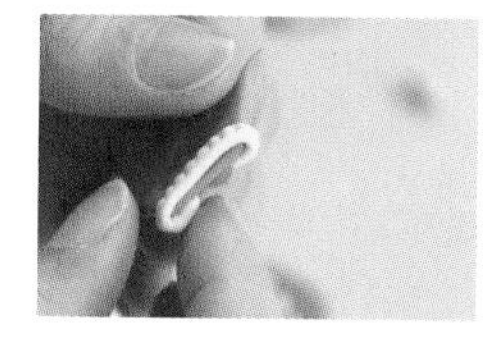
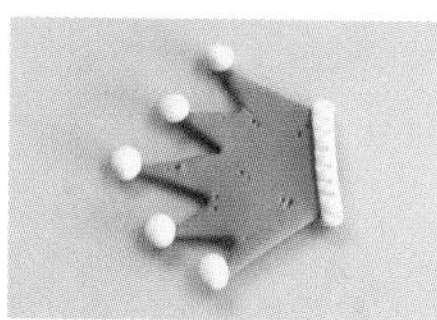
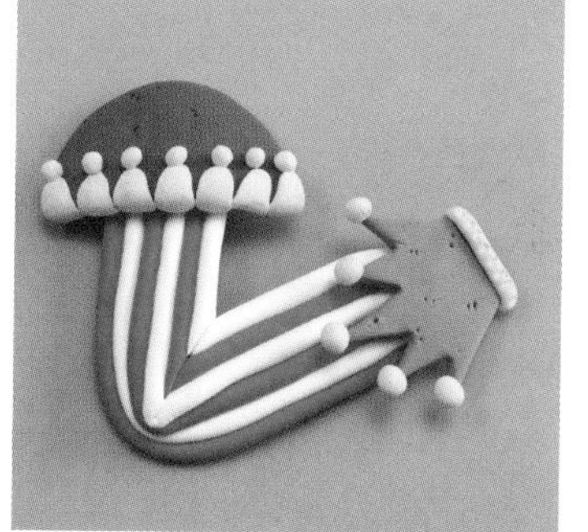

15 取紫色黏土擀成薄片，用细节针画出袖口的轮廓，用剪刀沿其剪出袖口的形状，并用指腹把边缘整理光滑。将一根黄色黏土搓成的带有纹理的小长条围在袖口平整的一端，取黄色黏土揉成小圆球粘在袖口尖角处，用细节针戳出点状纹理。做好袖口之后将它与手臂另一端粘在一起。

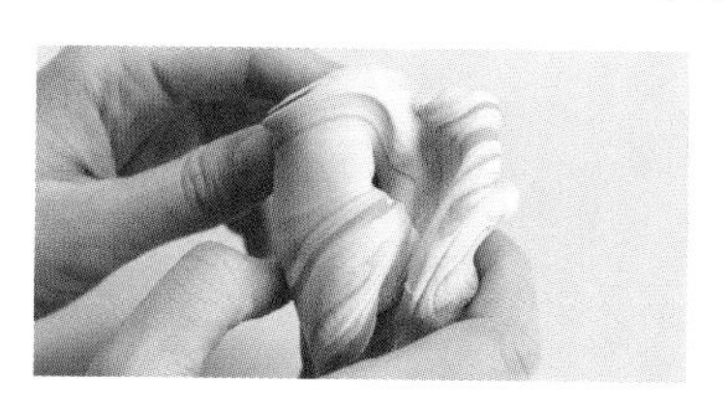

16 取约等量浅棕色黏土和肉色黏土均匀混合成棕肤色黏土。

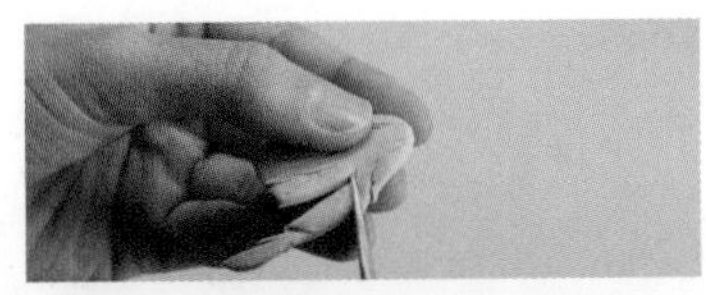
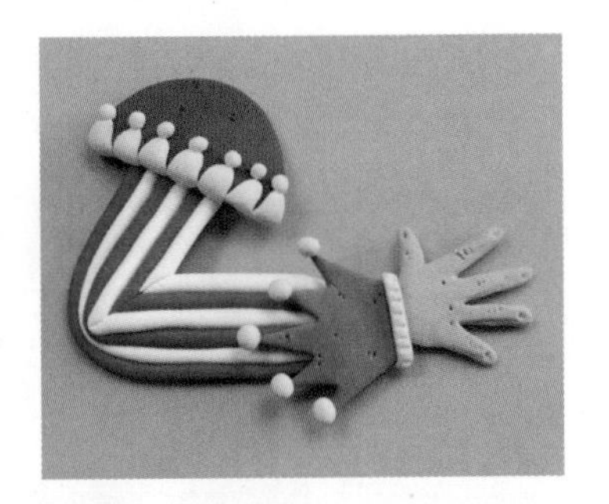
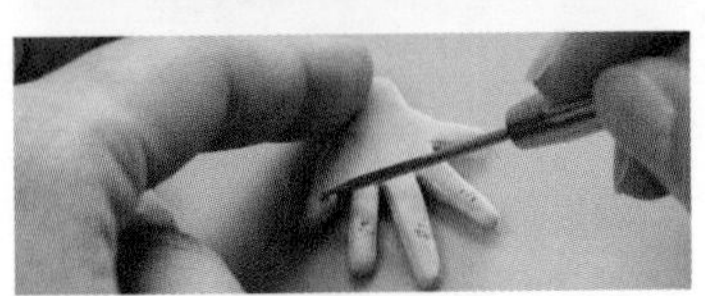
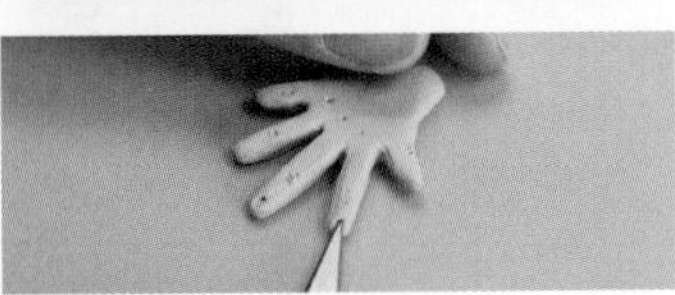

17 取棕肤色黏土捏成圆片，用细节针画出手掌的轮廓，用剪刀沿轮廓剪出手掌的形状。用细节针在手掌上戳出纹理，在把手指边缘整理光滑之后，画出手掌上的关节，再用细节针在指尖压出指甲的形状，把手掌与袖口粘在一起。

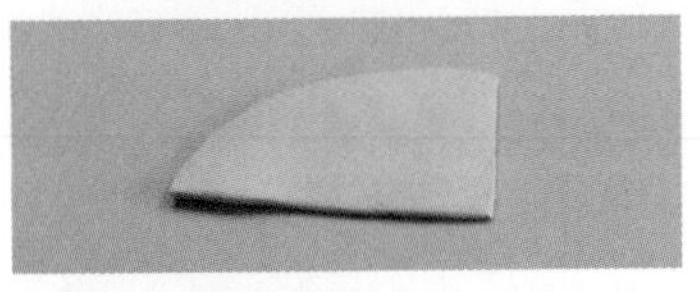
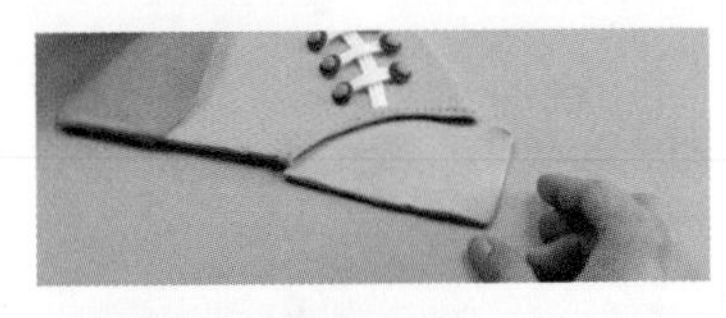
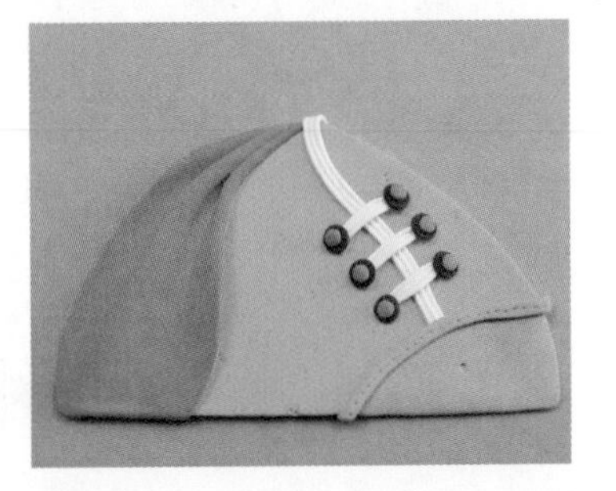
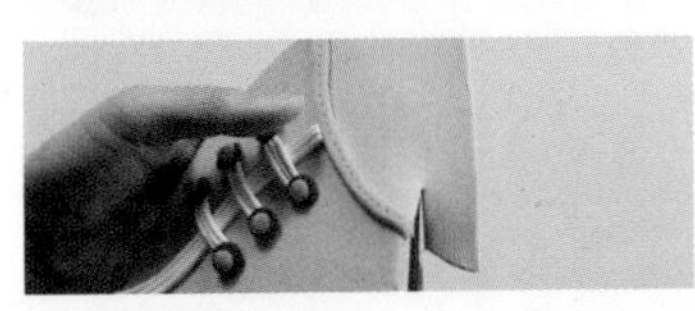
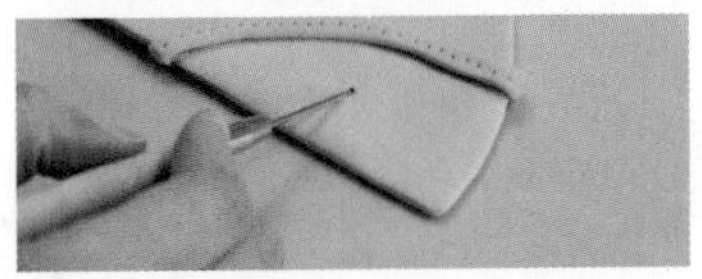

18 准备一片棕肤色黏土擀成的薄片作为肚皮，把肚皮黏在衣服圆弧处，用剪刀把多余的部分剪去，用细节针在肚皮上戳出肚脐眼，身体就做好了。

制作手鼓舞大叔的脑袋

手鼓舞大叔有着八字胡须，他的头发浓密而卷曲，红红的大鼻头甚是夸张，嘴巴张成圆形好像在欢声歌唱。

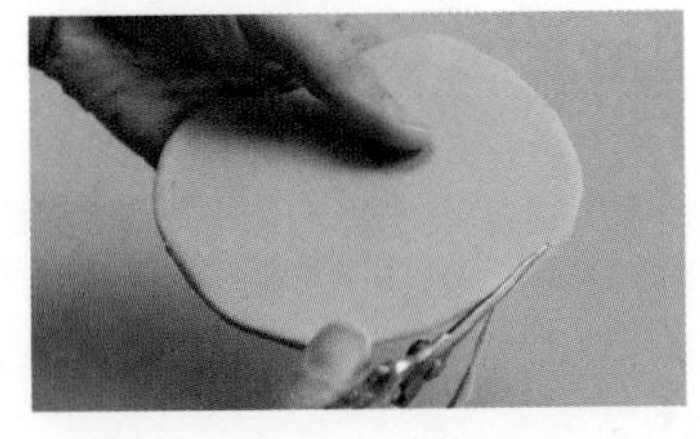

19 取棕肤色黏土擀成薄片，并用剪刀将其剪成大叔头部的形状，和身体比对调整头部的大小。

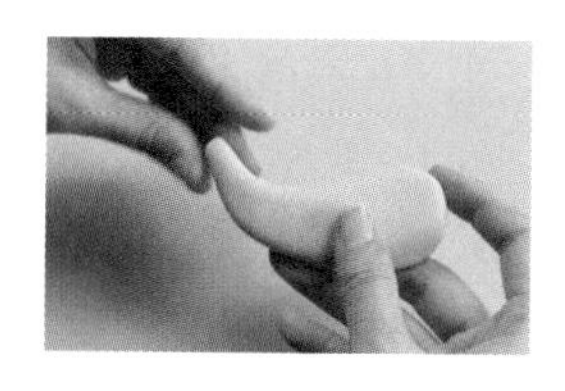 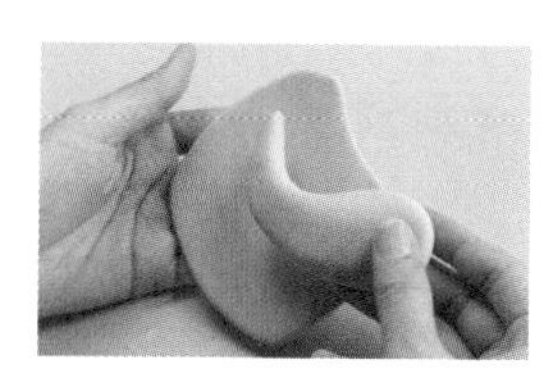 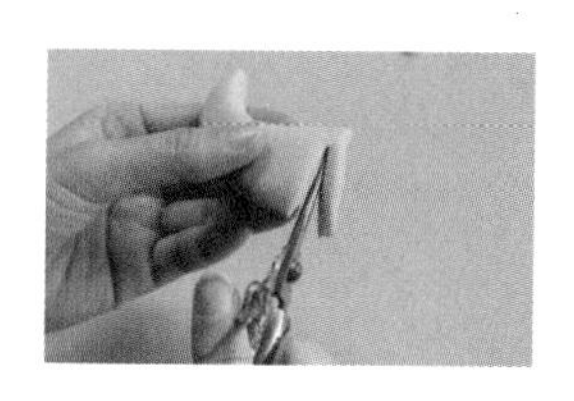 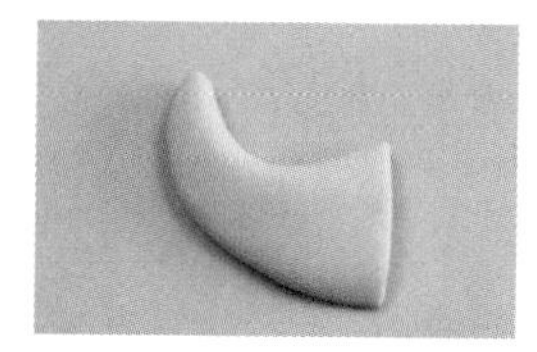

20 取棕肤色黏土，捏一个大的水滴形，将水滴形较尖的一端弯曲，与头部对比并确定大小，然后用剪刀修剪出合适的形状作为鼻梁，为制作鼻子做准备。

 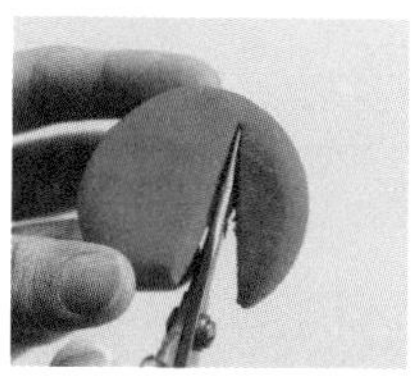 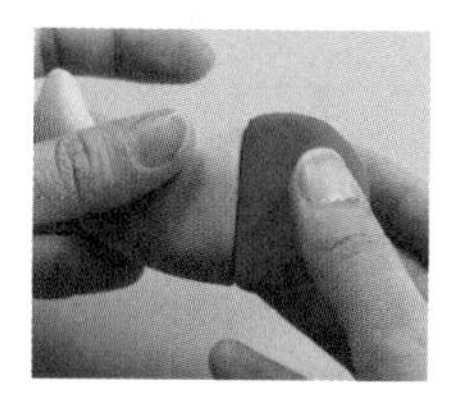 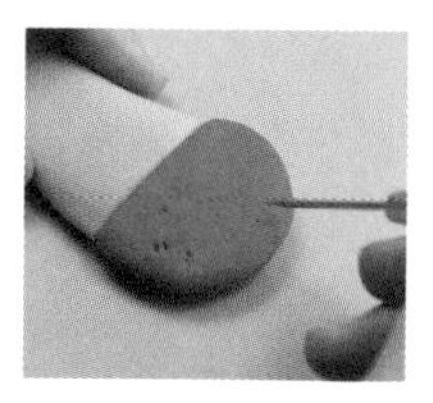 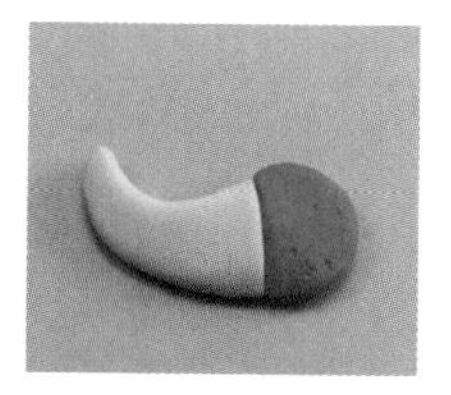

21 取红色黏土捏成圆片，用剪刀将其剪去一小半，把剩下的部分作为鼻头与鼻梁粘在一起。用细节针在鼻头戳出点状纹理，鼻子就做好了。

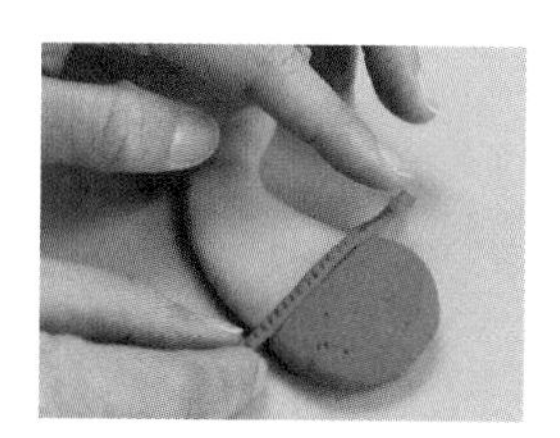 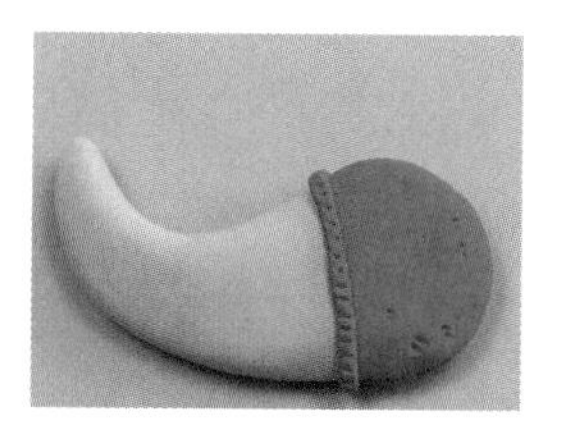 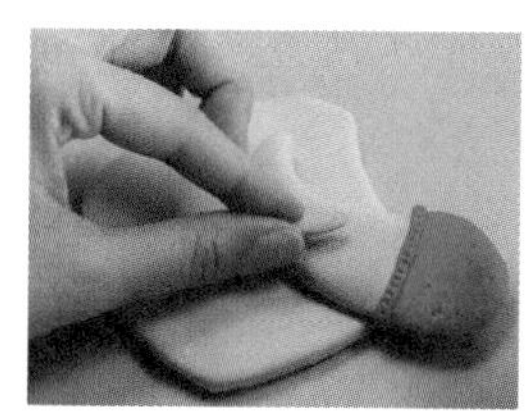 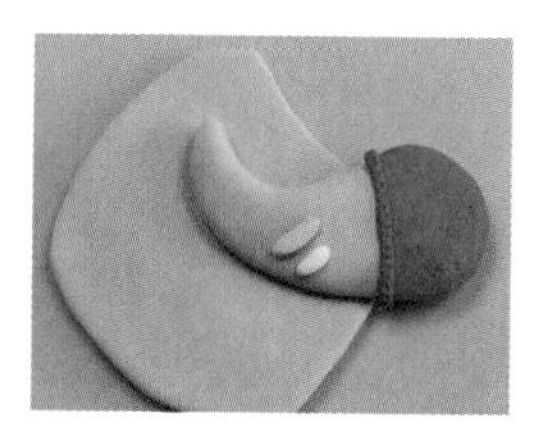

22 准备一根压好纹路的红色黏土长条，围在鼻梁与鼻头的接合处，把做好的鼻子与脸部粘在一起。用绿色黏土搓成的小长条和黄色黏土搓成的小长条作为鼻子上的油彩。

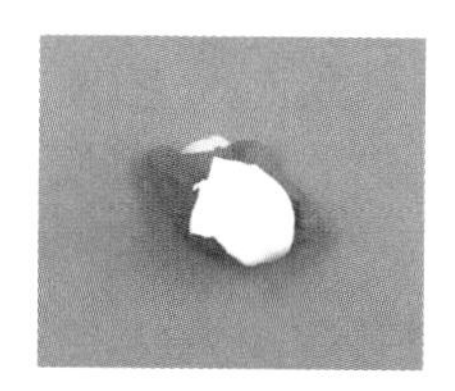 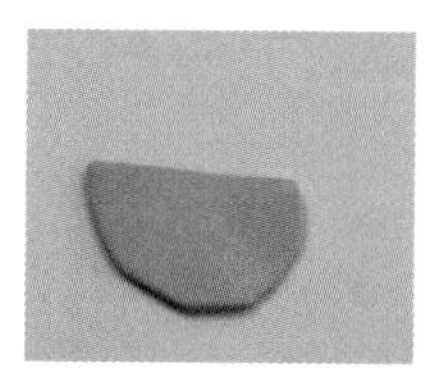   

23 取褐色黏土混合少量白色和黄色黏土得到浅黄褐色黏土，并将其擀成半圆形薄片。准备一个白色黏土揉成的被压扁的圆球，用浅黄褐色半圆形薄片包住白色圆球，做成眼皮包住白色眼球的效果，眼皮上面画出一些纹路，一共用两块浅黄褐色薄片包裹白色圆球。做两个眼球。

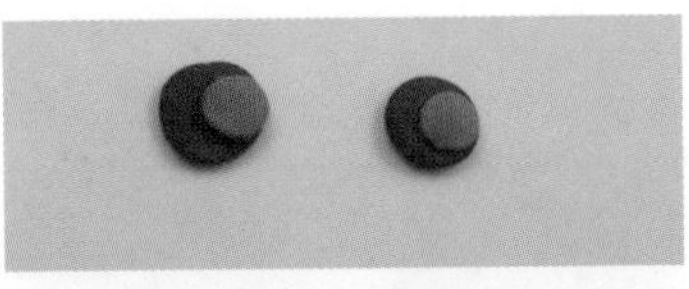

24 分别准备两个黑色黏土捏成的圆片和两个褐色黏土捏成的稍小一点的圆片，把褐色圆片粘在黑色圆片上作为眼珠，再粘上白色黏土揉成的小圆球作为点缀，然后将其粘在眼球上，两只眼睛就做好了。最后把做好的两只眼睛粘在鼻子根部两侧。

25 准备好两个戳了绒毛纹理的黑色水滴形黏土作为眉毛，一个粉色黏土做成的圆盘作为脸上的红晕，一个棕肤色黏土做成的有凹槽的圆球作为鼻孔。把做好的眉毛粘在眼睛上方，将红晕粘在脸部一侧，将鼻孔粘在鼻子的下方。

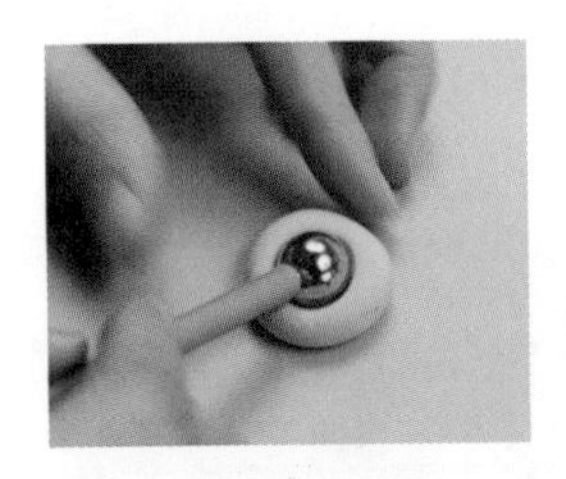
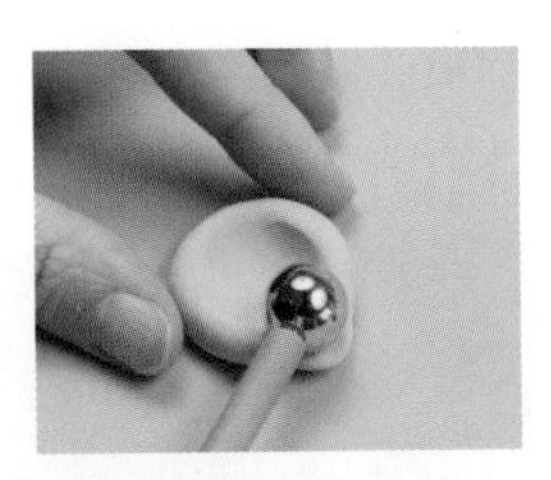
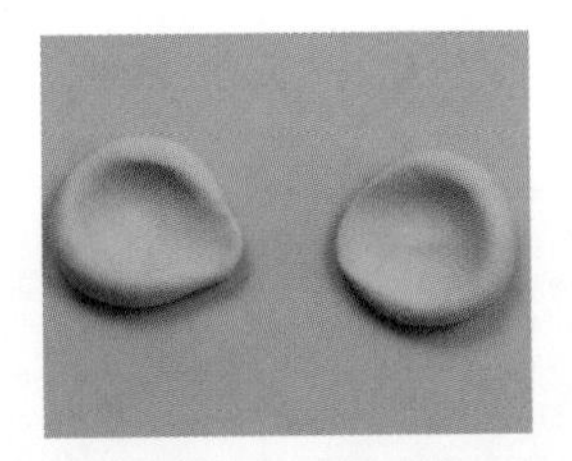

26 取棕肤色黏土揉成圆球，用丸棒压出凹槽之后把边缘滚薄，然后把一侧边缘压扁，一只耳朵就做好了。再做一只耳朵，把耳朵压扁的一侧与头部粘在一起。

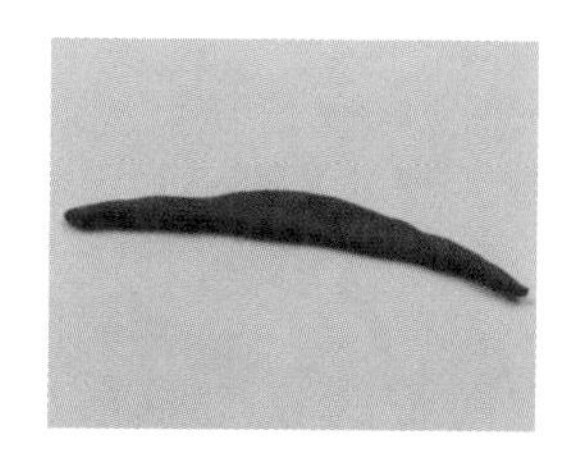

27 准备一根黑色黏土搓成的中间粗、两头细的长条，将其粘在头顶作为头发的底托。

28 准备一些用黑色长条黏土卷成的圆盘，把圆盘重叠粘在头顶作为大叔的头发。

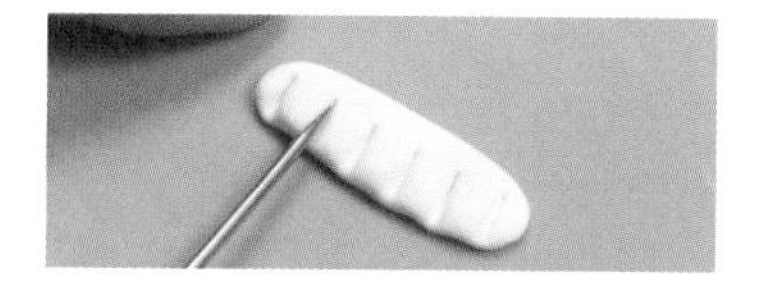
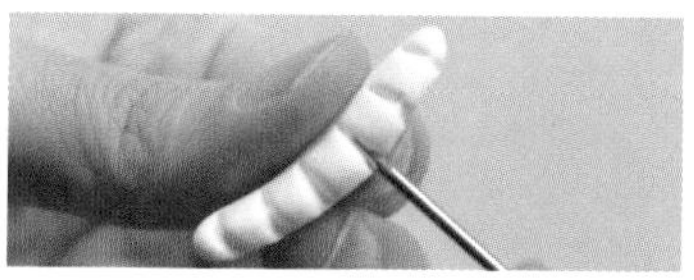
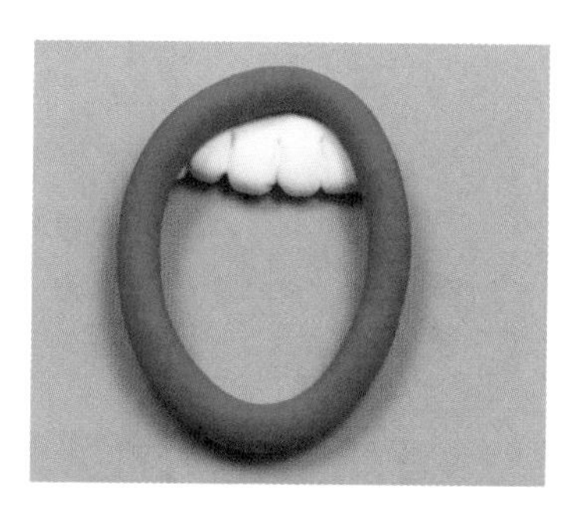
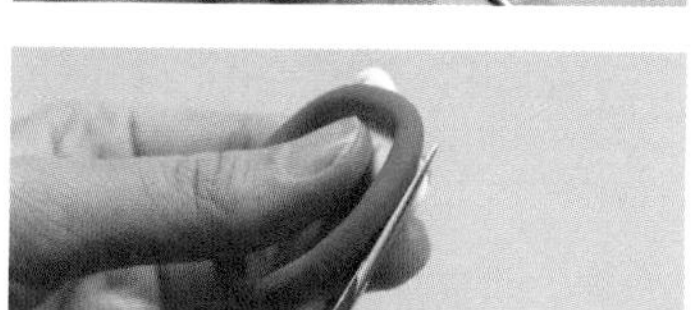

29 用细节针在白色黏土搓成的片状长条上画出牙齿的形状，准备一根用红色长条黏土卷成的圆环作为嘴唇，把牙齿粘在上嘴唇处并用剪刀剪去多余的部分。

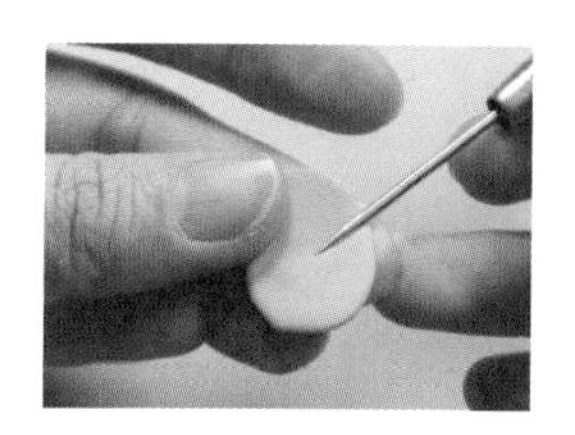

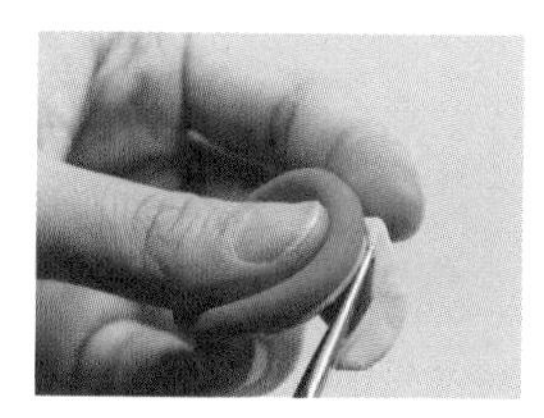
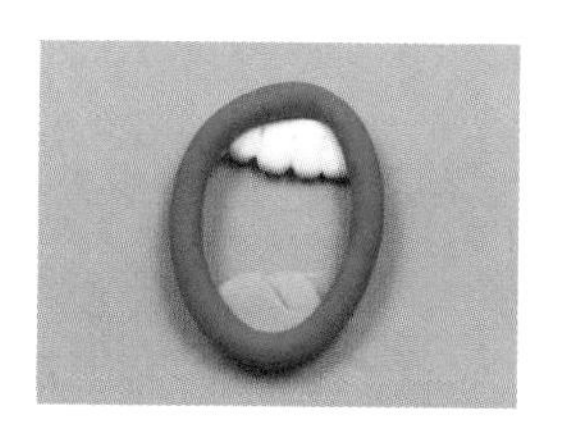

30 取粉色黏土擀成薄片作为舌头，再用细节针画出舌头的中线，把舌头粘在下嘴唇处并用剪刀剪去多余的部分。

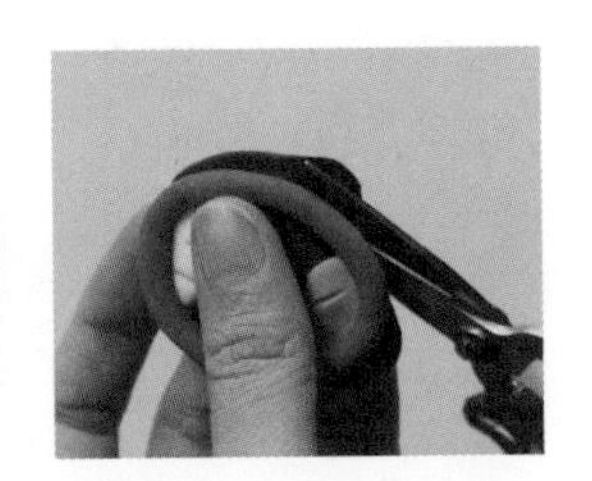
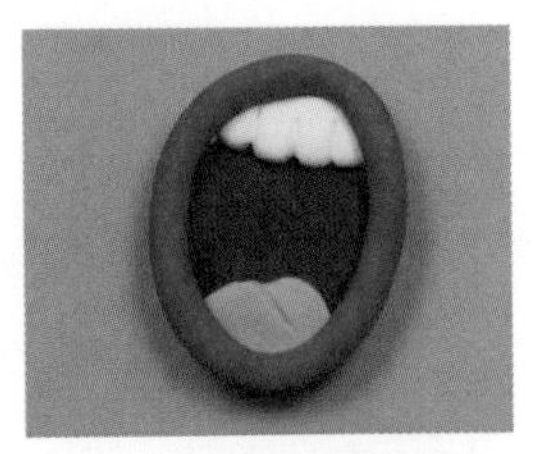

31 取褐色黏土擀成薄片作为嘴唇底部，将其粘在嘴唇后面，用剪刀剪去多余的部分，这就是嘴巴。

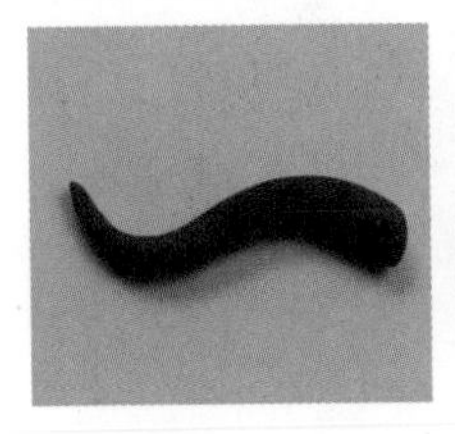

32 准备几根一头细一头粗的黑色“S”形长条黏土，将 3 根“S”形长条并排粘在一起，分别粘两组 3 根“S”形长条，并排将两组粘好的长条粗的一头粘在一起作为胡须，形成一个八字胡，并在八字胡上戳出点状纹理。把八字胡与嘴巴粘在一起，然后把它们粘在鼻子下方。

做一个手鼓

手鼓是一种独具特色的打击乐器，圆圆的手鼓在大叔的手中“砰砰”作响，周围的气氛十分愉快。

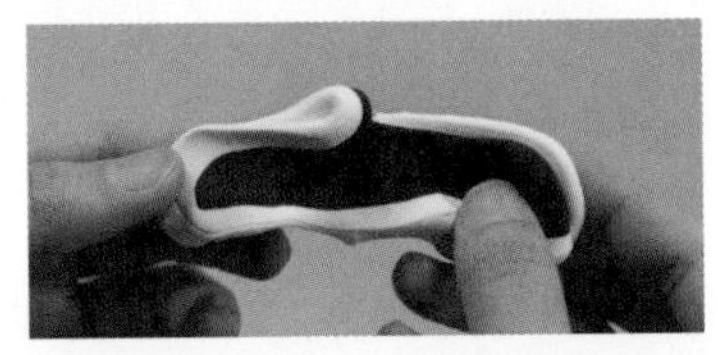

33 取一小块黑色黏土和一大块白色黏土混合成灰色黏土。

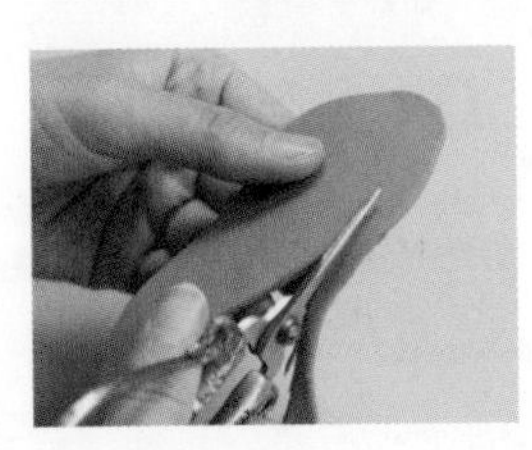
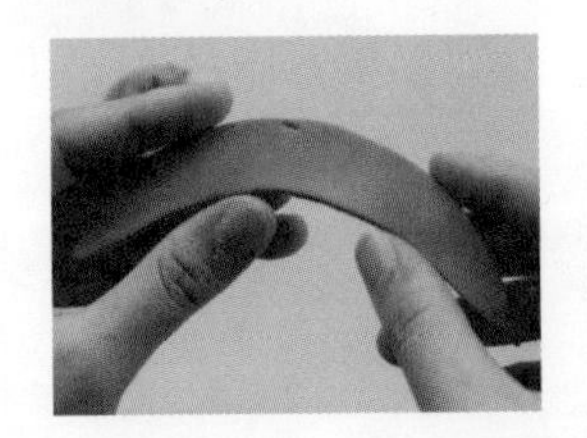

34 取灰色黏土，用擀泥棒将其擀平，再用剪刀剪成月牙的形状，作为手鼓的侧面。

  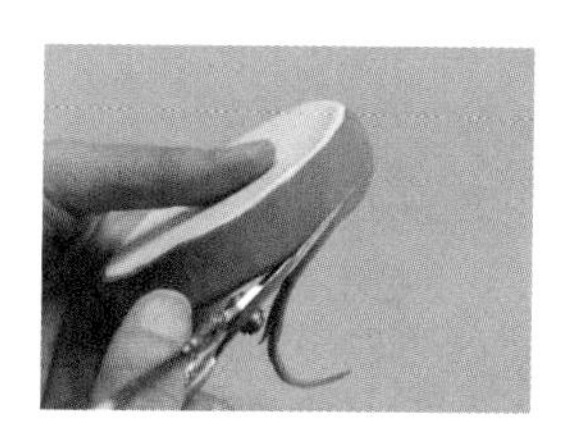 

35 准备一个肉色黏土捏成的已戳出纹理的圆片作为手鼓的正面。把手鼓的正面与手鼓的侧面粘在一起，用剪刀剪去多余的部分。

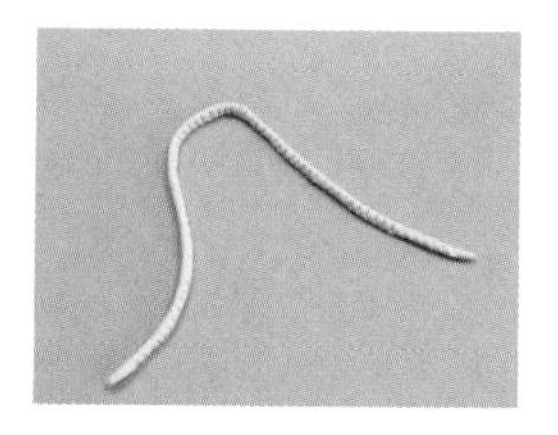 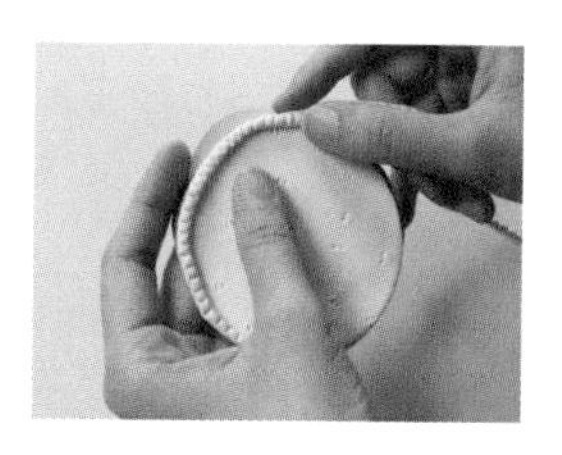  

36 准备一根黄色黏土搓成的带有条纹的长条，把长条紧贴手鼓正面边缘缠绕一圈粘在一起，用剪刀剪去多余的部分。

 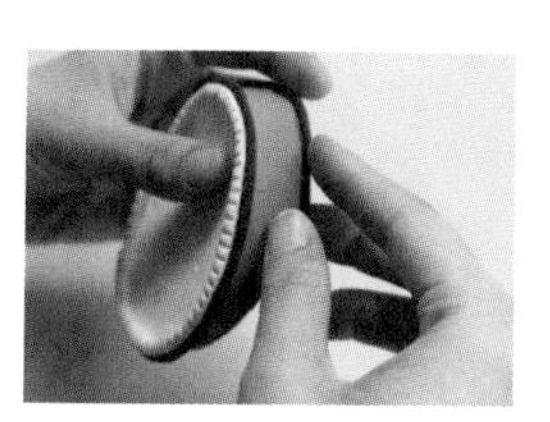 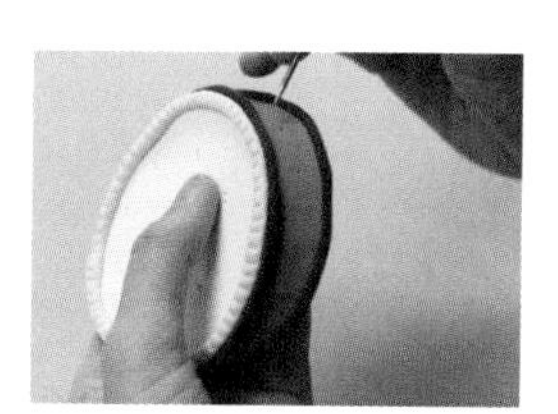 

37 准备两根黑色黏土搓成的长条分别紧贴手鼓侧面的上下边缘缠绕一圈粘在一起，用细节针在手鼓侧面戳出一些点状纹理。

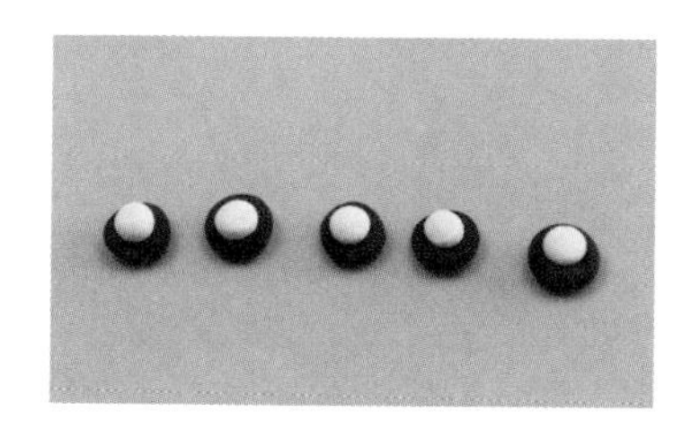 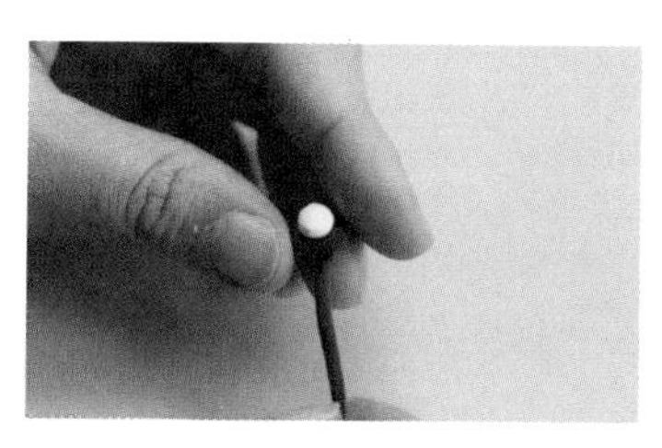 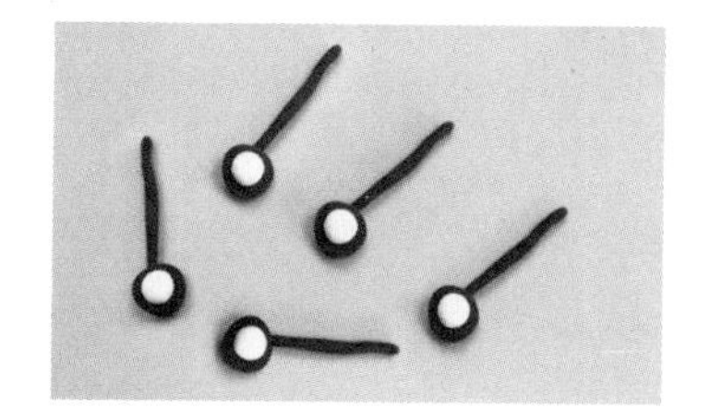

38 取黑色黏土和黄色黏土捏成圆片做一些圆形装饰，再将一些黑色黏土搓成的长条与圆形装饰粘在一起。

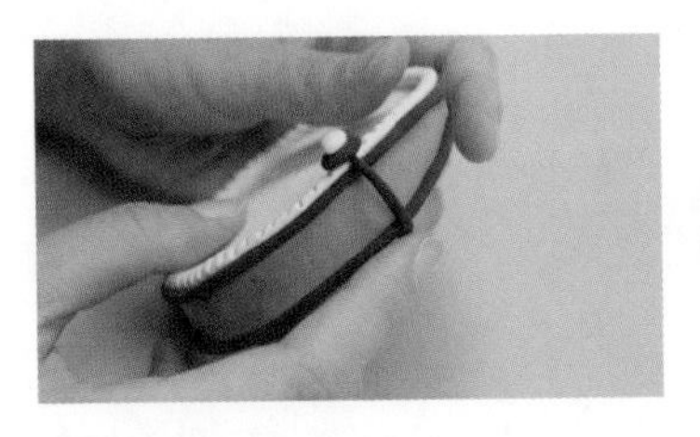
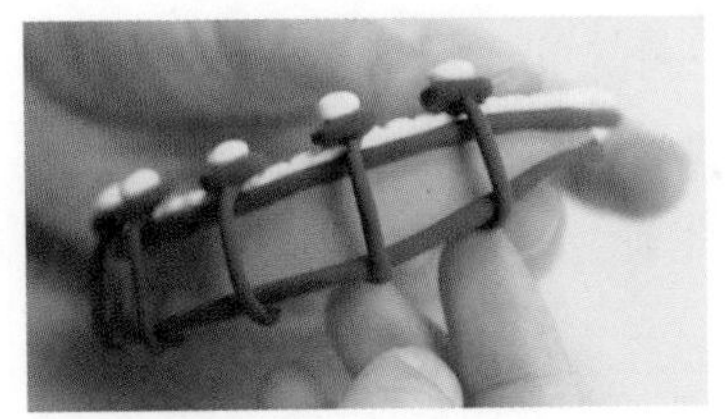

39 把做好的手鼓装饰等间距地粘在手鼓的一侧，手鼓就做好了。

做一顶大帽子

月牙形的黄色牛仔帽上面点缀了各色的装饰，戴在手鼓舞大叔的头上显得格外显眼，或许这才是整个画面中最亮眼的东西。

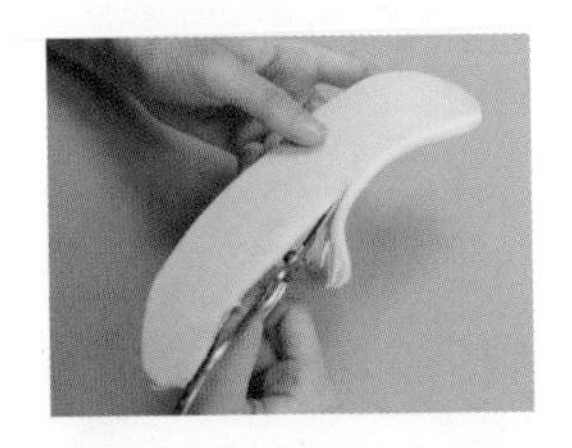
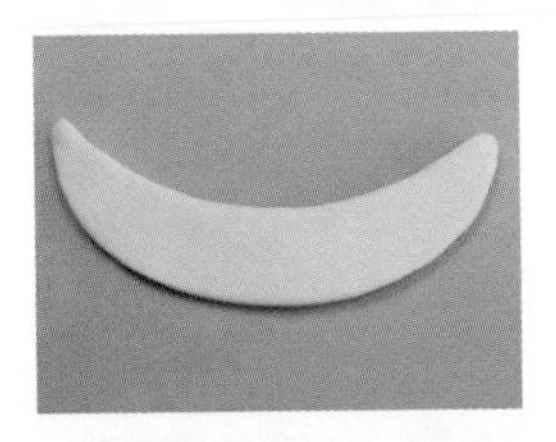
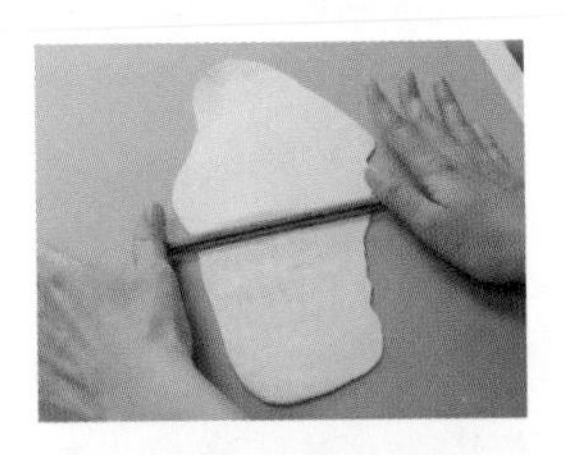
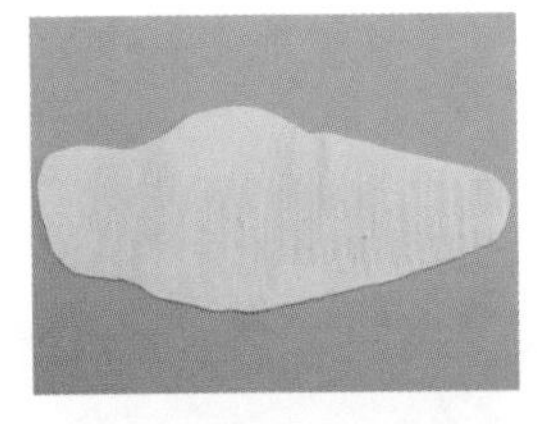

40 取黄色黏土片擀成薄片，用剪刀剪出一个大月牙形。再取黄色黏土擀一片更薄的薄片，用螺纹棒在黄色薄片上压出纹理。

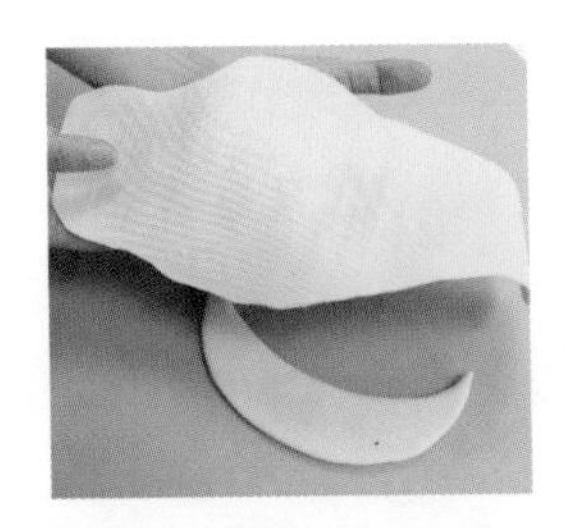
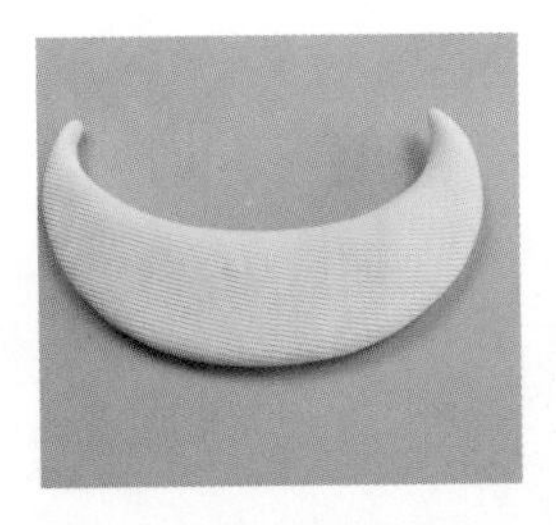
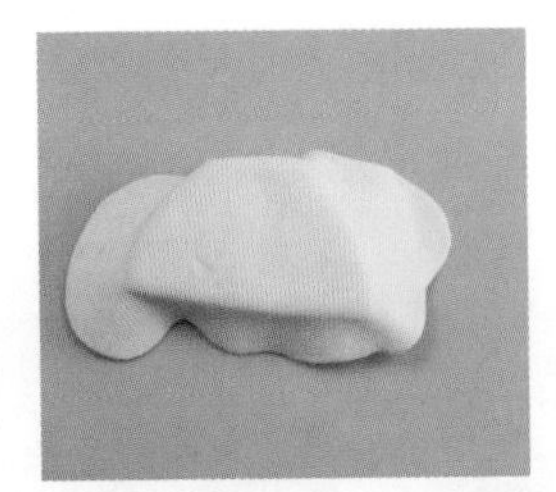

41 把压好纹理的黄色薄片盖在大月牙形薄片上面，把黄色薄片多余的边收在大月牙形薄片背后，这就是帽檐。用同样的方法做出帽顶。

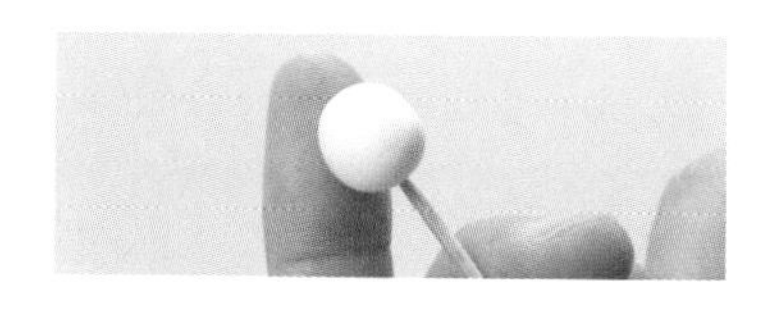
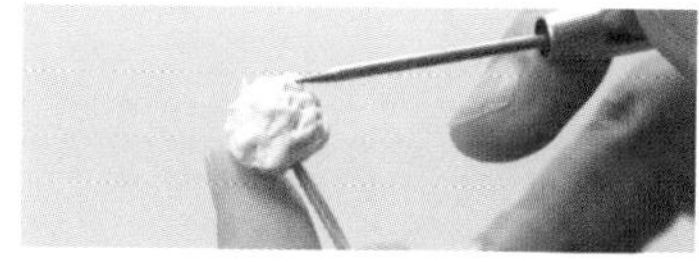

42 准备一个白色黏土揉成的圆球，在圆球上插一根牙签，然后用细节针在圆球上挑出绒毛纹理，并取下牙签，粘一根白色黏土搓成的长条，这就是小毛球。做出 12 个小毛球，并将它们等间距地粘在帽檐上面。

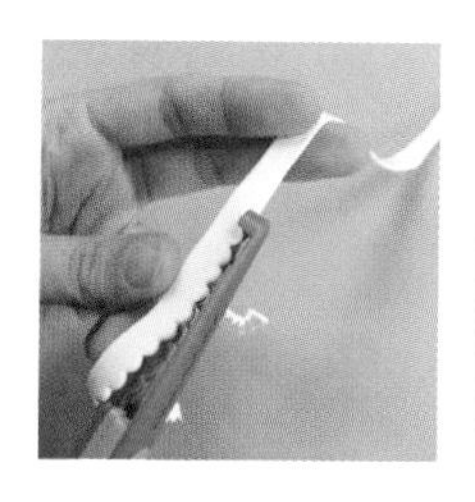
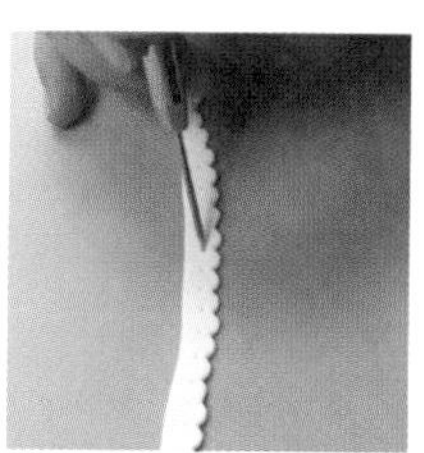
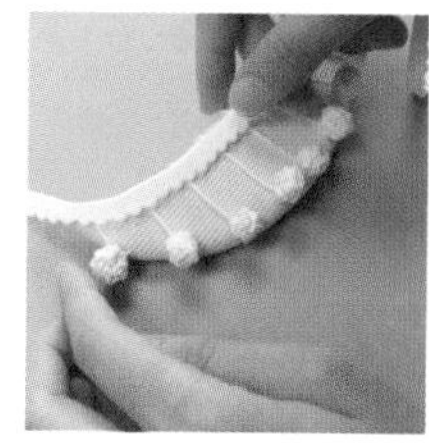
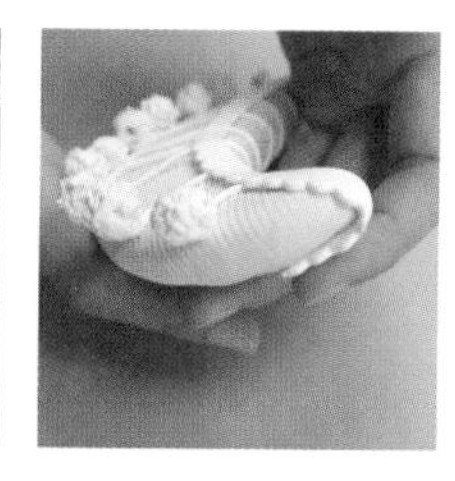
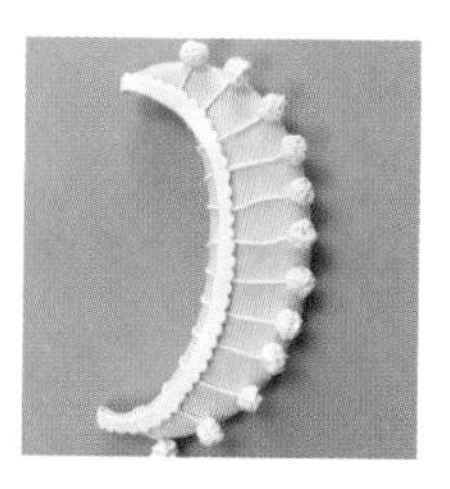

43 用波浪花边剪刀在白色黏土擀成的薄片长条上剪出波浪花边，并用细节针在其上戳一排小孔，把波浪薄片长条粘在帽檐顶端。

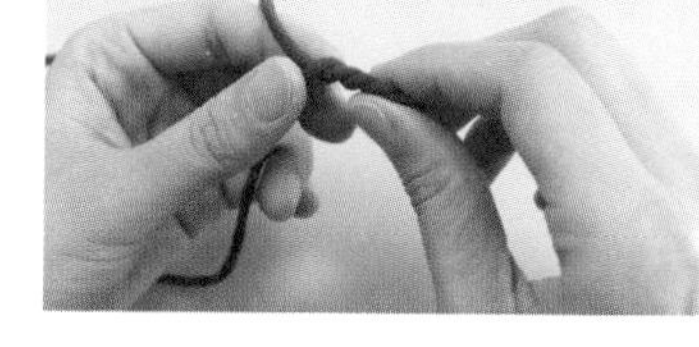
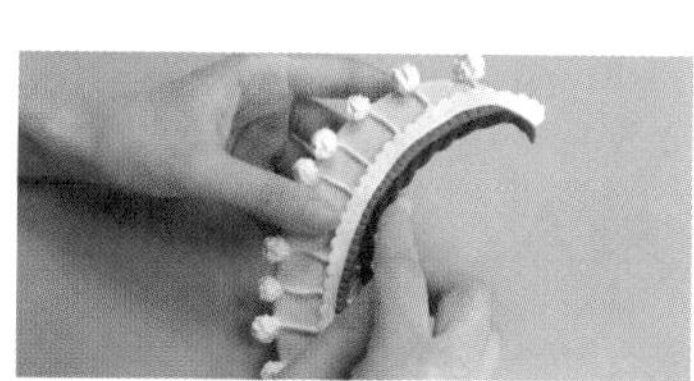

44 将一根红色黏土搓成的已刻出条纹的长条并沿着波浪薄片长条边缘粘在帽檐上。再准备两根黑色黏土搓成的长条，将它们拧成麻花状，把黑色麻花状的长条粘在红色长条旁边，然后把做好的帽檐放在一旁，为制作帽子做准备。

制作方格纹理的方法

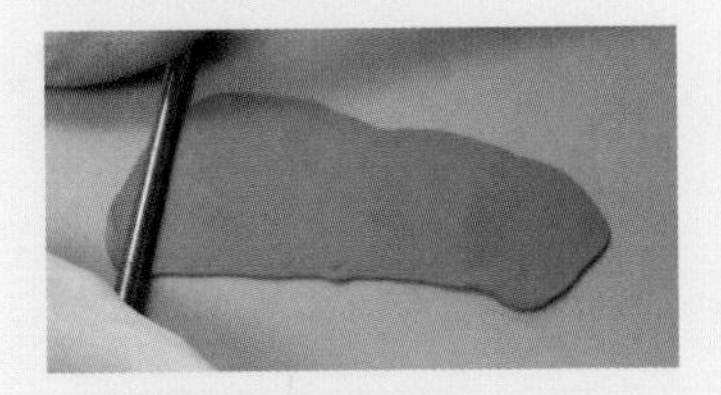
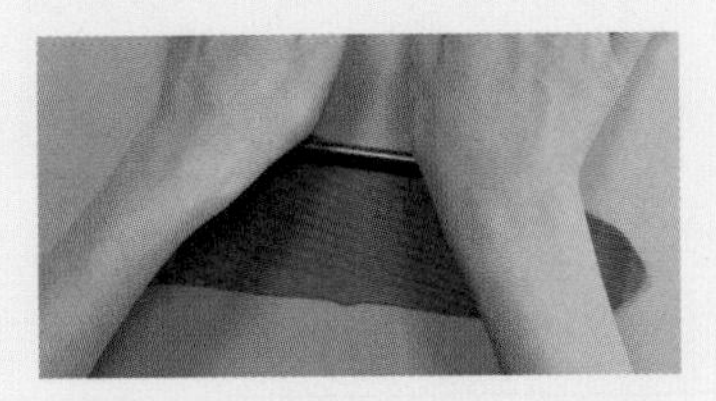
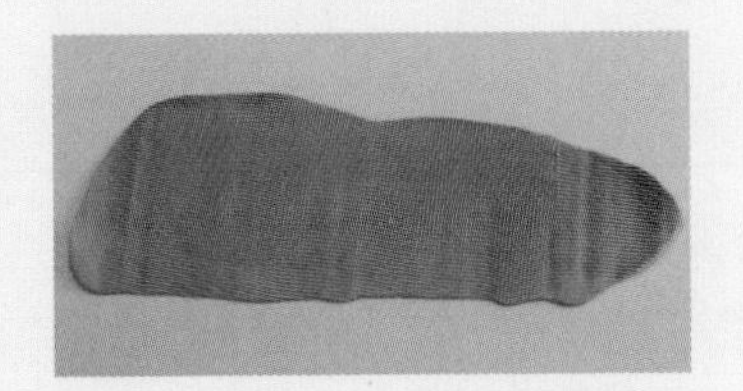

将螺纹棒放在黏土片上面，从垂直的两个方向擀压黏土就能得到方格纹理。

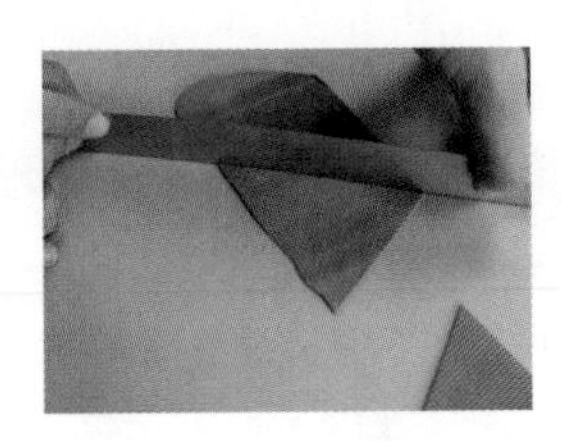

45 在紫色黏土擀成的已压好方格纹理的薄片上，用刀片切出几个大小不等的三角形。

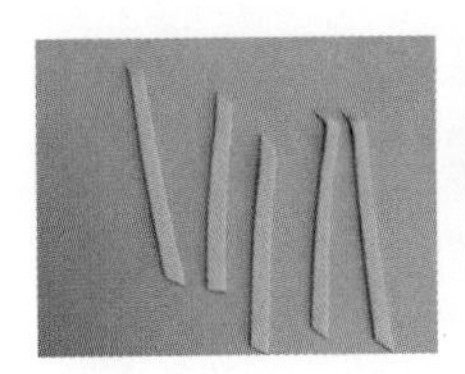

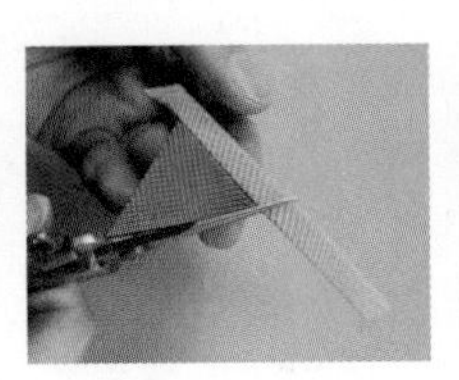
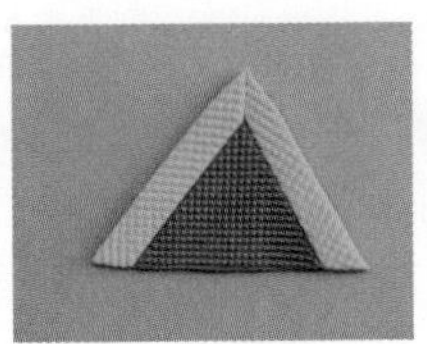
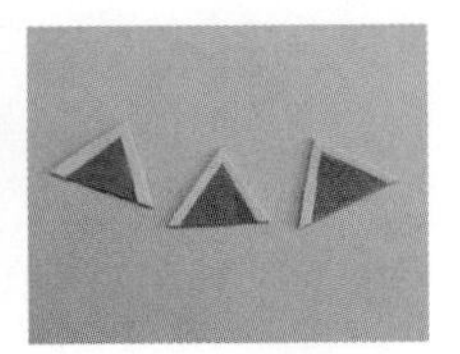

46 再准备几个绿色黏土擀成的有方格纹理的片状长条围在三角形两边，做 3 个这种三角形。

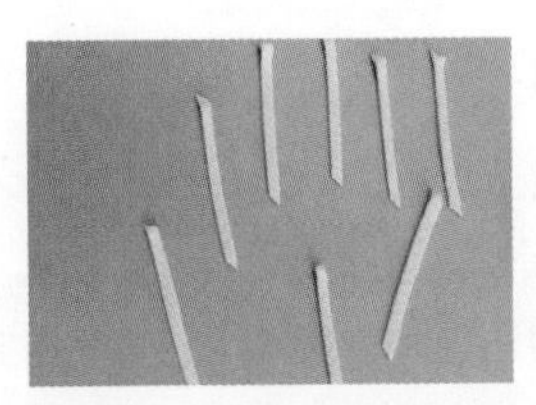
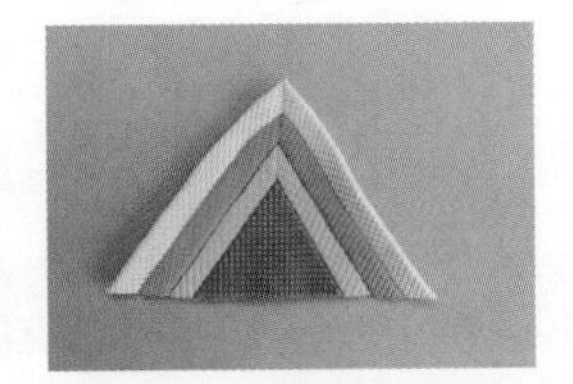

47 分别准备一些用橙色和黄色黏土擀成的有方格纹理的片状长条并将长条围在三角形两边，然后把它们交错拼合，组成一个梯形。

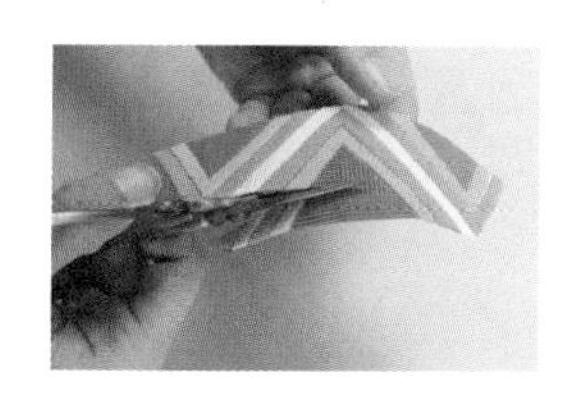

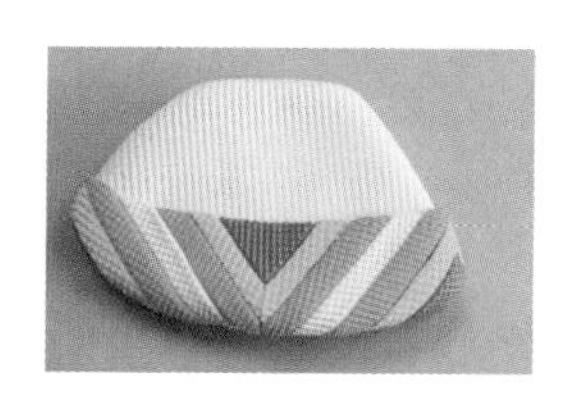

48 用剪刀剪去梯形多余的部分并用其包裹住帽顶底部，然后把帽顶与帽檐粘在一起，帽子就做好了。

制作一只猫咪

黑色的猫咪有着黑色的毛发和白色的花纹，一顶尖尖的帽子戴在头上，它随着手鼓的声响跳起了夸张的舞。

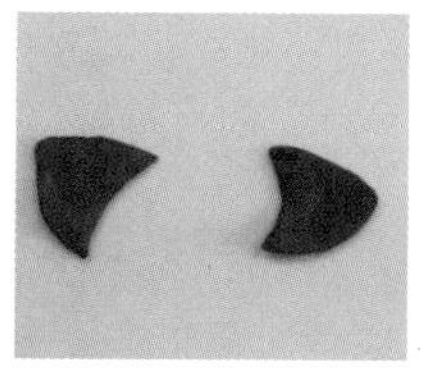

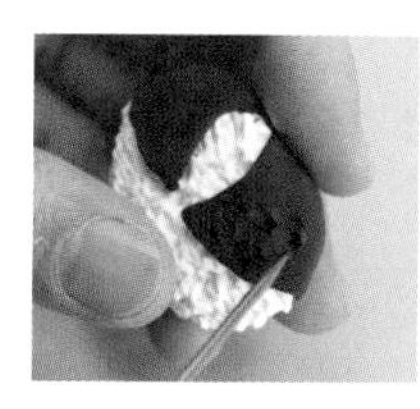

49 取一个白色黏土捏成的有绒毛纹理的椭圆形作为头部，用两块黑色黏土擀成的三角形薄片粘在头部作为花纹，然后用细节针在花纹上挑出绒毛纹理。

50 取一小块白色黏土捏成长椭圆形嵌入两个黑色花纹中间，用细节针在其上挑出绒毛纹理。

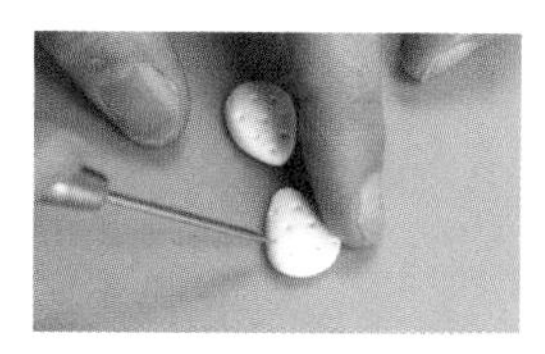

51 取白色黏土捏两个胖水滴形，用细节针戳出点状纹理。将两个胖水滴形较尖的一端粘在一起后，再用白色黏土做一个小牙齿粘在背面接口处。

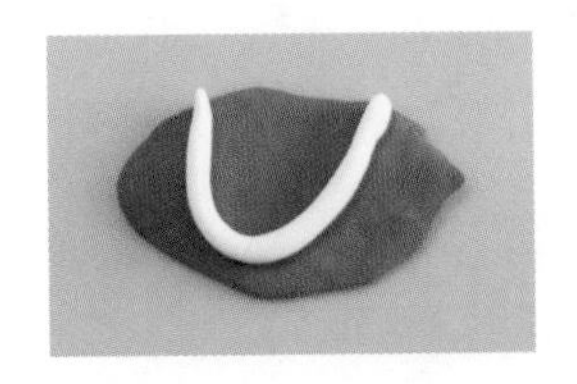
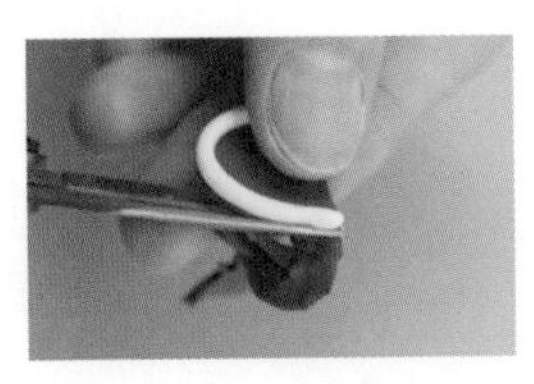
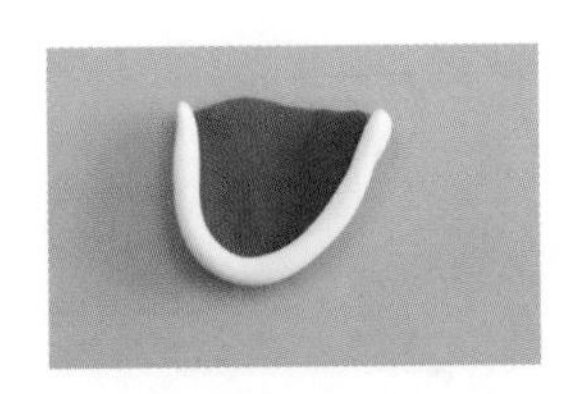

52 准备一块褐色黏土擀成的薄片作为嘴巴基底，在基底上粘一根白色黏土搓成的“U”形长条作为嘴唇，用剪刀剪去基底多余的部分，把它与上一步做好的白色部分粘在一起，嘴巴就做好了。

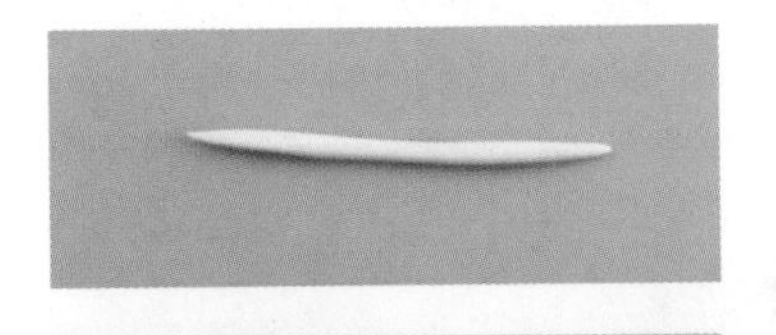

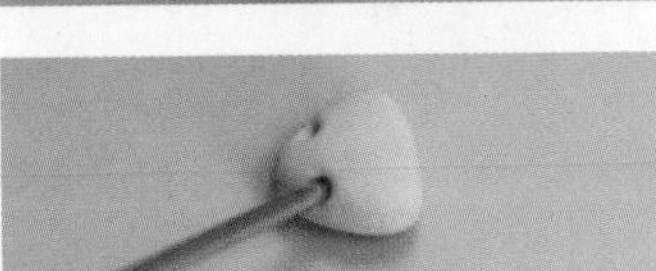

53 准备6根白色黏土搓成的长条作为胡子，然后将其粘在嘴巴上。再准备一个粉色黏土捏成的三角形作为鼻子，用细节针在鼻子上戳出两个鼻孔，然后把鼻子与嘴巴粘在一起。

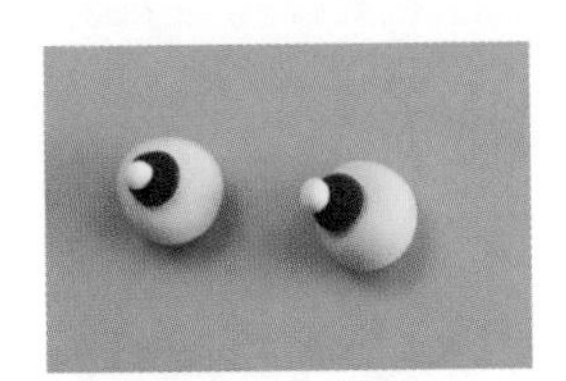

54 将黄色、黑色、白色黏土揉成的小圆球组合起来，这就是猫咪的眼睛。将眼睛、鼻子和嘴巴粘在头部相应的位置。

55 分别将两个黑色黏土捏成的水滴形和两个粉色黏土捏成的水滴形错位重叠起来，用丸棒将粉色水滴形尖的一端压凹一点，然后修整形状后用细节针在黑色水滴形和粉色水滴形上分别挑出绒毛纹理，这就是猫咪的耳朵，将其粘在头部相应位置。

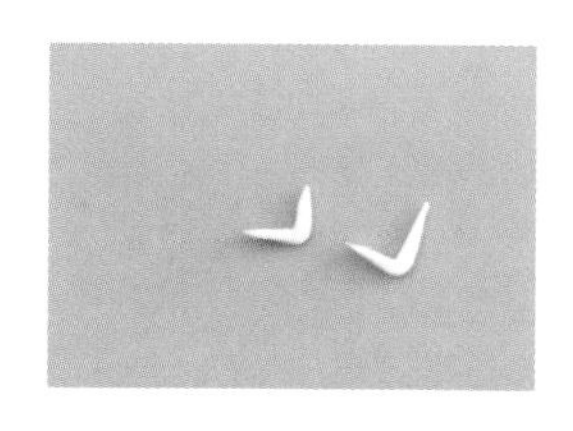
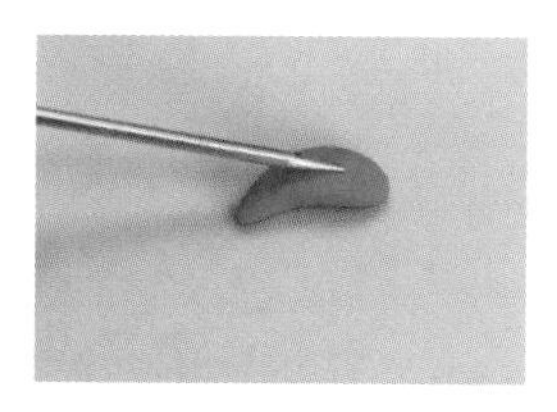

56 分别将两根白色黏土搓成的长条折成 90°作为眉毛，粘在眼睛上方。用细节针在红色黏土捏成的水滴形中间画一条线，做成一个红色舌头，将其粘在嘴巴上。

57 准备一个黑色黏土捏成的水滴形作为身体，挑出绒毛纹理，把做好的身体与头部粘在一起。

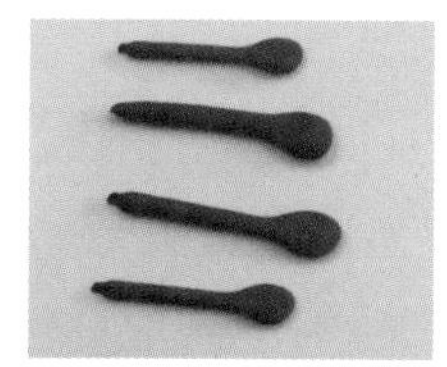
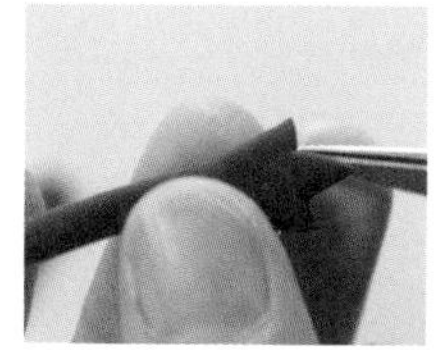
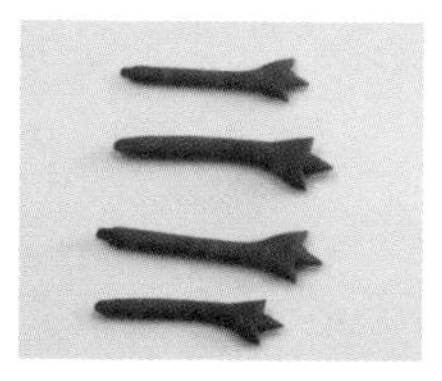

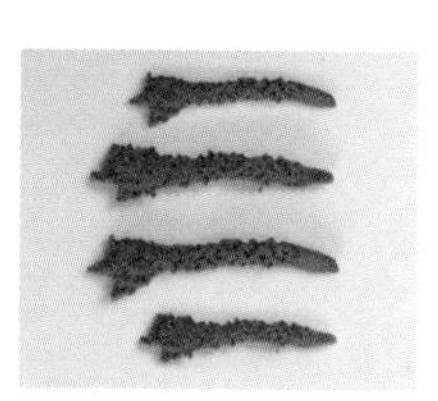

58 准备 4 根黑色黏土搓成的一头尖、一头圆的长条，将其较圆的那一头压扁，用剪刀剪出爪子的形状，然后用细节针挑出绒毛纹理，这就是爪子。

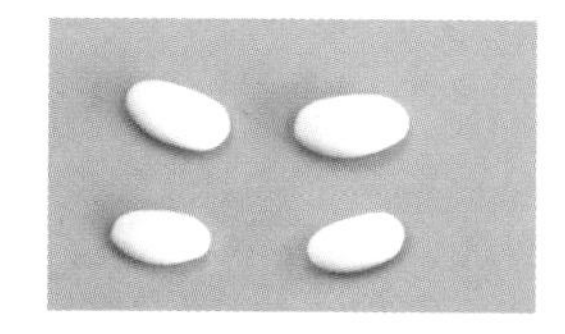

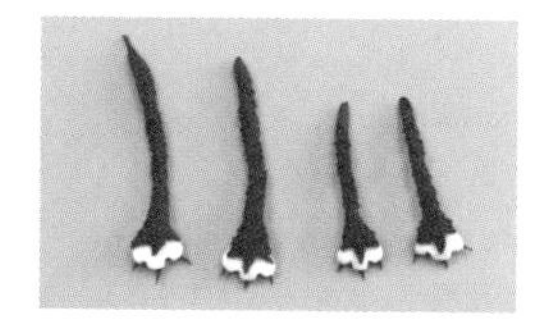

59 准备 4 个白色黏土捏成的椭圆形圆片，用细节针将其压成脚掌的形状，把其与爪子粘在一起。用几根黑色黏土搓成的细长条作为指甲，将指甲粘在脚掌弧形凸出的地方。

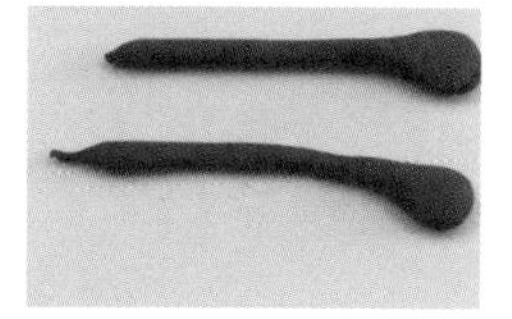
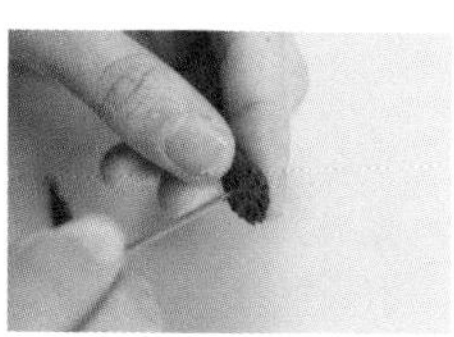
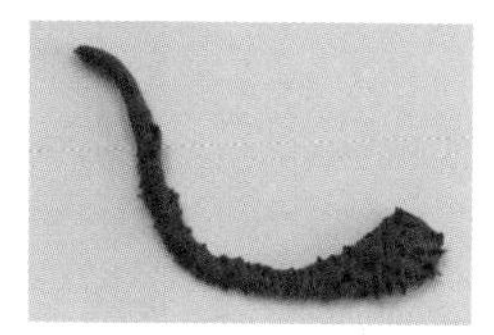

60 取黑色黏土搓一根一头圆、一头尖的长条，用细节针挑出绒毛纹理，尾巴就做好了。

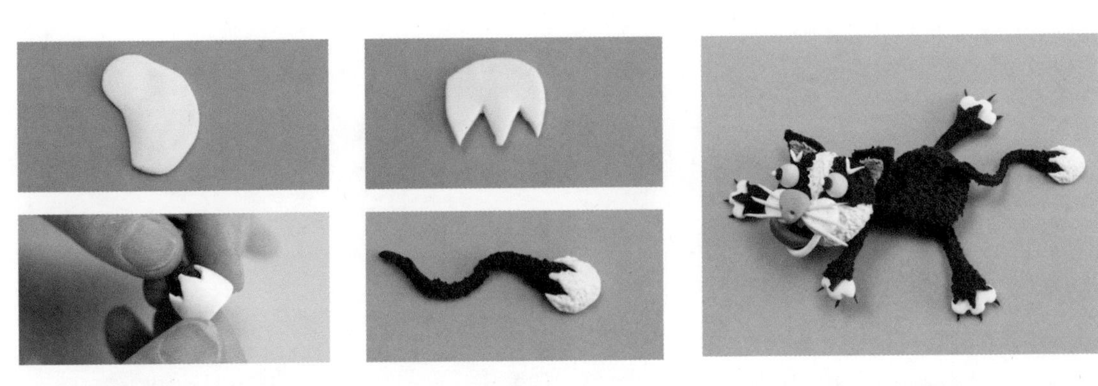

61 取白色黏土擀成薄片，将其边缘剪出锯齿作为尾巴尾部的花纹，粘在尾巴上，再挑出绒毛纹理，然后将四肢和尾巴粘在猫咪身体上。

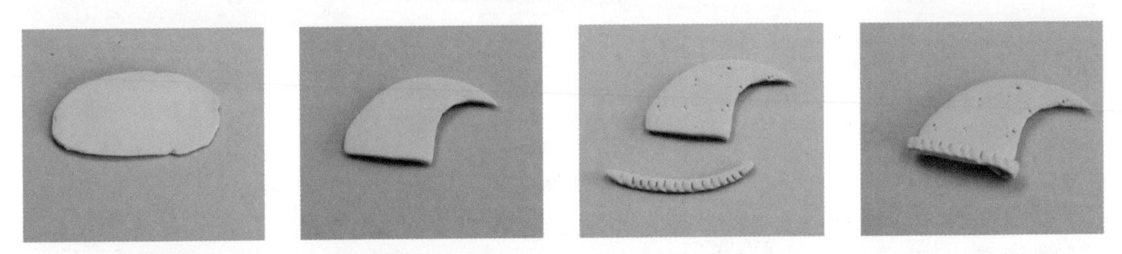

62 取绿色黏土擀成薄片，将其剪成尖帽子的形状并戳上点状纹理。准备一个绿色黏土搓成的有竖纹的长条作为帽子边缘，将其粘在帽子底边上，将多余的部分收到帽子后面。

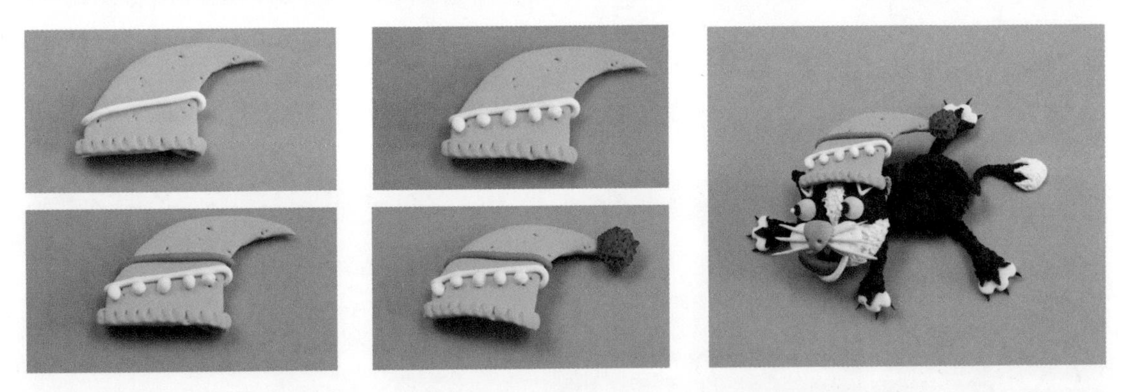

63 取白色黏土搓一根长条并揉一些小圆球作为小装饰粘在帽子上。再取橙色黏土搓一根长条粘在帽子上，将长条多余的部分收到帽子后面。在帽顶粘一个红色黏土揉成的有绒毛纹理的小圆球，把帽子粘在猫咪的头部，猫咪就做好了。

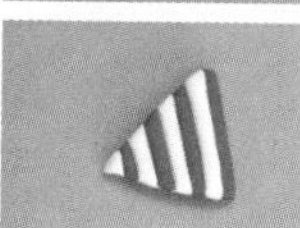

丰富多彩的三角旗

彩旗的种类繁多，有斑点的、有条纹的、也有素色的，将这些彩旗摆放在一起效果会非常好。这里使用了绿色、紫色、白色、浅蓝色、橙色、粉色、黄色和红色黏土，大家还可以搭配出更丰富的色彩。

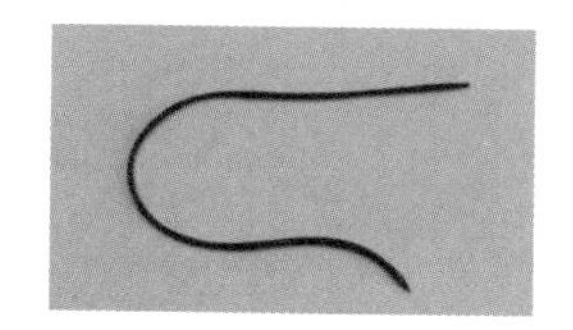
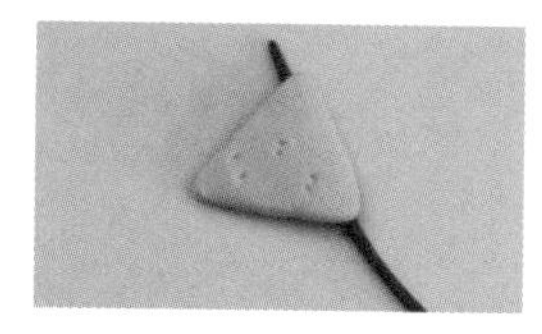

64 准备一条黑色黏土搓成的细长条，把各种各样的彩旗粘在黑色细长条上串起来。

制作背景板

65 用木片棒在画框底板上抹均胶水，把深蓝色不织布粘在画框底板上，再将底板装回画框里。

安装黏土画

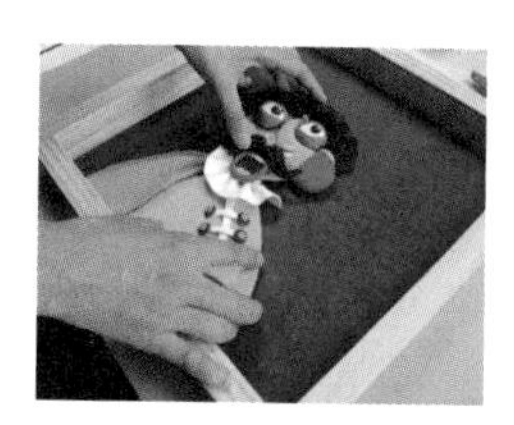

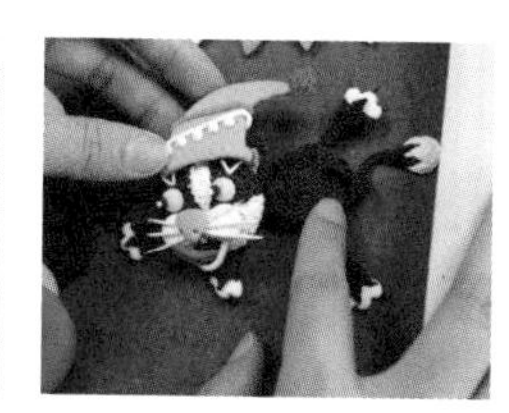

66 用胶水把晾干的作品粘在画框中就完成啦。

4.2 人鱼公主的故事在我这有另一个结局

有一天，王子开着他的木船在海上航行，突然发现一位非常热情的人鱼公主，初次见面人鱼公主就向王子要求拥抱，王子最后能够逃出人鱼公主的“魔掌”吗？结局由你来捏！

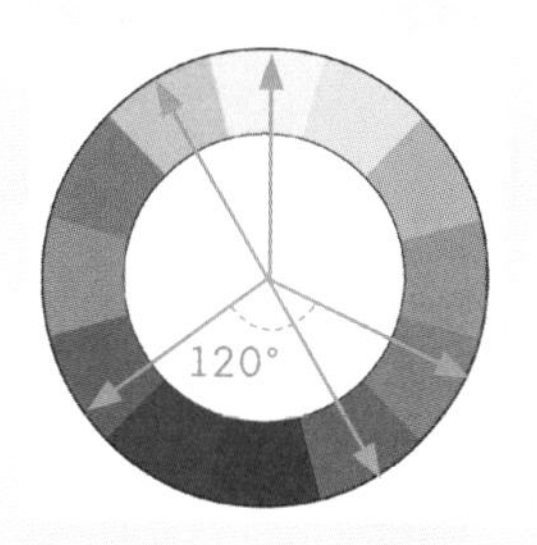

色彩分析时间

黄色的背景展现夕阳的余晖，本应是浪漫的场景，但却有些滑稽。王子穿着一身红绿配色的时髦套装，而人鱼公主则有一头金灿灿的波浪卷发。画面凸显出了小美老师鲜艳多彩的配色风格。

脑洞大开

创想开始

美人鱼的故事是美丽而伤感的，能不能将故事变成幽默、滑稽的喜剧呢？

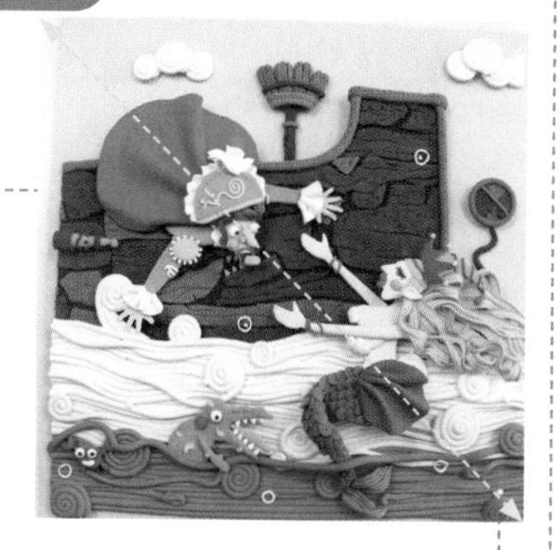

1 整个画面呈对角线构图，王子和人鱼公主在一条对角线上。

2 浓妆艳抹并有着波浪卷发的人鱼公主你喜欢吗？

3 表情惊愕的王子舌头都伸长了。

4 下坠的王子拼命摆动四肢，想逃离人鱼公主的拥抱。

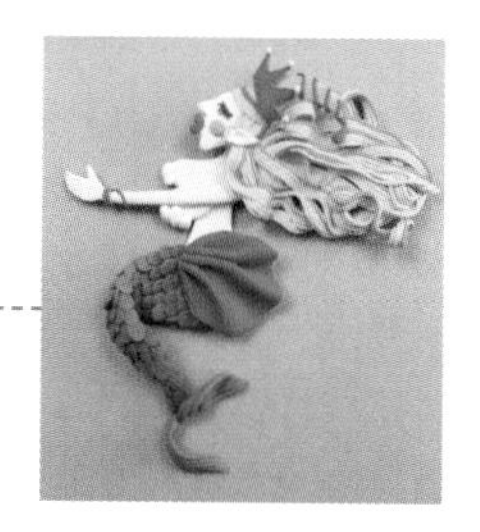

5 人鱼公主摆出一副迎接王子的热情姿态。

重点提示：翻滚的浪

我们学过如何用黏土长条制作海面，但是那只是针对比较平静的海面，这次我们来学学如何制作波涛汹涌的海面吧！

先用一根浅蓝色黏土长条制作大大的浪头，再将数根浅蓝色黏土长条粘在浪头底部作为支撑，然后用剪刀剪去多余的部分，以制作出十分有力的浪头。

准备材料和工具

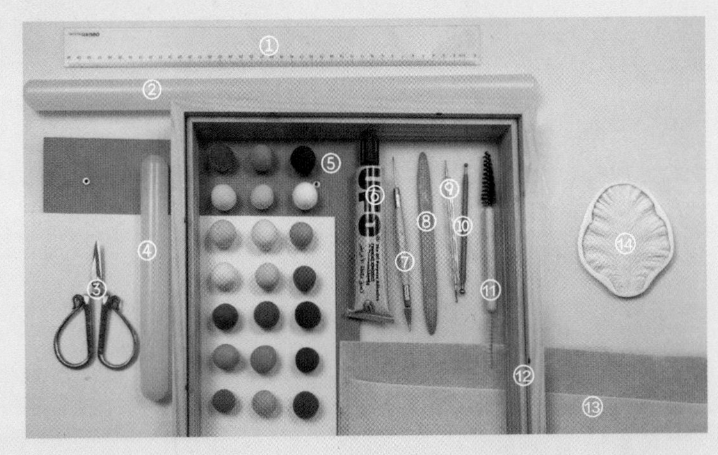

① 直尺

② 擀泥棒（50cm）

③ 剪刀

④ 擀泥棒

⑤ 各色黏土（红色、橙色、黑色、黄色、土黄色、白色、肉色、浅肉色、粉色、浅蓝色、天蓝色、深蓝色、蓝紫色、棕色、深棕色、绿色、深绿色、褐色、灰色、卡其色、深褐色）

⑥ 胶水

⑦ 细节针 ⑧ 木片棒 ⑨ 小号丸棒 ⑩ 丸棒 ⑪ 刷子

⑫ 画框（300cm×300cm） ⑬ 不织布（黄色） ⑭ 叶子硅胶模具

制作船身

巨大的木制船身上有着深浅不一的纹路，先用黑色的黏土做一层底托，将颜色深浅不一的黏土做成木块粘上去，组合出巨大的船身。

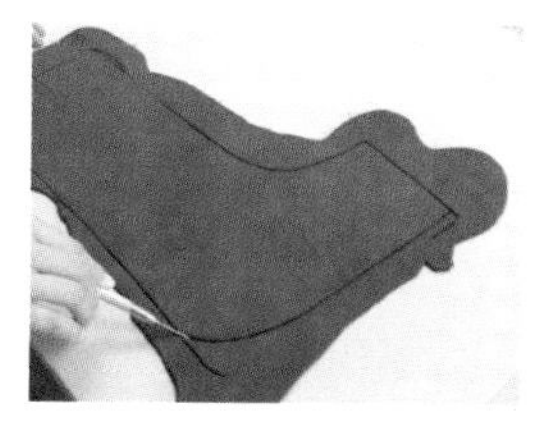
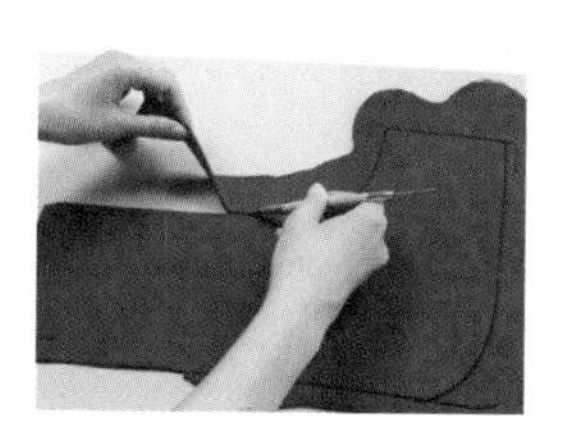
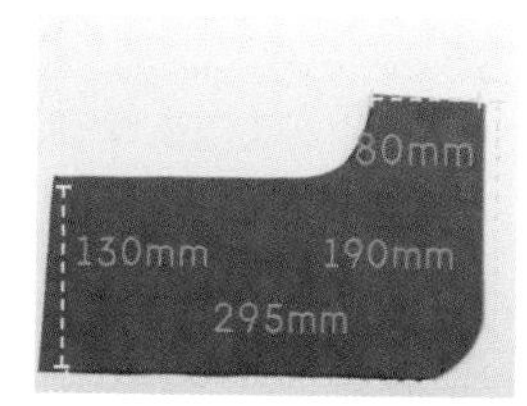

01 取一大块黑色黏土用 50cm 擀泥棒擀成的薄片，用细节针画出船身轮廓，并用细节针除去多余的部分，船身底托就做好了。

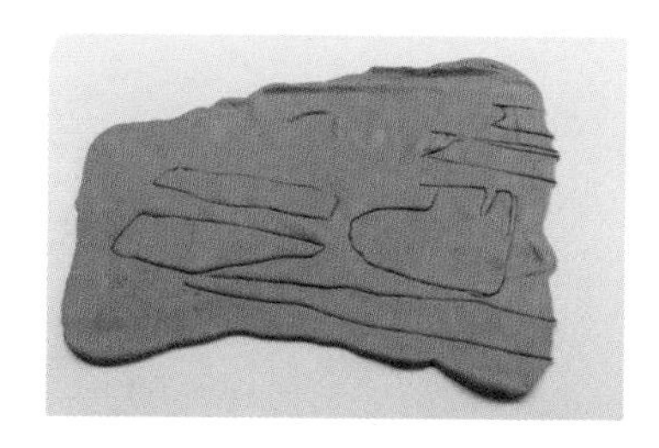

02 取一大块棕色黏土擀成的薄片，用细节针画出许多形状各异的木块轮廓，沿轮廓剪下并把边缘调整平滑，为下一步做准备。

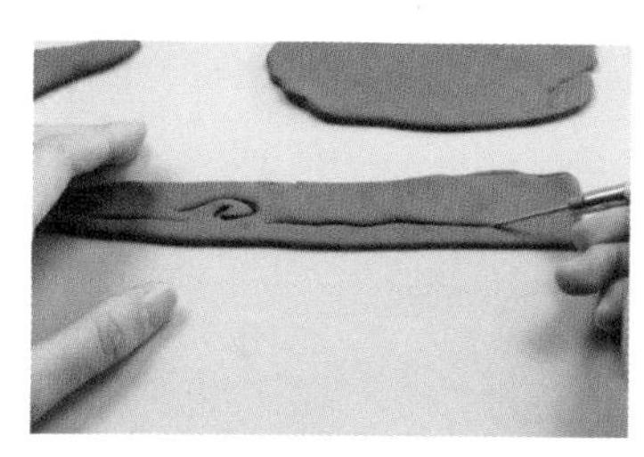
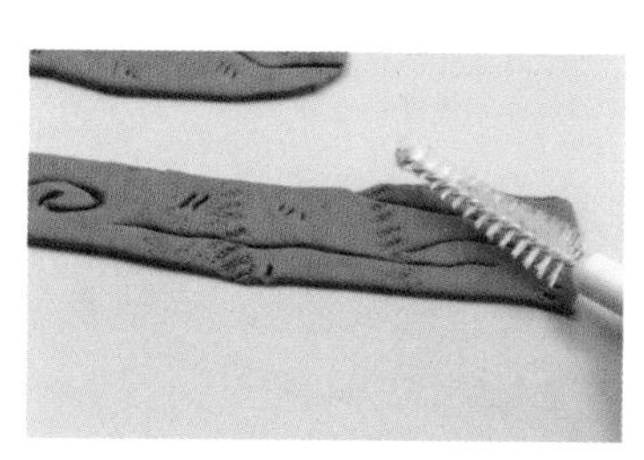

03 用细节针在剪好的棕色黏土薄片上随机画出木纹，再用刷子刷出粗糙的纹理。

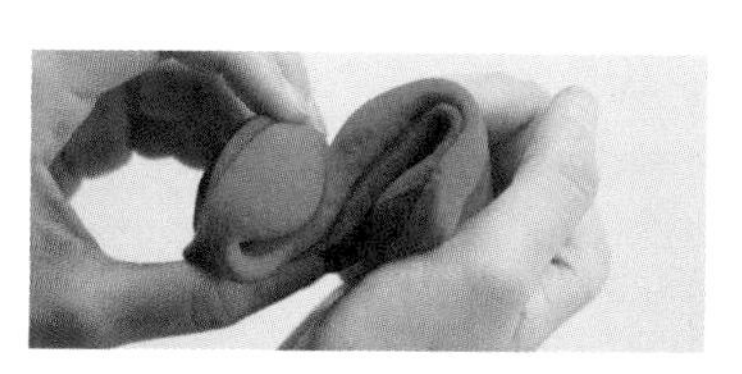

04 把等量的红色黏土与棕色黏土混合在一起得到酒红色黏土。

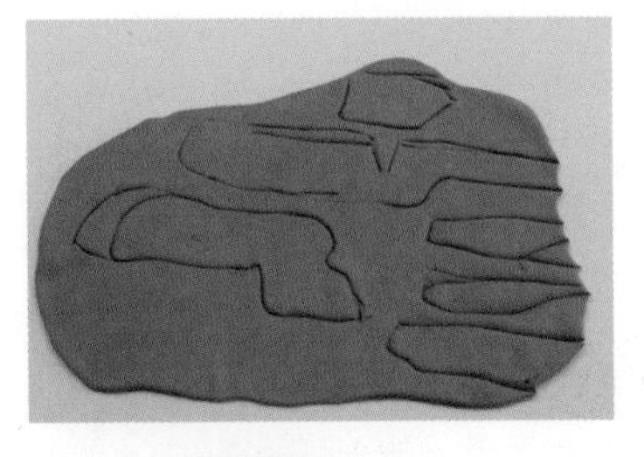

05 取一大块酒红色黏土擀成的薄片，画出许多形状各异的木块轮廓并把它们剪下来。

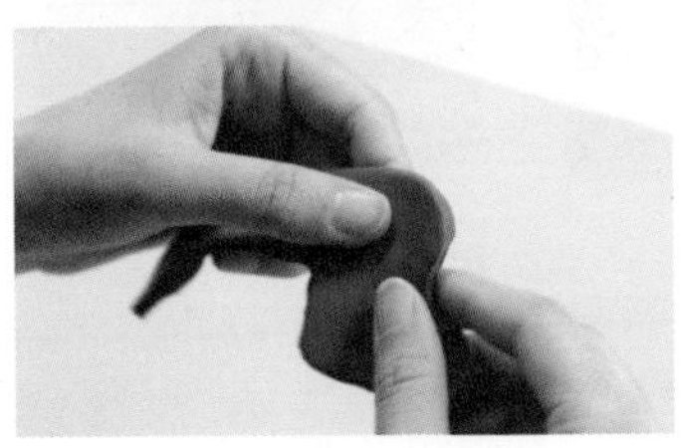

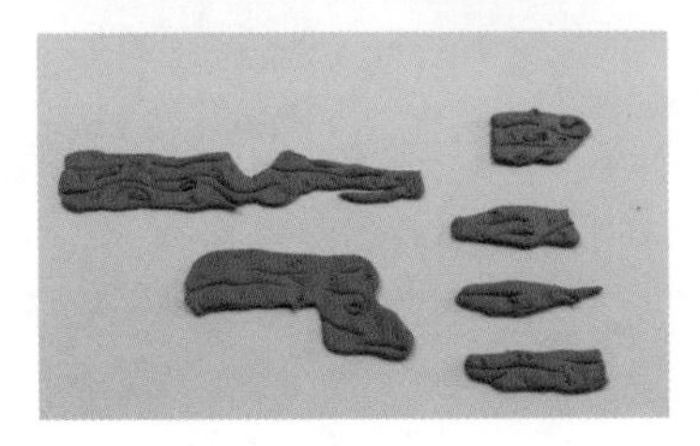

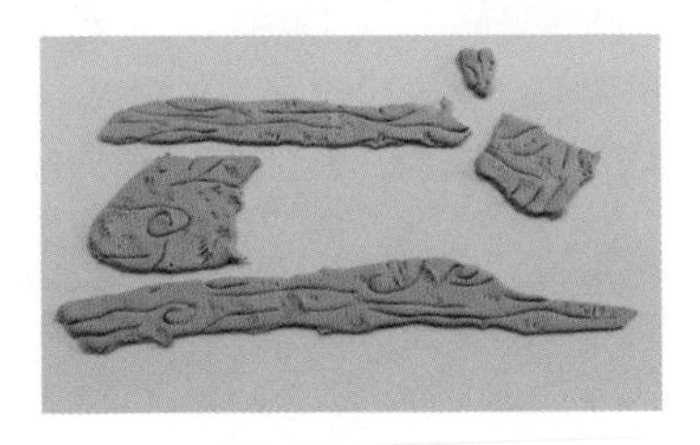

06 用指腹把酒红色木块的边缘调整平滑，用细节针画出纹路。用卡其色黏土做出其他木块并画出纹路。

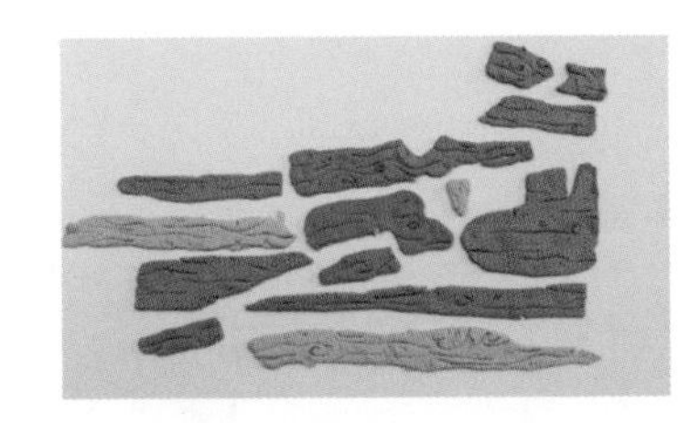

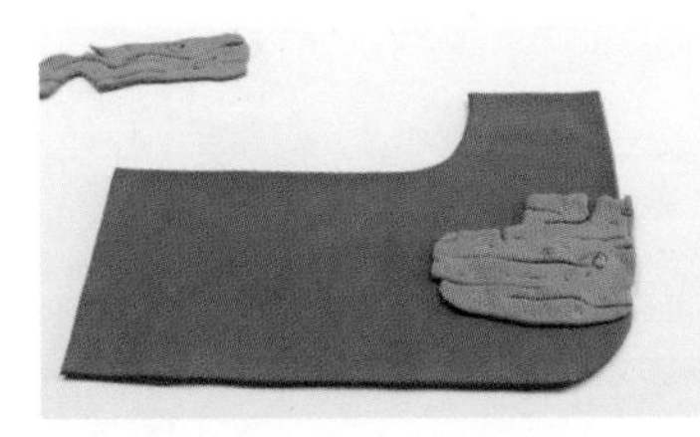

07 根据船身底托的形状把做好的木块拼接粘在船身底托上。

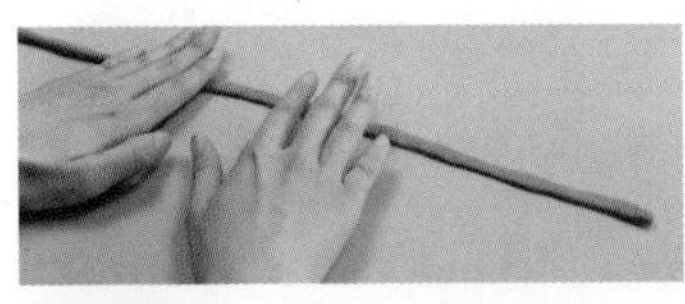

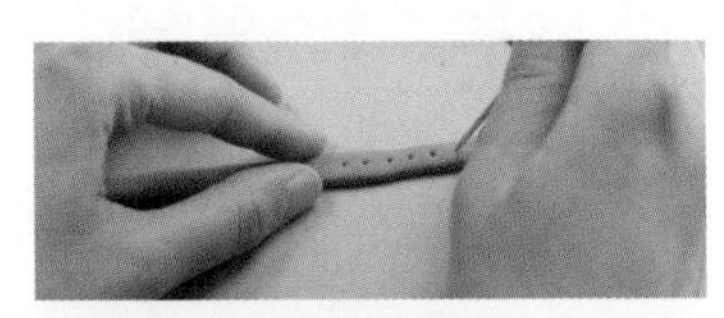

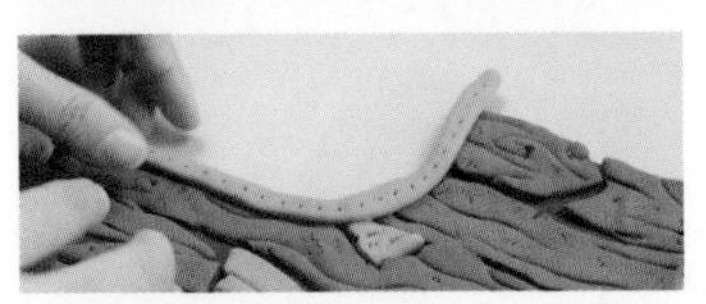

08 将卡其色黏土搓一根长条并稍微压扁，用细节针在上面戳出一排小孔，再把卡其色长条粘在木船顶部边缘处，并将多余部分剪掉。

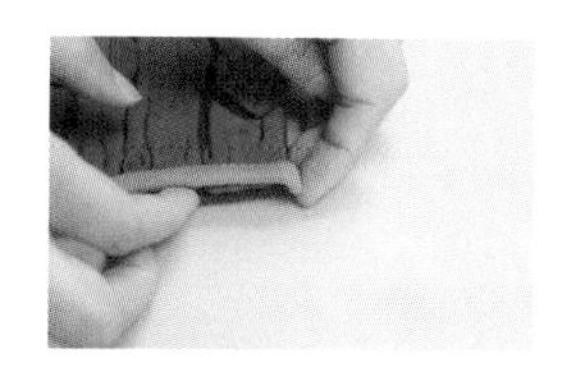
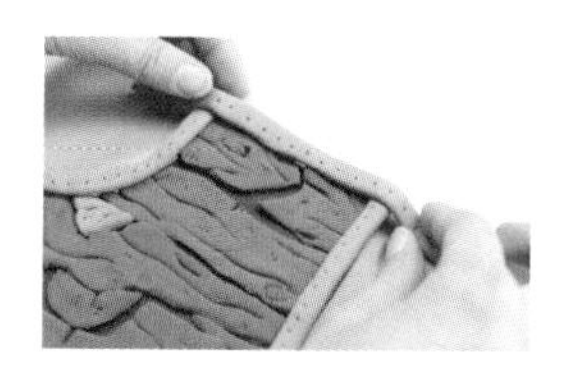
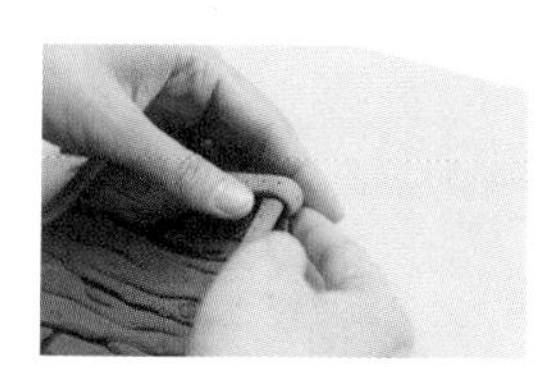
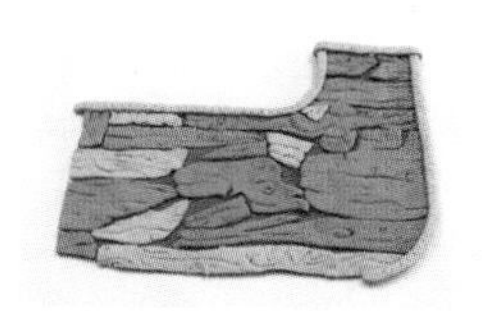

09 用另外一根相同的卡其色长条包裹住船身右边的边缘，最后准备一根较短的卡其色长条，包裹船身最上面的短边。

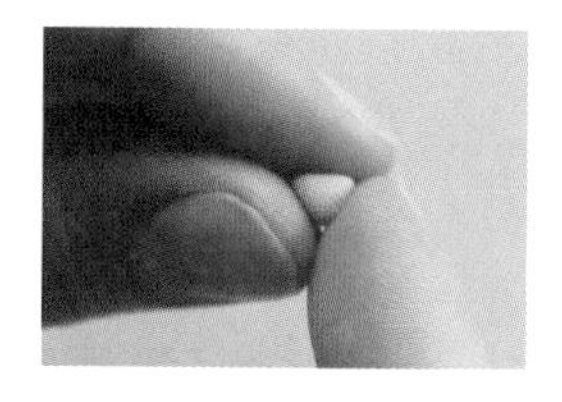
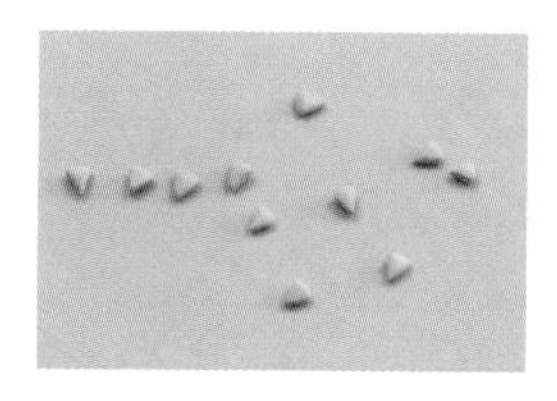
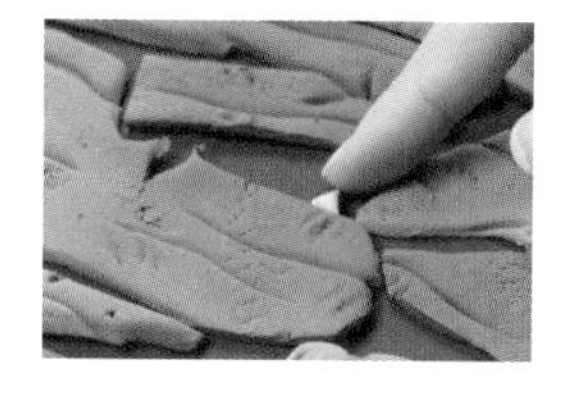
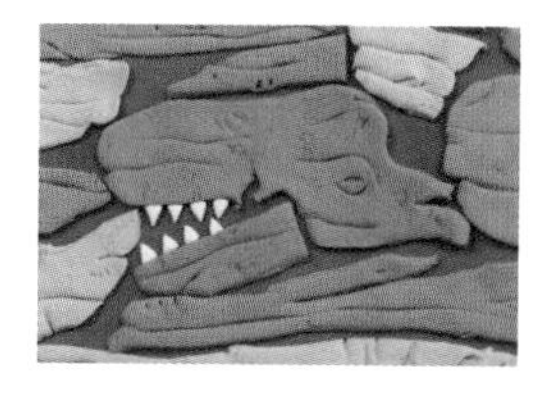

10 取土黄色黏土，用指腹按压出多个小三角形，将其粘在一块开口的木块上作为装饰，船身就做好了。

制作桅杆

桅杆的制作要点在于刻画纹路，将几块木块组合起来，形状好似一只扫帚 。

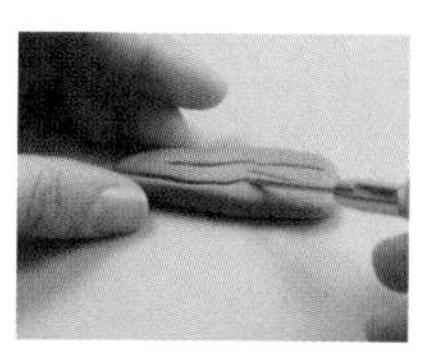
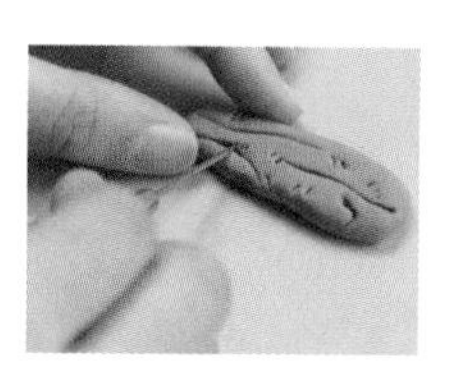
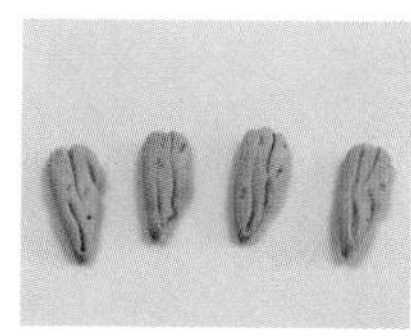
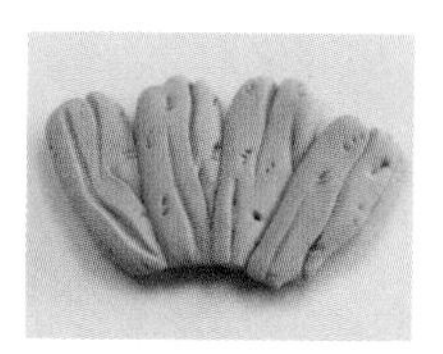

11 取卡其色黏土捏成水滴形并稍微压扁，用细节针画出纹路，一块木块就做好了，再做出其他 3 块木块，将 4 块木块并排粘在一起。

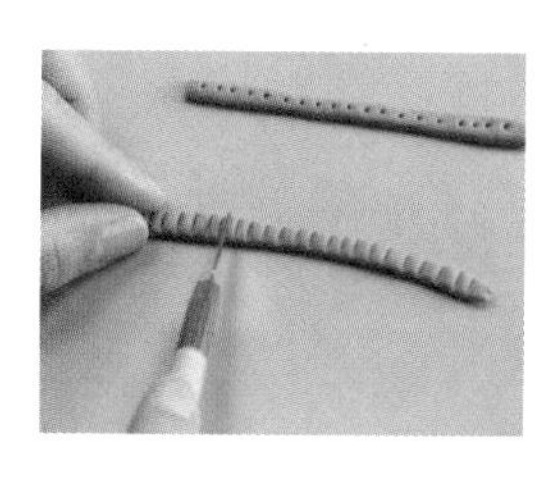
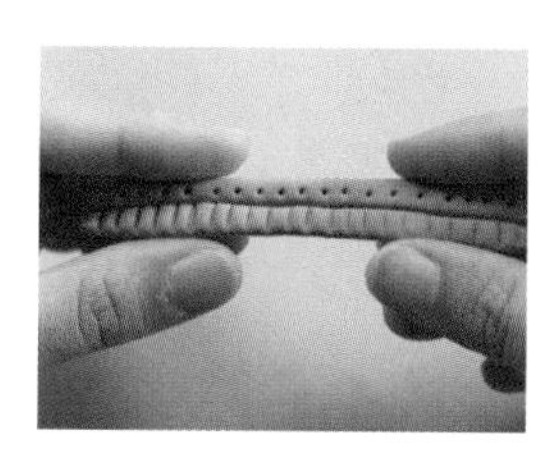
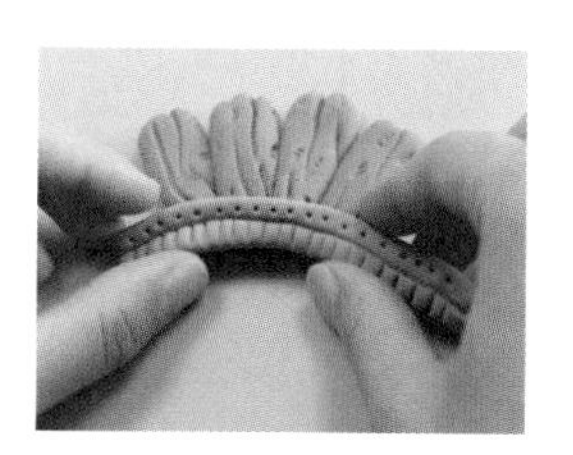
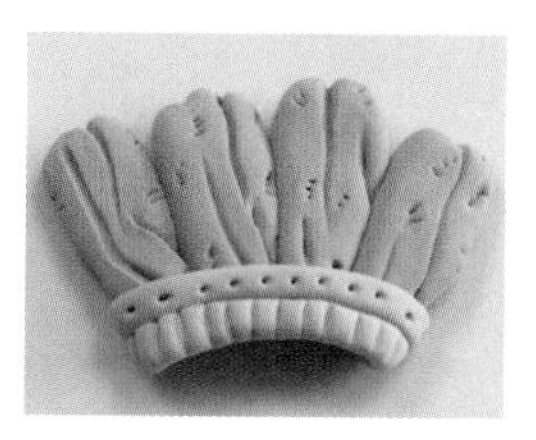

12 准备两根灰色黏土搓成的细长条，用细节针在其中一根长条上戳出一排小孔，在另外一根长条上压出竖纹，然后把两根长条并排粘在之前粘好的木块底部。

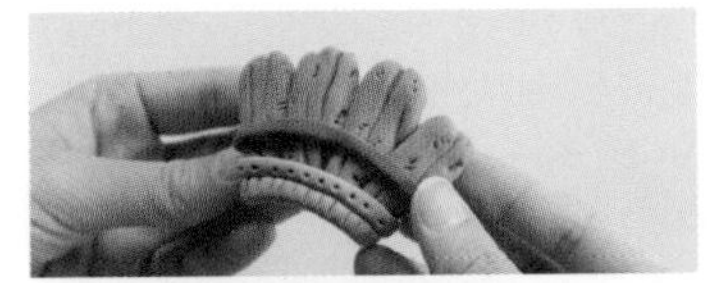
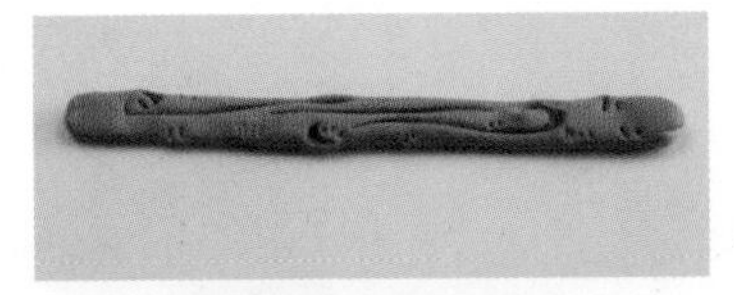

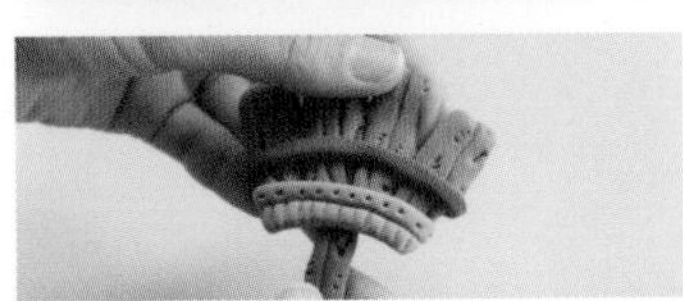
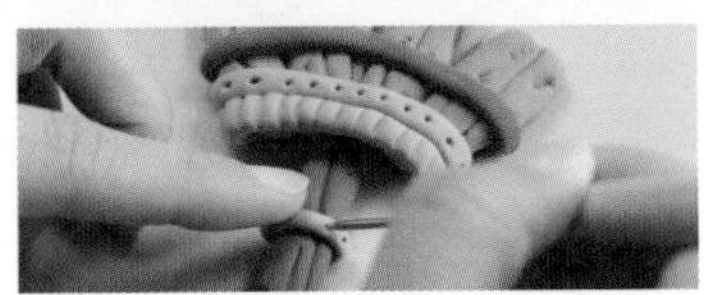

13 取棕色黏土搓一根细的长条并稍微压扁，将其粘在木块中下方。再取棕色黏土搓一根较粗的长条并用细节针画出纹路，粘在木块下方作为杆子。在杆子上围一圈灰色黏土搓成的长条，用细节针戳出一排小孔。桅杆就做好了。

制作大海

大海上面有一层层卷起的波浪，通过改变黏土的颜色可以营造出大海的纵深感，这样波涛汹涌的大海就做好了。

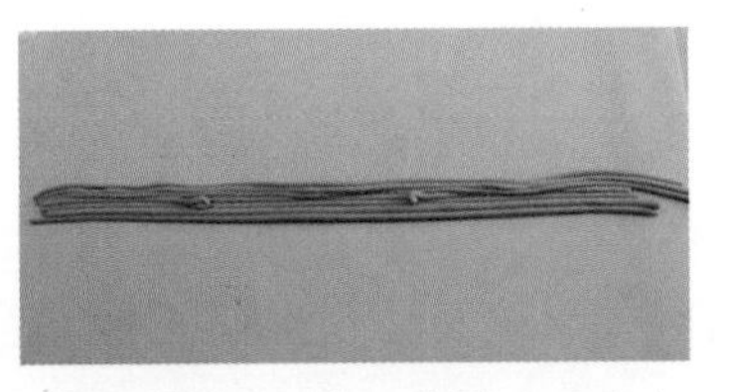

14 取深蓝色黏土搓出几根长条，将长条并排粘在一起，中间可弯曲长条，叠出波浪的感觉，一片海水就做好了。

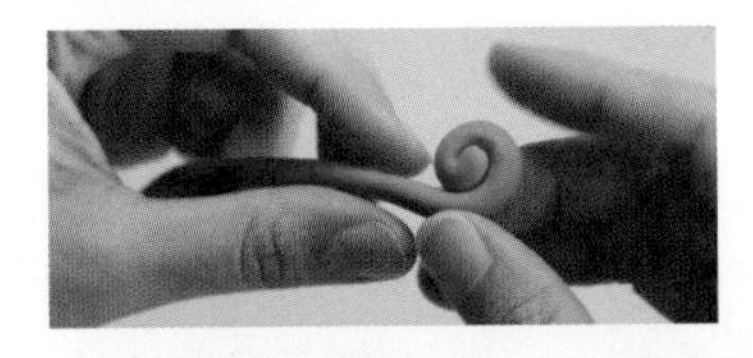
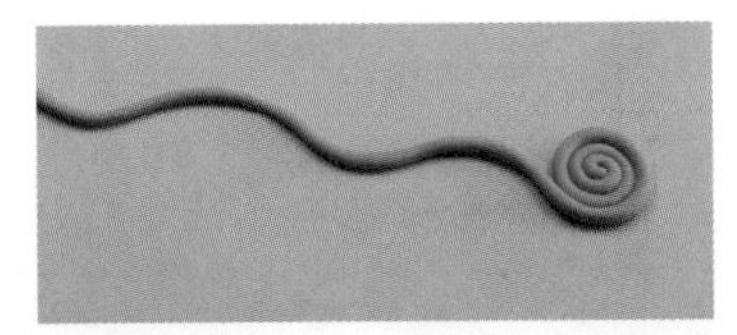
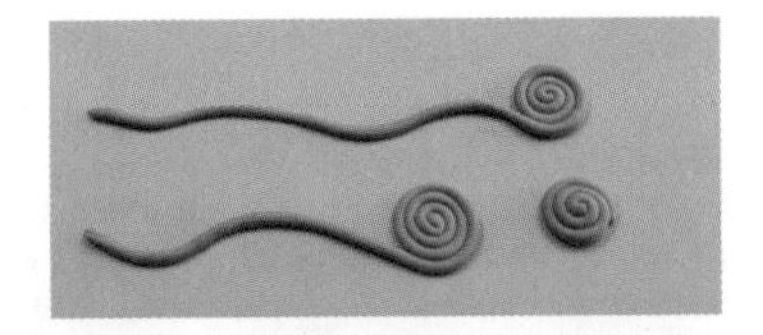

15 取深蓝色黏土搓成长条并将其一端卷成圆盘，然后将其尾部捏成波浪形，多做些波浪，为制作大海做准备。

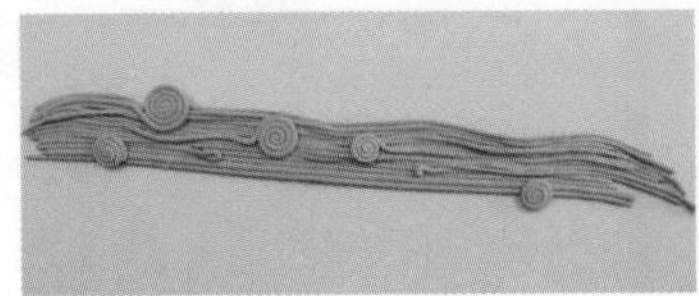

16 把做好的波浪粘在海水上以增加细节，底层海水就做好了。

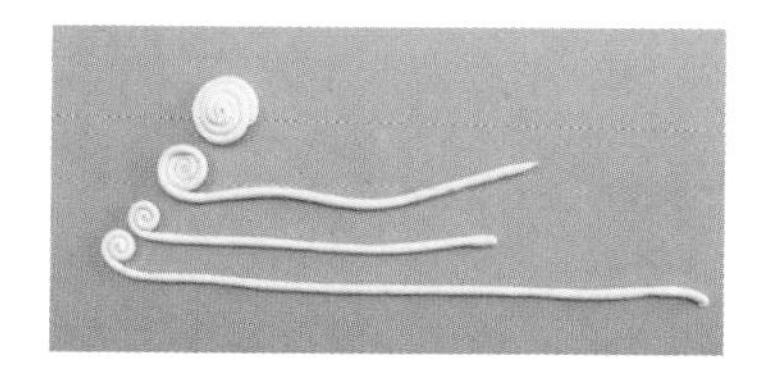
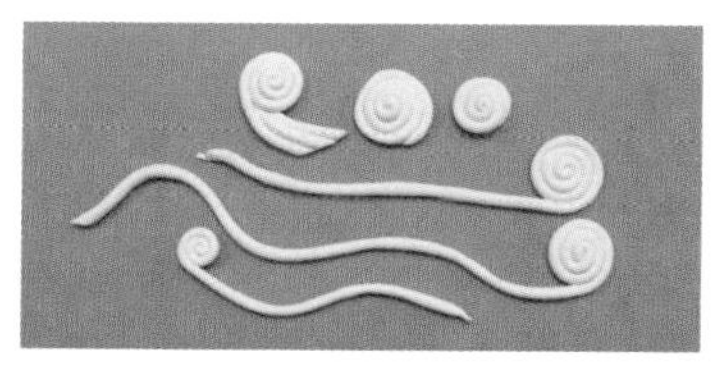

17 取天蓝色黏土做出一些波浪，作为中间部分的海水。再取浅蓝色黏土做一些波浪，作为最上面一层海水。水波纹的形状应尽量柔和一些，将3层海水粘在一起，大海就做好了。

制作王子

在传统印象中王子是英俊潇洒的，但是这里小美老师采用了夸张的手法让王子摆出即将落水的慌张姿态。

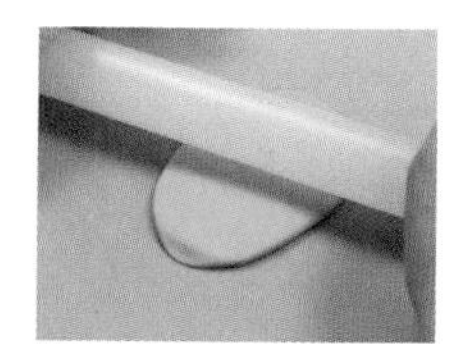

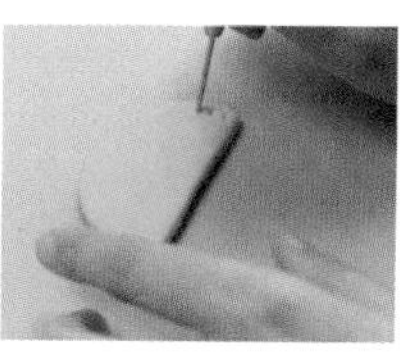
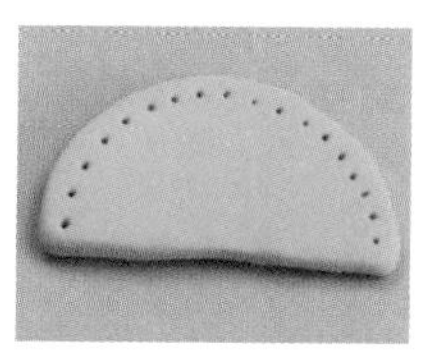

18 取绿色黏土用擀泥棒擀成圆片，用手将其按压成半圆形，用细节针在半圆形的弧形部分戳半圈圆孔，为制作帽子做准备。

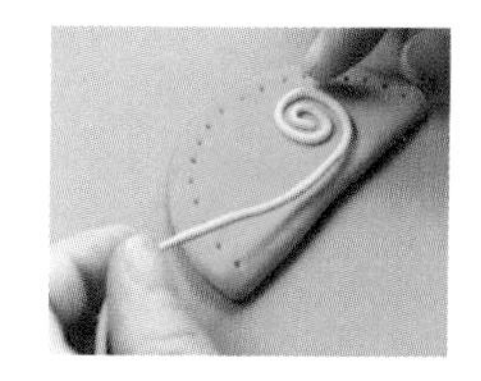

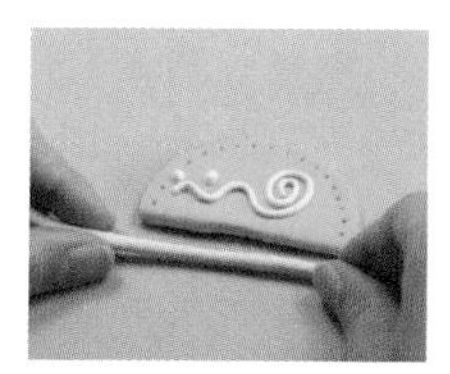

19 将黄色黏土搓成的长条卷成旋涡波浪状粘在半圆形黏土上作为装饰，再在半圆形黏土上粘上两个黄色黏土揉成的小圆球。在半圆形黏土的直边边缘粘上一根黄色黏土搓成的长条作为底边并用细节针在其上压出一排竖纹。

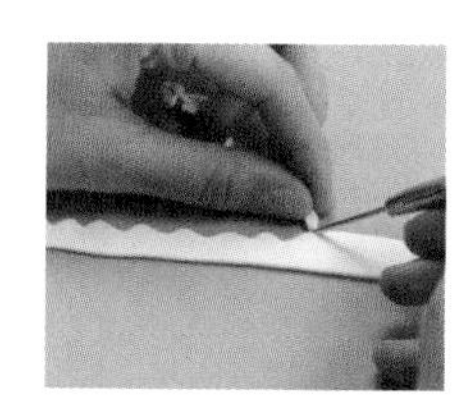
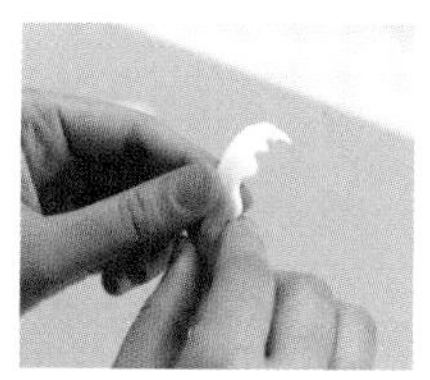

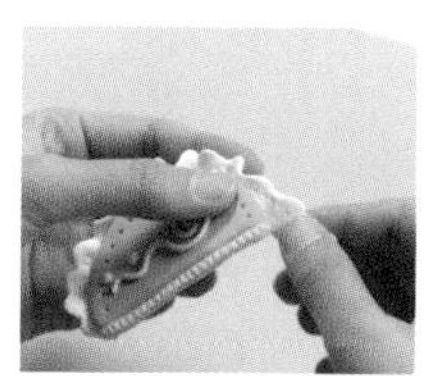

20 用细节针在白色黏土做成的片状长条上画出波浪纹，挑去多余的部分，把边缘整理平滑，然后将片状长条粘在半圆形的弧形边缘作为帽子的花边。

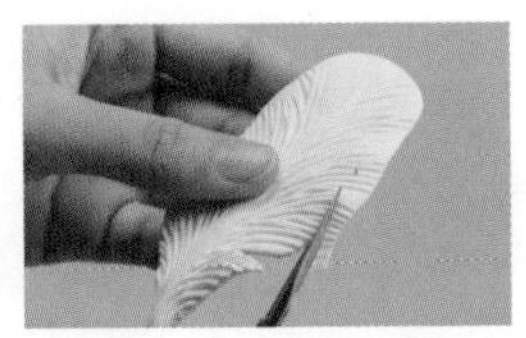

21 取白色黏土压在叶子硅胶模具上并迅速撕开，印出羽毛的形状。然后用剪刀剪出羽毛轮廓，把做好的羽毛粘在帽子上，帽子就做好了。

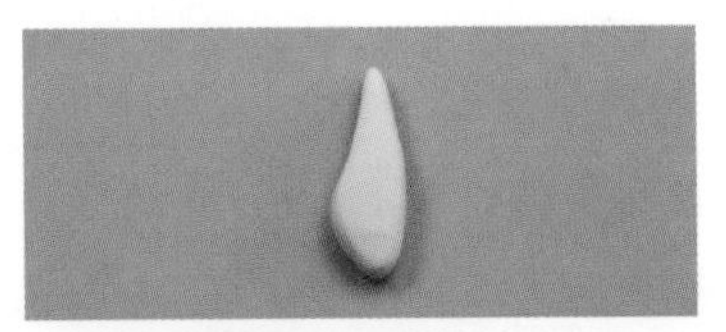
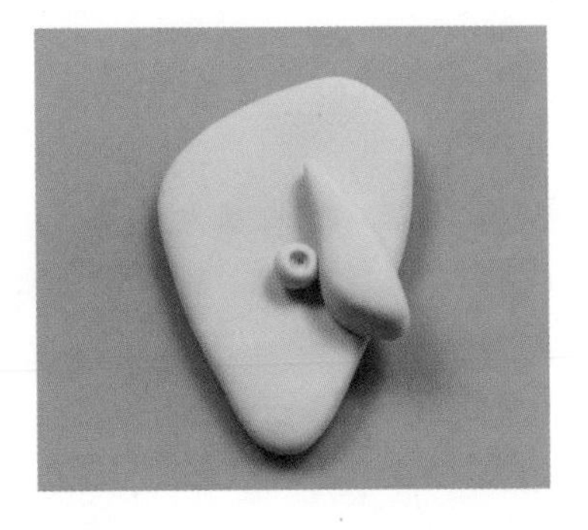
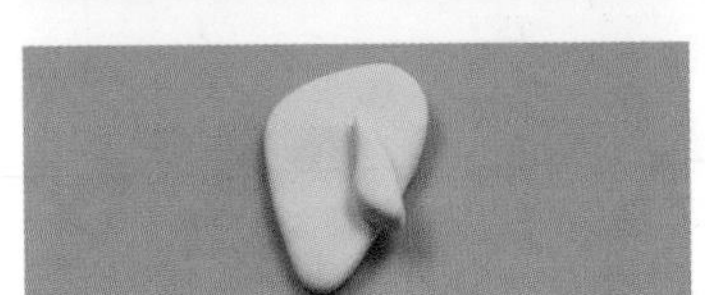
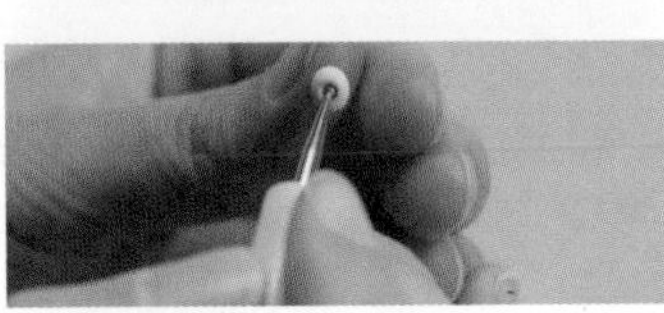

22 准备一个肉色黏土捏成的圆形，并将其剪成王子脸部的形状，然后准备一个用肉色黏土捏成的水滴形作为鼻子粘在脸部边缘。用小号丸棒在肉色黏土揉成的小圆球上压一个坑作为鼻孔，粘在鼻子一侧。

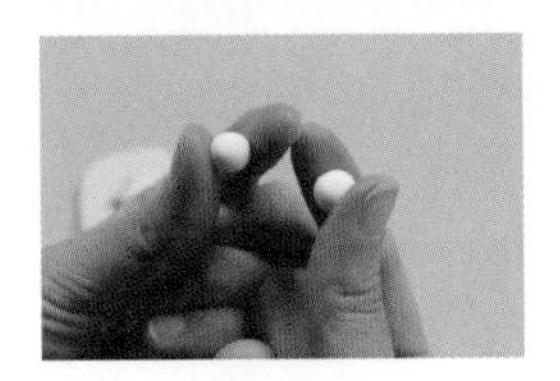
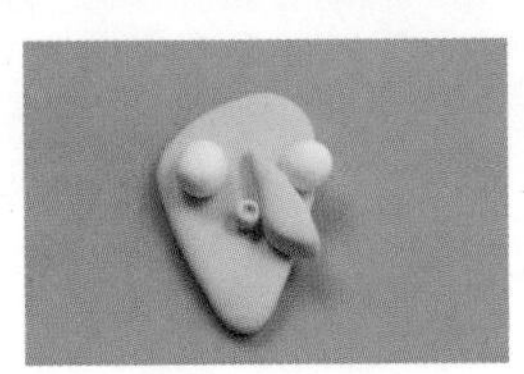
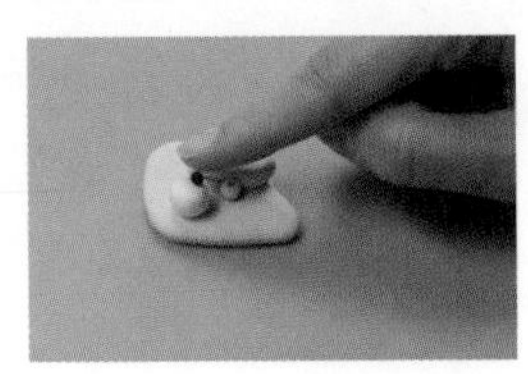
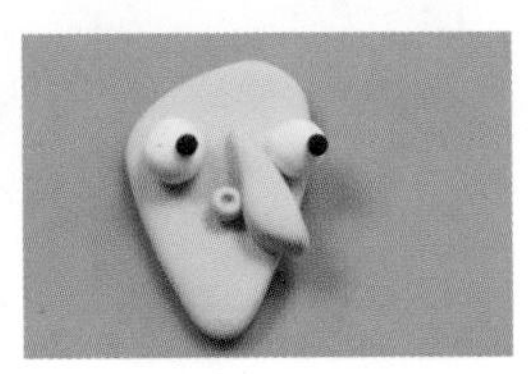

23 取白色黏土揉两个圆球并将圆球粘在鼻子两侧，在两个白色圆球上分别粘上作为瞳孔的黑色小圆球，眼睛就做好了。

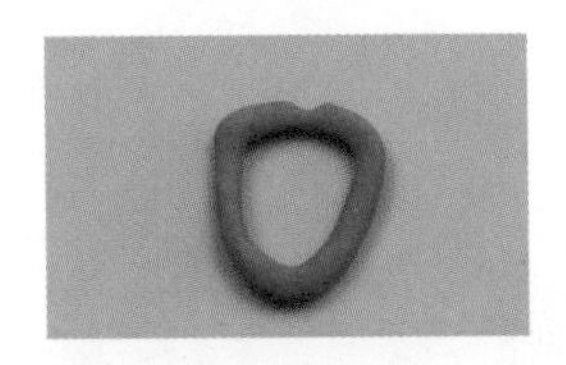
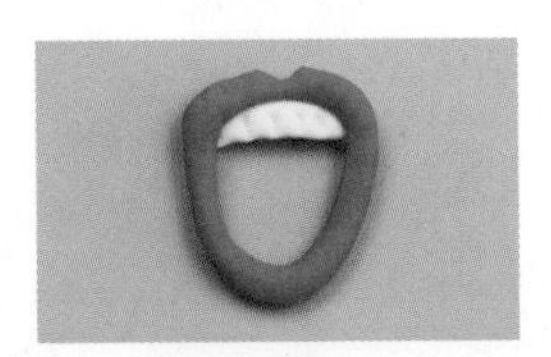
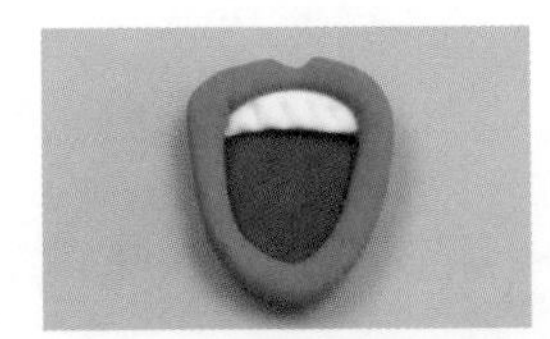
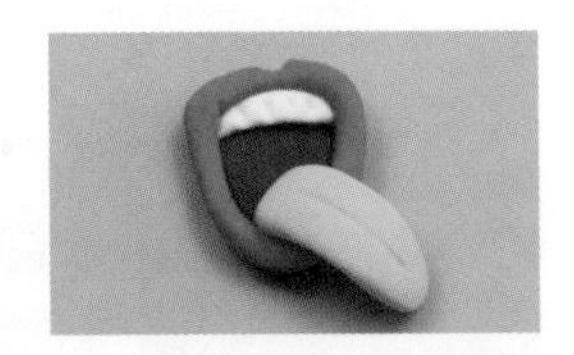

24 取红色黏土搓成的细长条围成圈，在上端留一个缺口表示上嘴唇。按照第 101 页 29 步的方法做一排牙齿，将牙齿粘在上嘴唇处，再在嘴唇的背面粘一个深棕色黏土擀成的薄片作为底部。在底部粘一个粉色黏土做成的舌头，嘴巴就做好了。

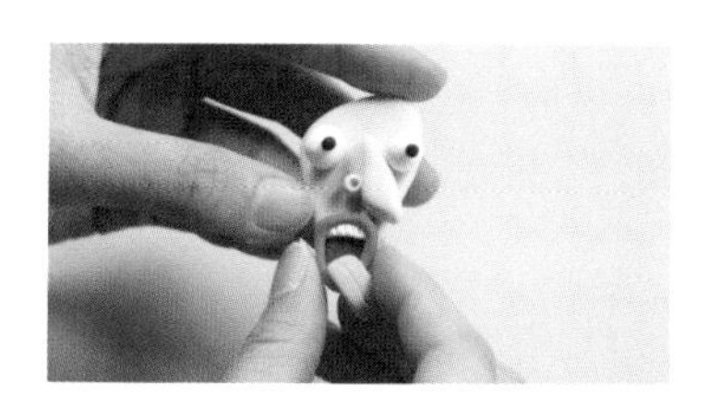 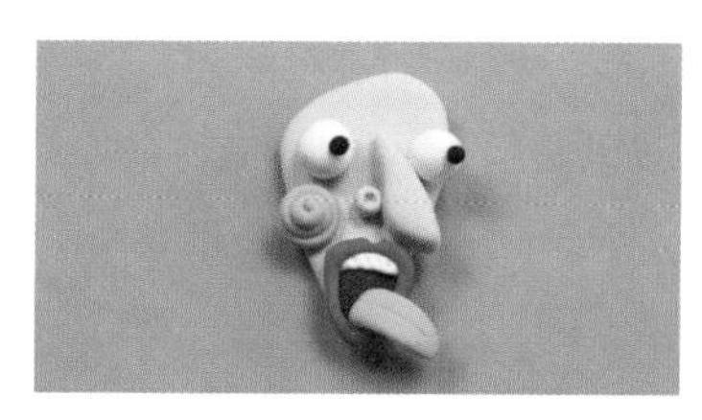

25 把嘴巴与脸部粘在一起，在人物右脸粘上一个粉色黏土做成的红晕。

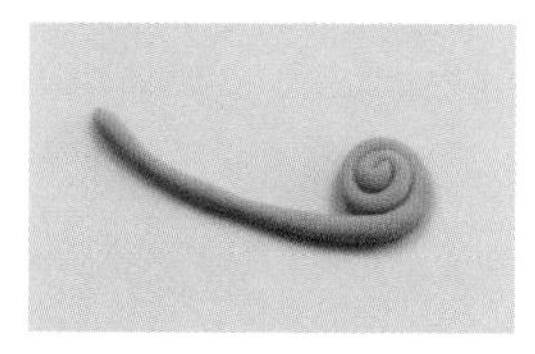 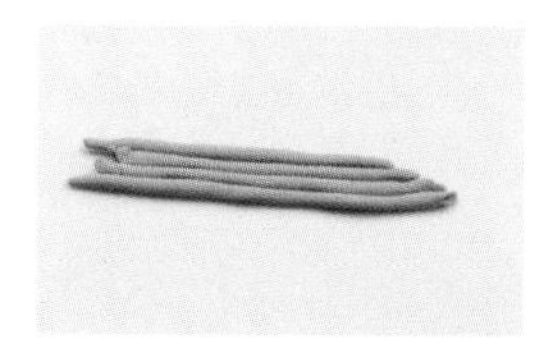  

26 准备一根卡其色黏土做成的带卷的长条和数根不带卷的长条，将不带卷的长条并排粘在一起，然后粘在带卷的那根长条上面，这就是一片头发。

  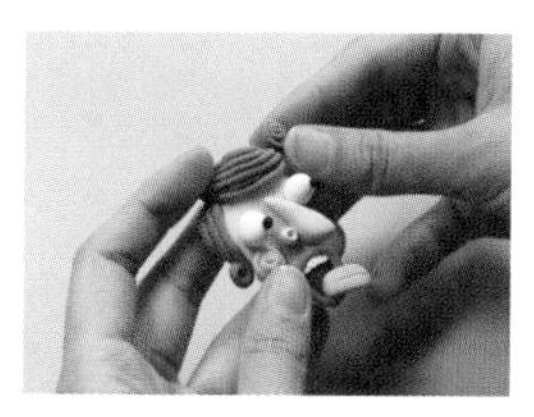 

27 用细节针在头发上戳出点状纹理，再用同样的方法做一小片头发，然后把它们粘在头端。

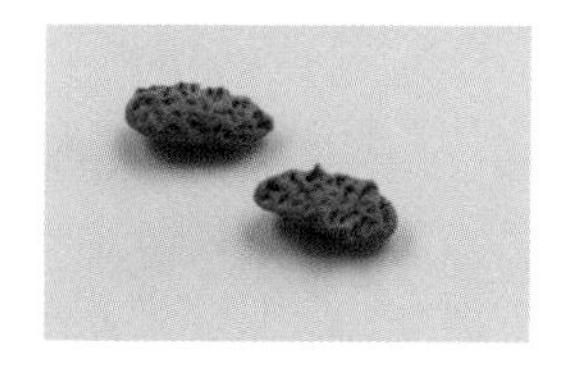   

28 准备两个棕色黏土做成的有绒毛纹理的水滴形，用剪刀剪平底部作为王子的眉毛，将眉毛粘在眼睛上方。

 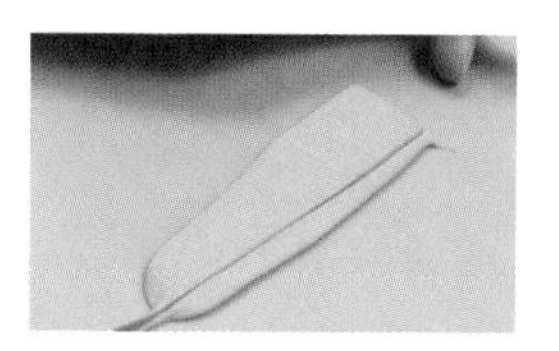 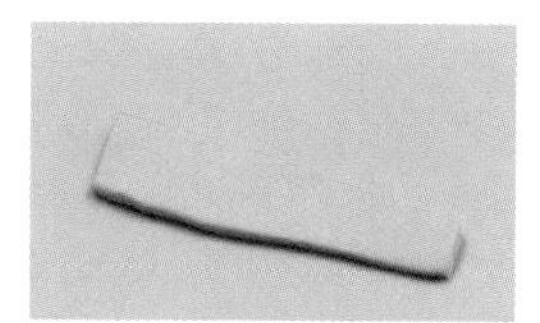 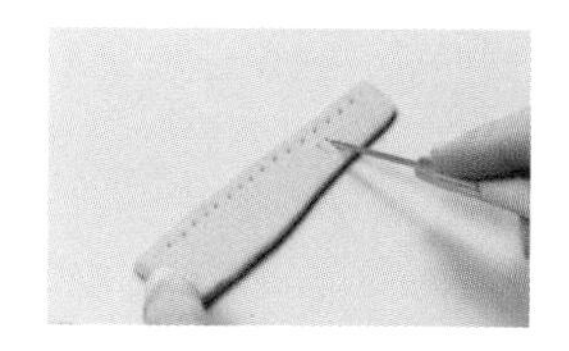

29 取绿色黏土擀成薄片作为手臂，用细节针画出长方形轮廓，再用细节针戳出点状纹理，放在一旁备用。

  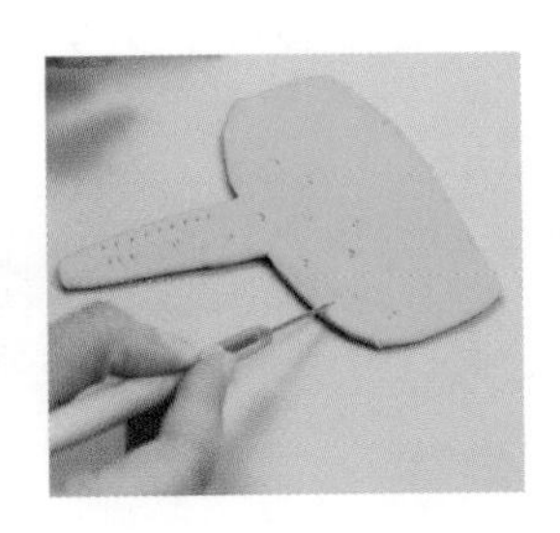 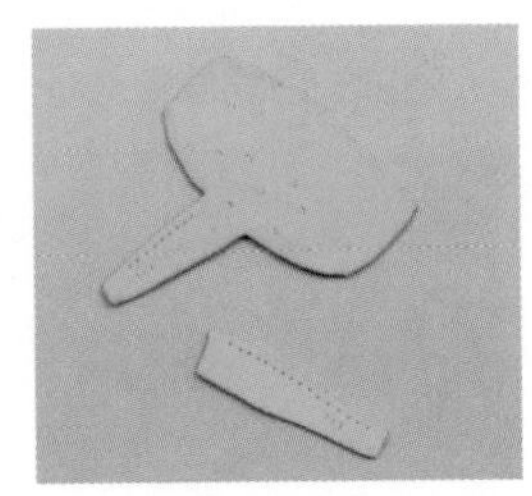

30 取绿色黏土擀成薄片，用细节针在其上画出王子身体的轮廓。去掉多余的部分，然后用细节针在上面戳出点状纹理，放在一边做准备。

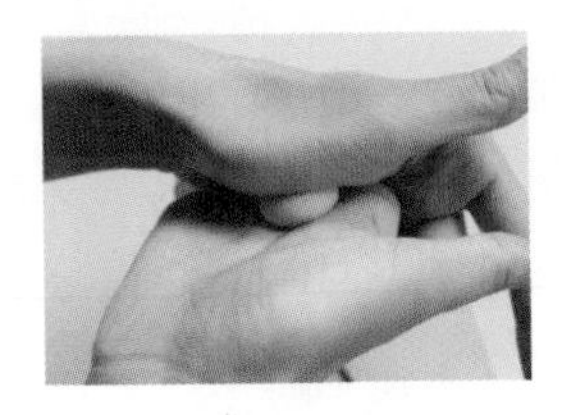 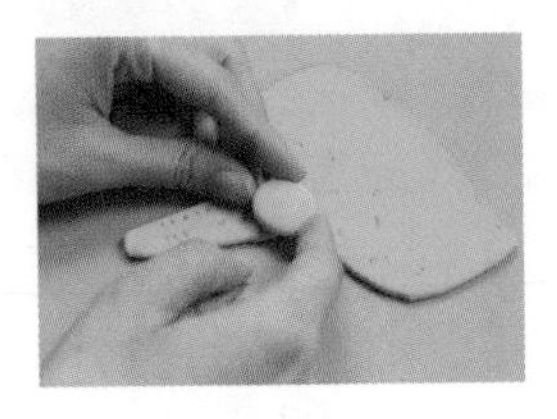 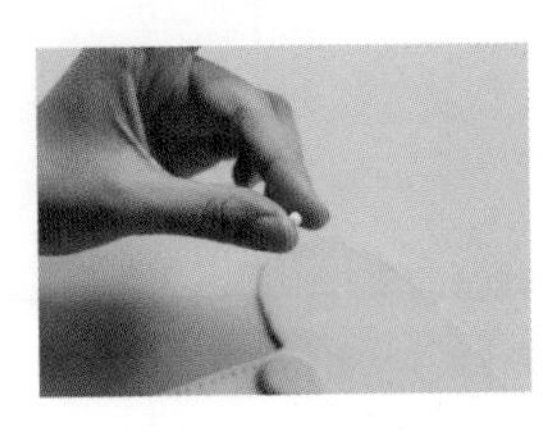 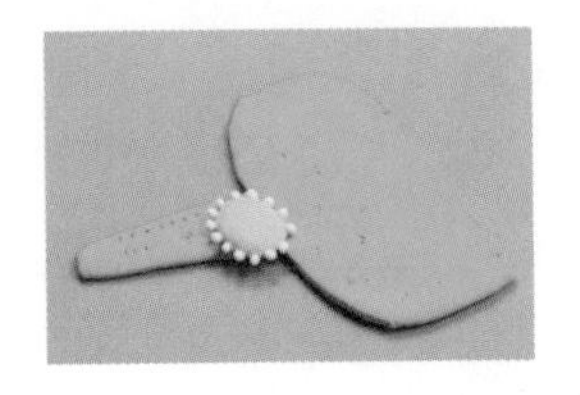

31 取黄色黏土揉成球、压扁，并将黏土粘在身体肩膀的位置。再取白色黏土揉成小球，粘在黄色黏土圆片周围，做成带有白色花边的黄色肩章。

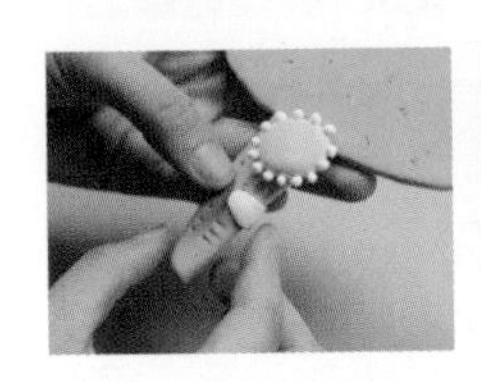 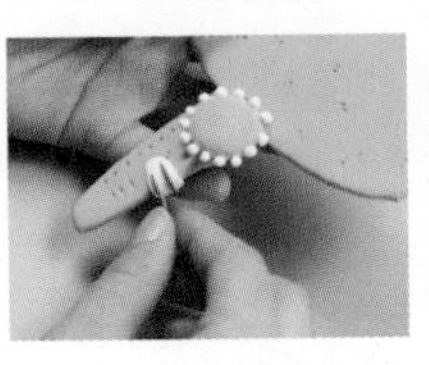 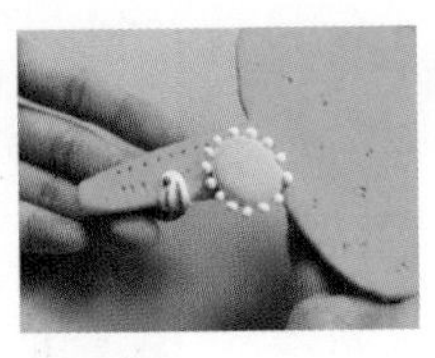 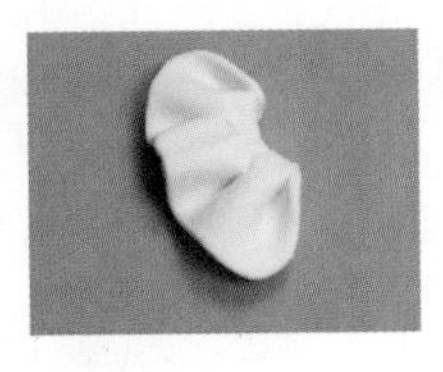 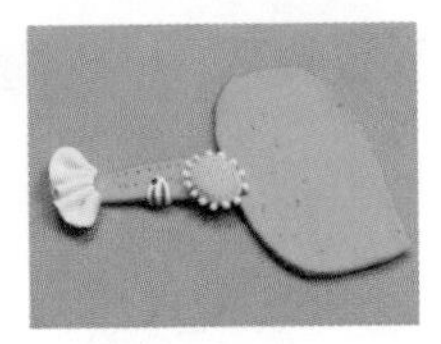

32 在袖子中部粘上一小块白色薄片，在上面粘上用棕色黏土做成的条纹和小圆球，另外准备一个白色黏土做成的翻折成蚕豆形状的袖口并粘在衣服袖口处，袖子就做好了。

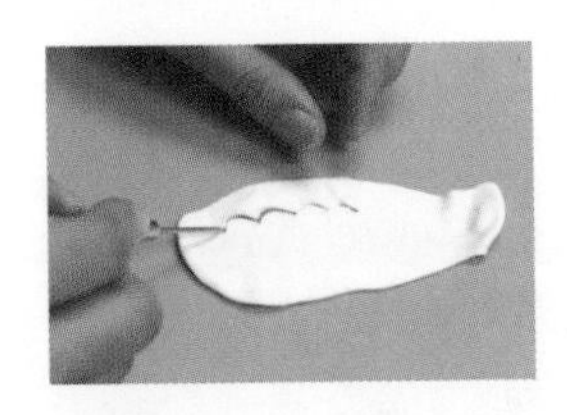   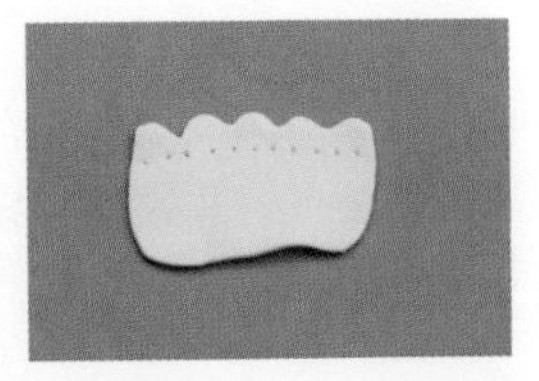

33 取白色黏土擀成方形薄片，用细节针在其中一边划出波浪形，去掉多余部分，再戳一排小孔作为镂空装饰，修整形状，这就是衣领。

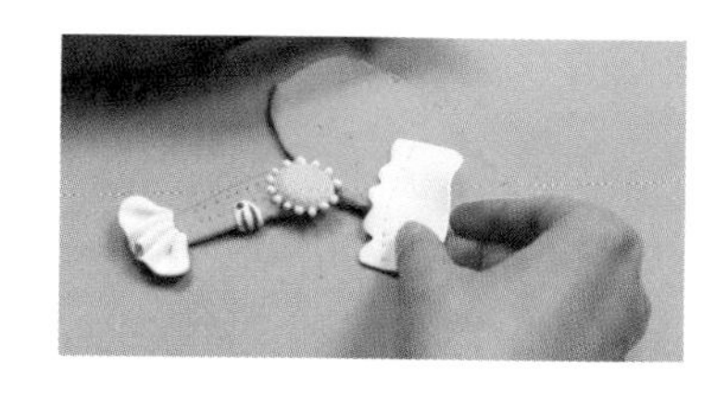
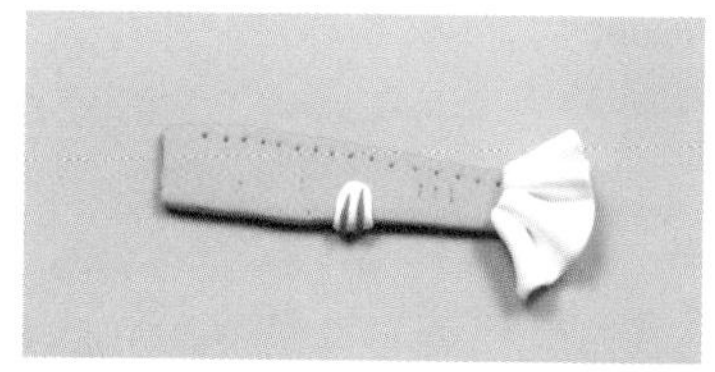
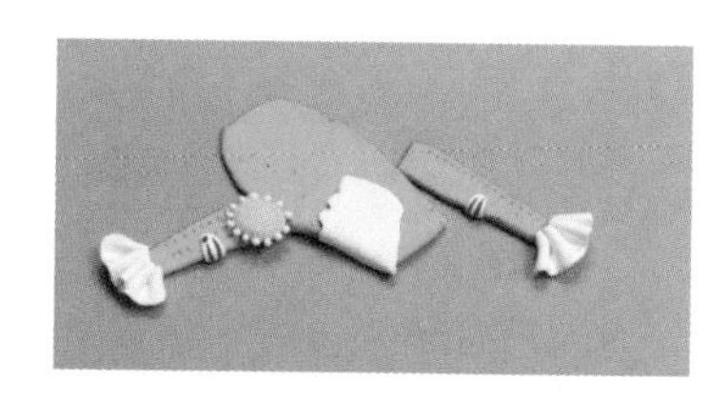

34 将衣领的一半的布料粘在衣服上，将衣领另一半收在衣服背面。按照同样的制作方法做出另外一只单独的袖子，衣服就做好了。

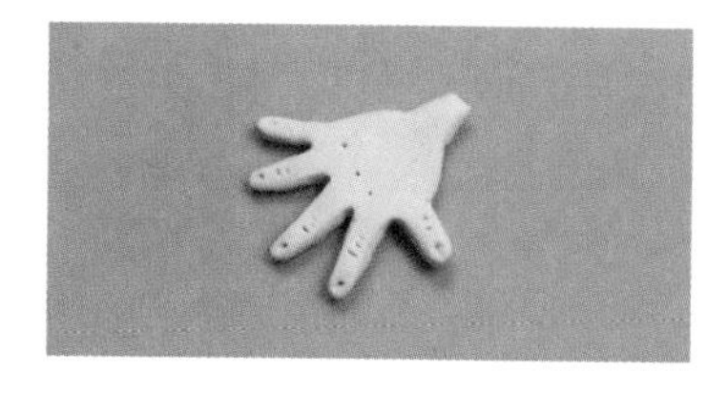
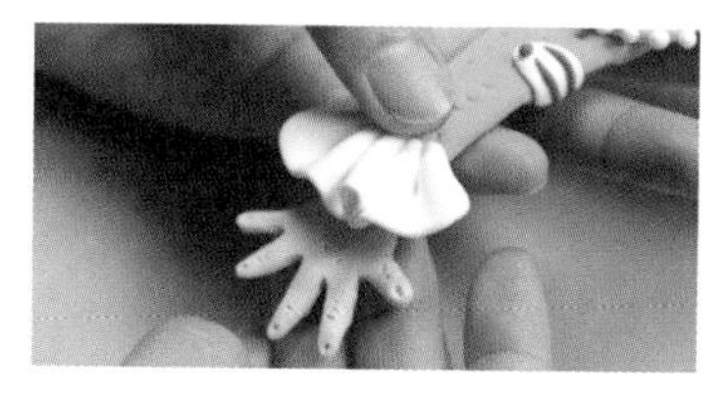
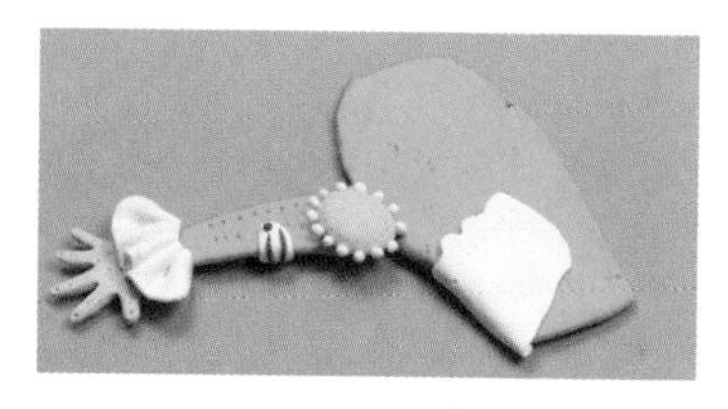

35 准备一只画好纹路和指甲的肉色黏土做成的手掌，把手掌与袖口粘在一起。

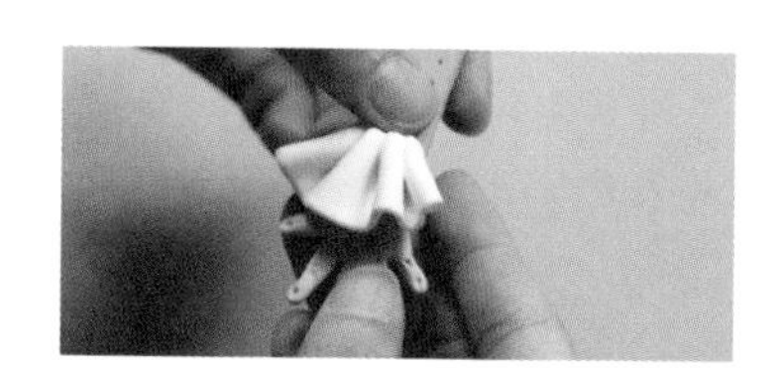
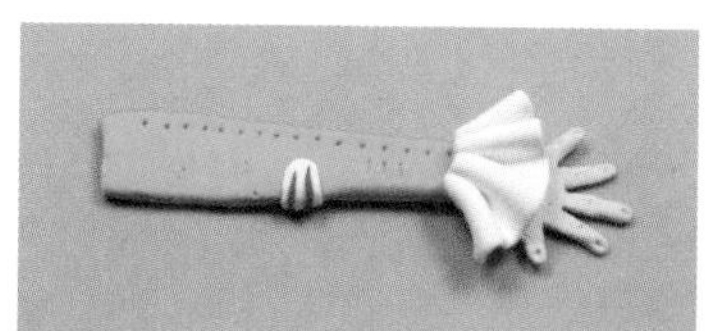

36 再做一只手掌，并将其粘在另一只袖口连接处。

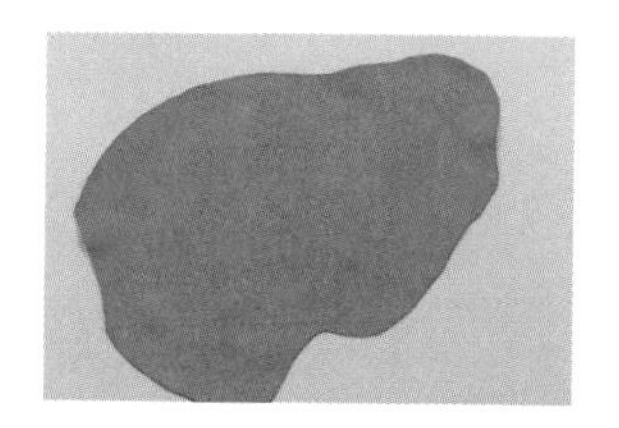
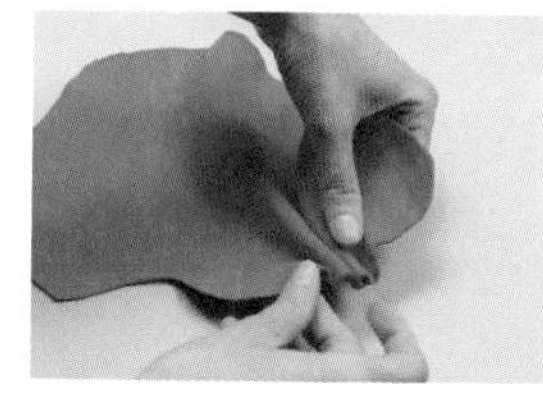
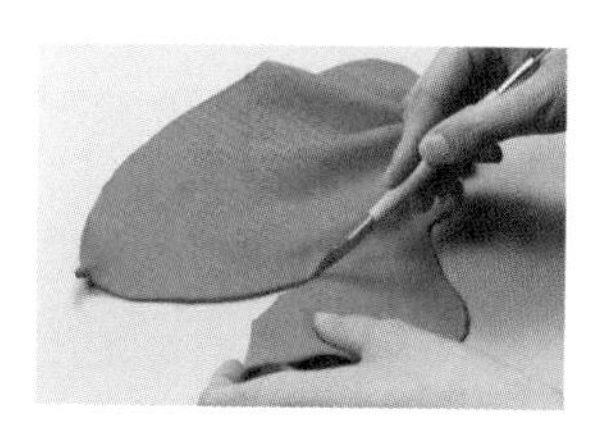
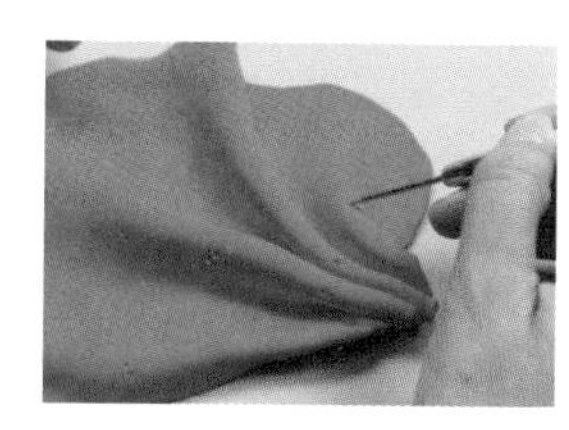
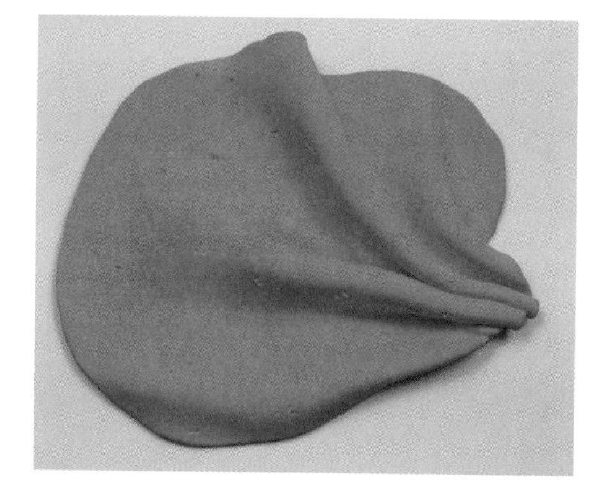

37 取红色黏土擀成薄片，用手指折出褶皱，用细节针划去多余的部分，再戳出点状纹理，这就是披风。

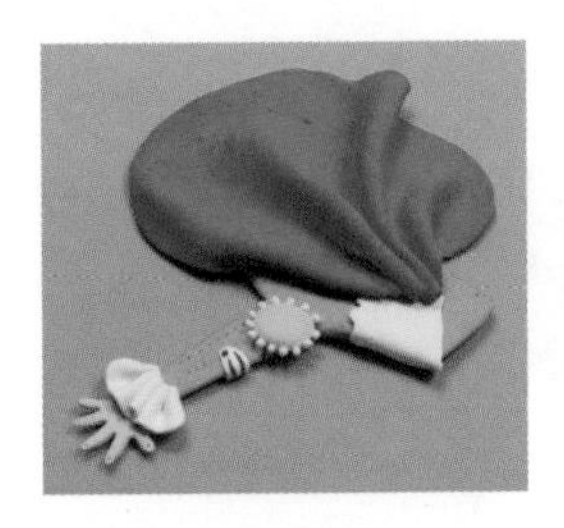
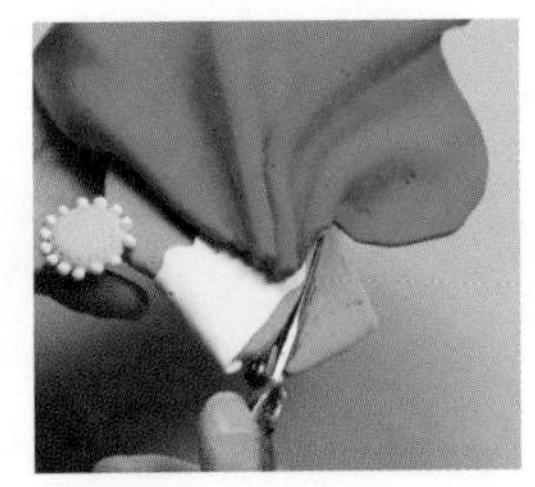
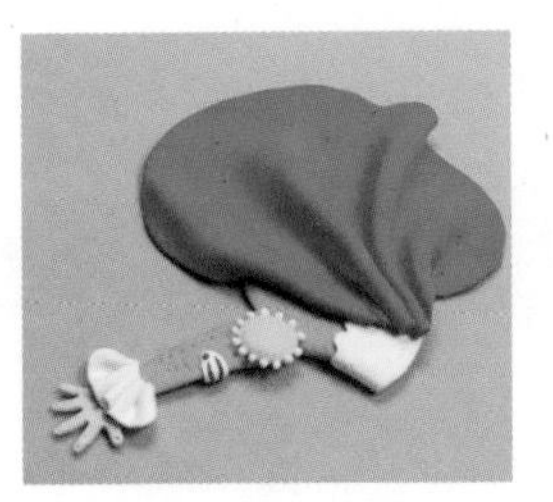
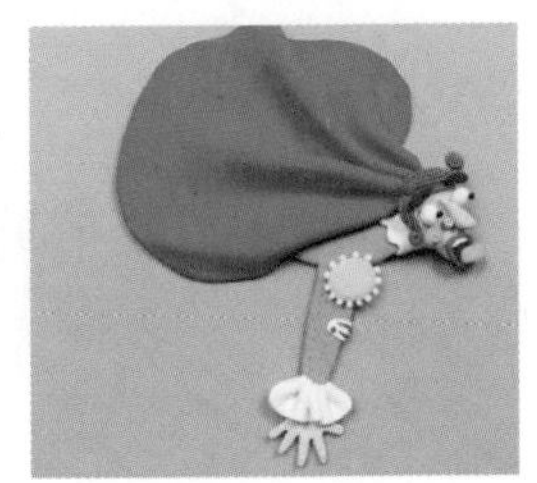

38 把披风的顶端与王子的衣领粘在一起，用剪刀剪去衣服多余的部分，身体就做好了。然后把王子头部与身体粘在一起。

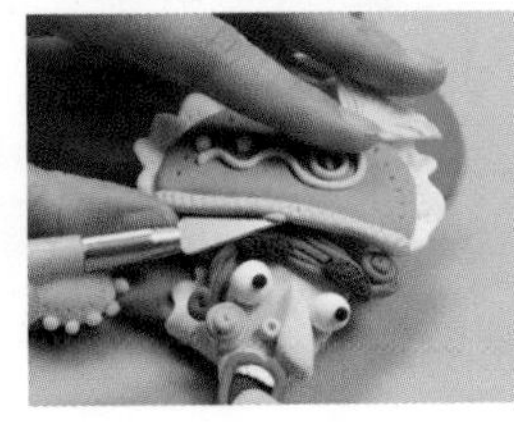

39 将帽子粘在王子头部顶端，用细节针粘一块黄色黏土放在帽檐底部以固定帽子。

制作人鱼公主的身体

美丽漂亮的人鱼公主有一头金色的卷发和明媚的双眸，身上深褐色的鱼鳞闪闪发光，公主敞开双手似乎是想拥抱王子，就让我们开始创作人鱼公主吧！

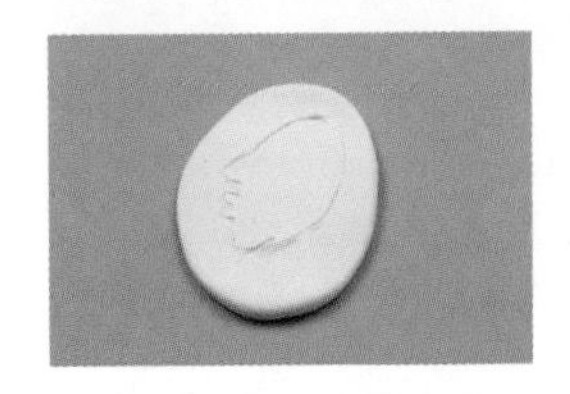

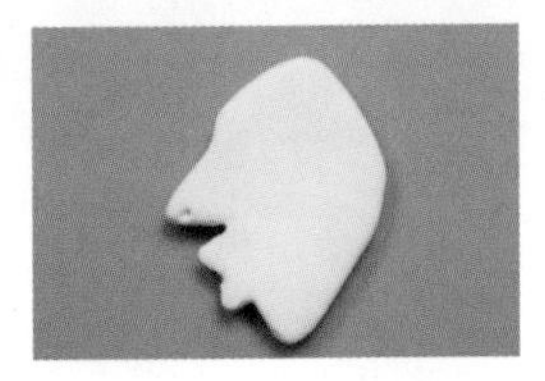

40 取浅肉色黏土捏成圆片，画出人鱼公主侧脸的轮廓，沿轮廓剪出人鱼公主的侧脸，然后用细节针在侧脸上戳出鼻孔。

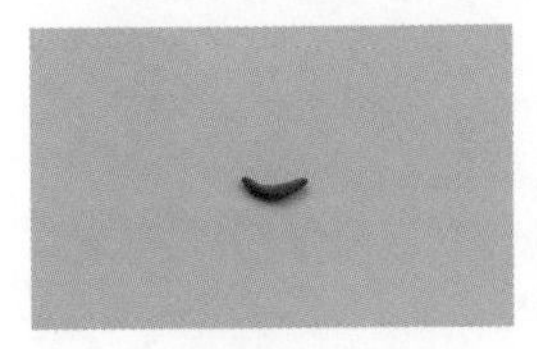
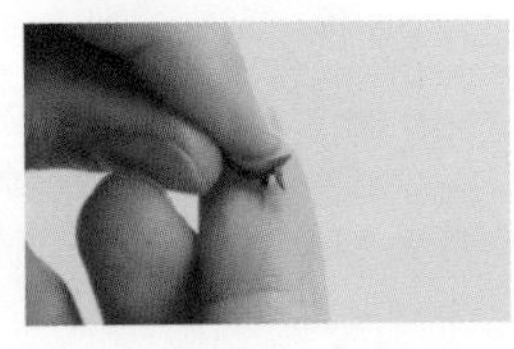

41 取褐色黏土搓一根弯弯的小长条作为闭合的眼睛。再取棕色黏土搓出一些小细条，粘在眼睛上作为睫毛，将粘好的眼睛和睫毛粘在侧脸上。

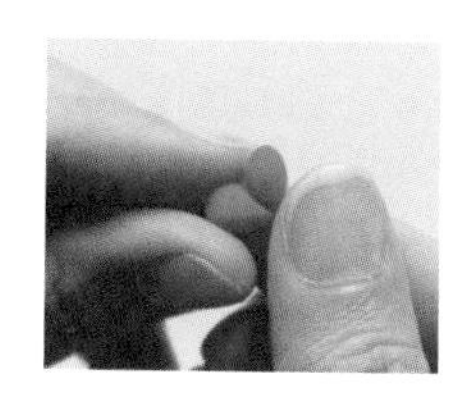
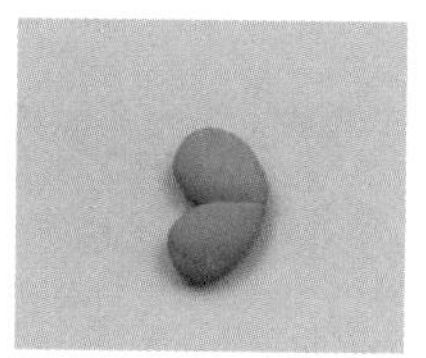
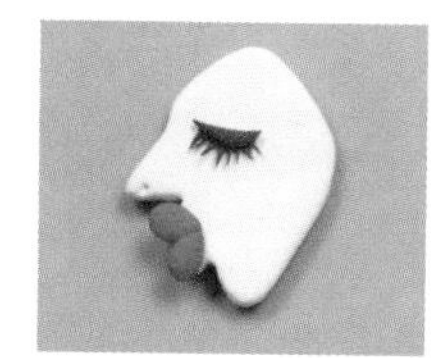
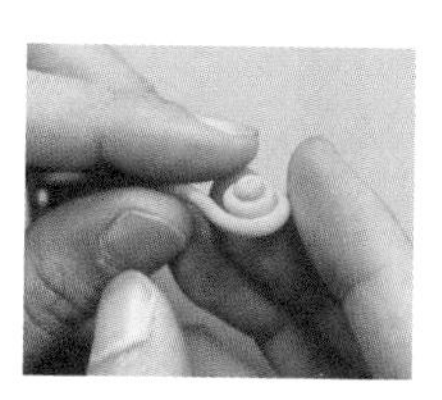
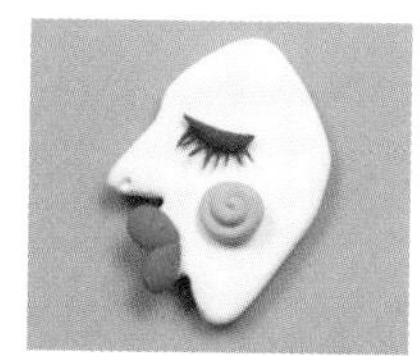

42 取红色黏土捏两个水滴形，并将尖部粘在一起作为桃形的嘴巴，用细节针在嘴巴上戳出点状纹理，然后把嘴巴与侧脸粘在一起，再在侧脸上粘上一朵粉色黏土做成的红晕，侧脸就做好了。

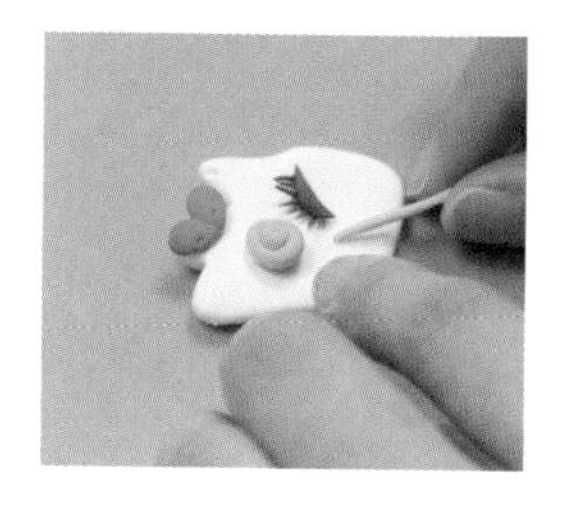
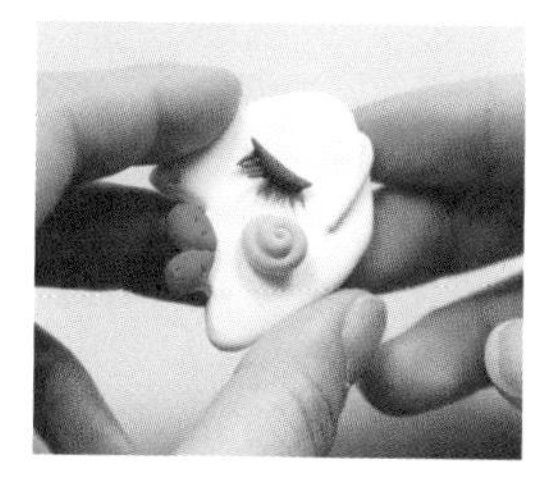
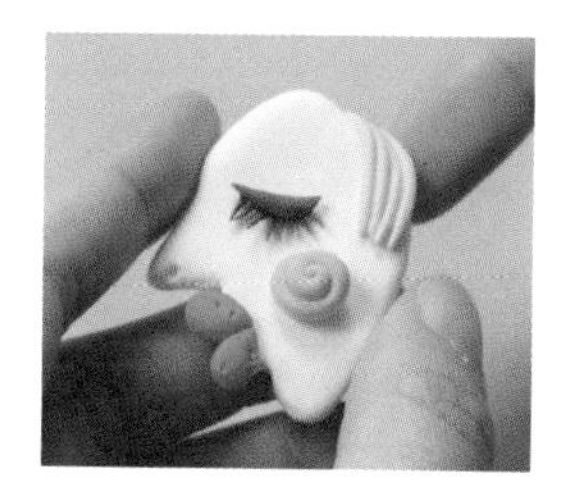
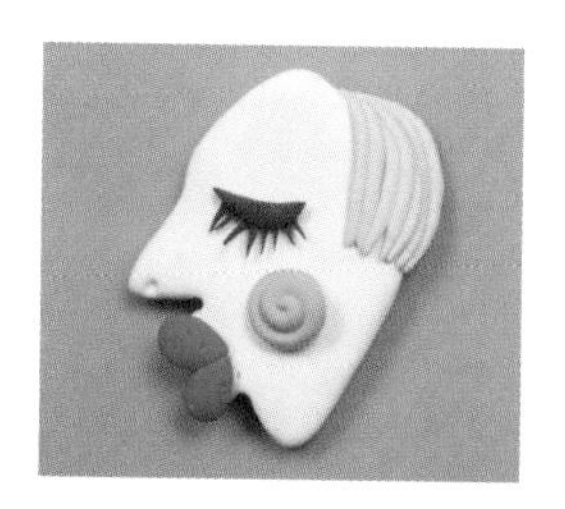

43 取黄色黏土搓出一些细长条，将这些细长条并排粘在人鱼公主头部右侧作为一片头发。

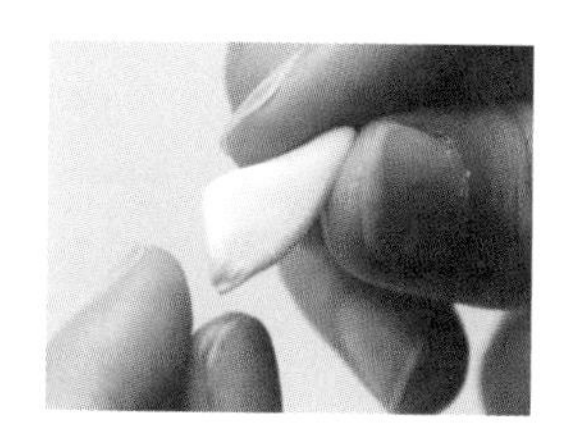
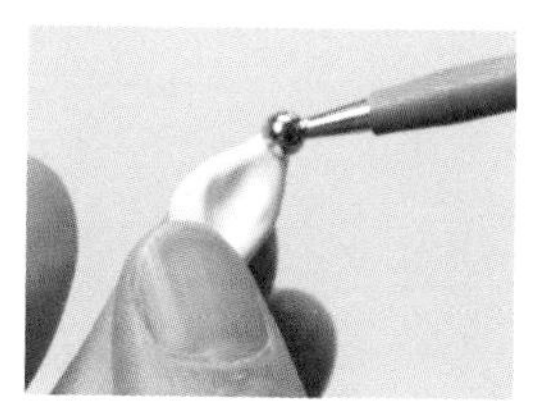

44 取浅肉色黏土捏一个三角形，用丸棒在三角形上压出凹痕，耳朵就做好了。把做好的耳朵粘在头发边缘。

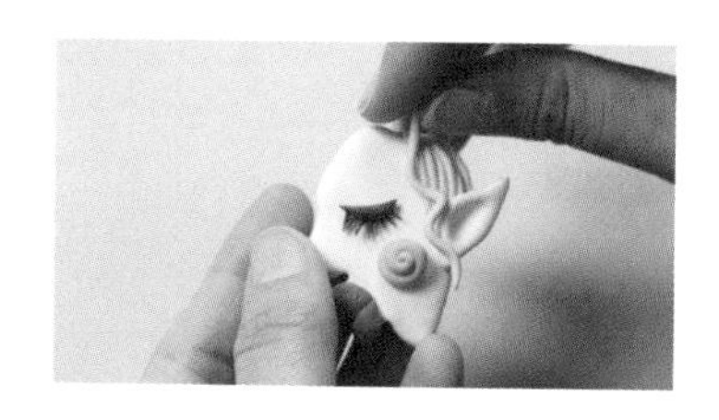
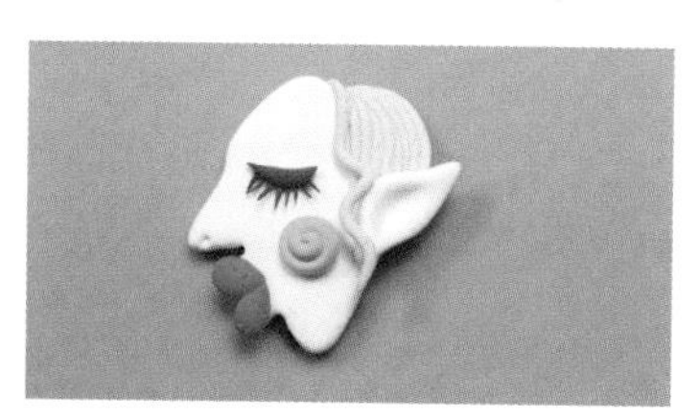

45 取黄色黏土搓一根长条，弯成波浪形粘在耳朵旁边，这样会使发型好看一些。

46 取橙色黏土和黄色黏土搓一些长条，将他们并排粘在一起作为一片头发，把头发粘在侧脸顶端，用剪刀剪去多余部分。

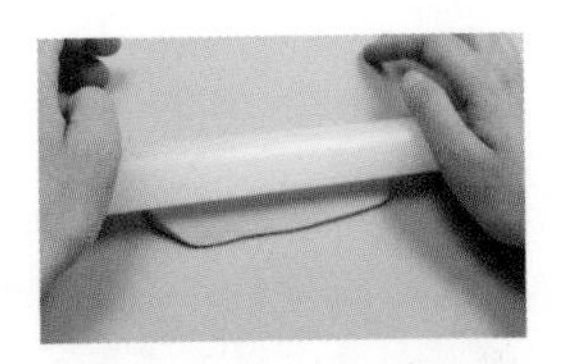

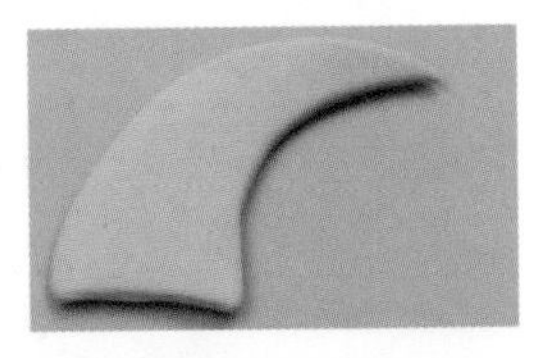

47 取少量蓝紫色和较多白色黏土混合出浅紫色黏土，用擀泥棒将一块浅紫色黏土擀平，并用剪刀剪出半个月牙形作为帽子。

48 取少量红色黏土和较多蓝紫色黏土混合出偏紫红色黏土，将混合出的黏土擀成薄片，用细节针在其上画出带有 4 个尖角的皇冠并将皇冠剪出。

49 用细节针在皇冠边缘戳一些点状纹理，在皇冠尖端粘上黄色黏土揉成的小圆球作为装饰。

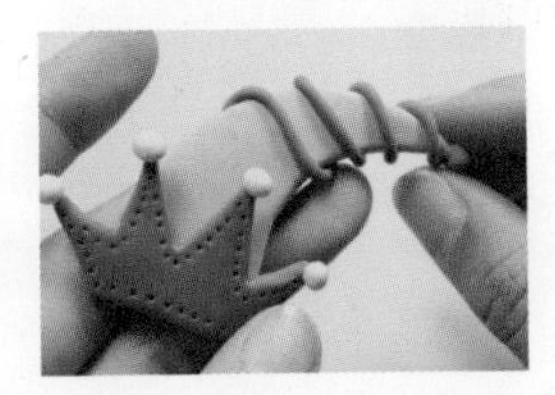
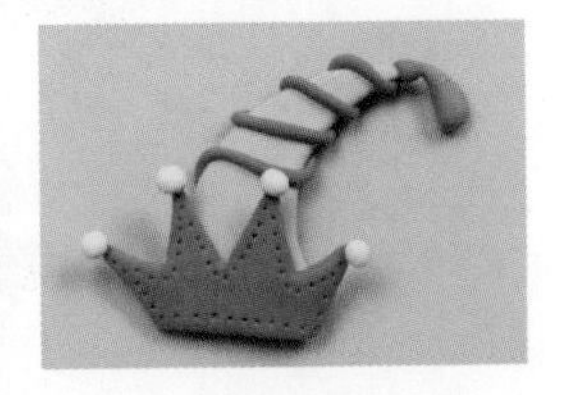

50 把做好的皇冠粘在帽子上，用混合好的偏紫红色黏土搓一根长条缠绕在帽子上，在帽子顶端粘一个蓝紫色黏土做成的水滴形装饰。

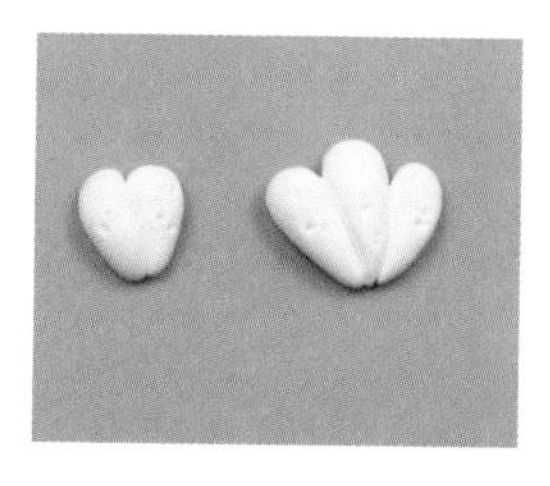  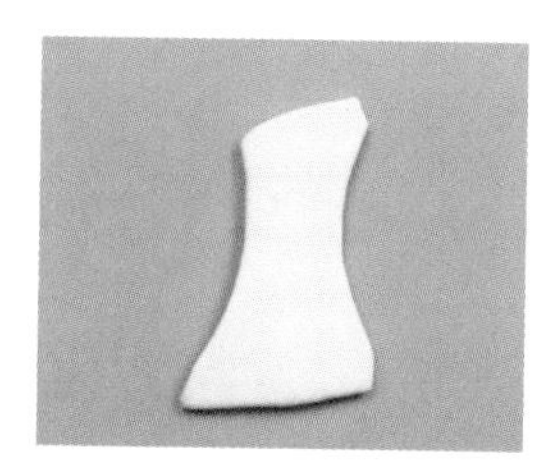 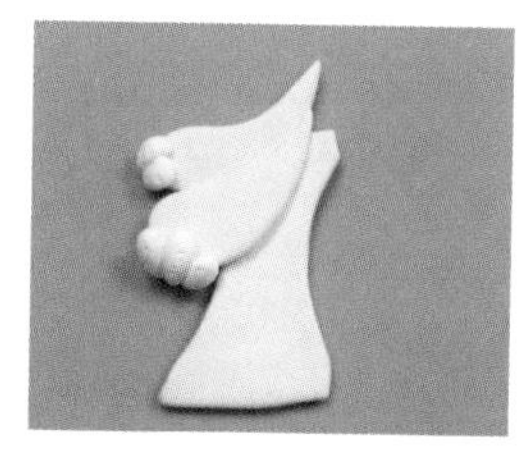

51 取白色黏土捏几个水滴形，将其并排粘在一起拼成两个贝壳，并用细节针戳出点状纹理。再取浅肉色黏土捏两个弯弯的大水滴形，叠在一起作为人鱼公主的胸部。将一个浅肉色黏土擀成的薄片剪成人鱼公主身体的形状。把贝壳粘在胸部，然后把胸部与身体粘在一起。

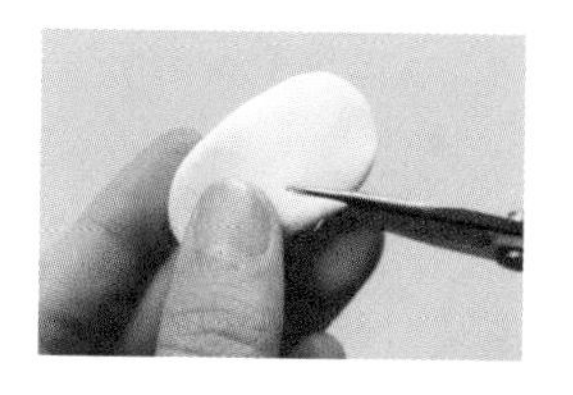 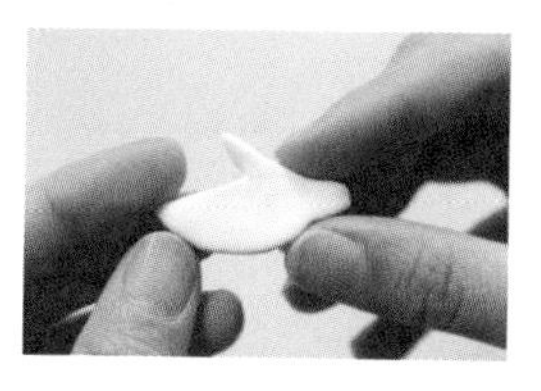 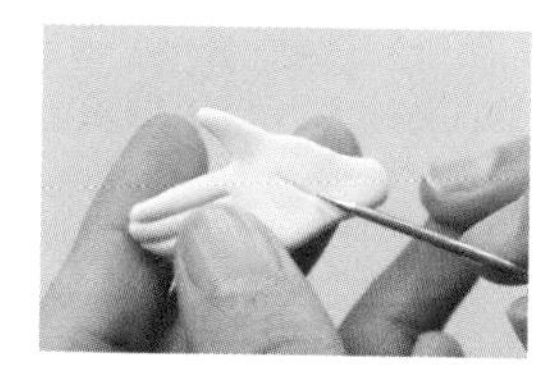 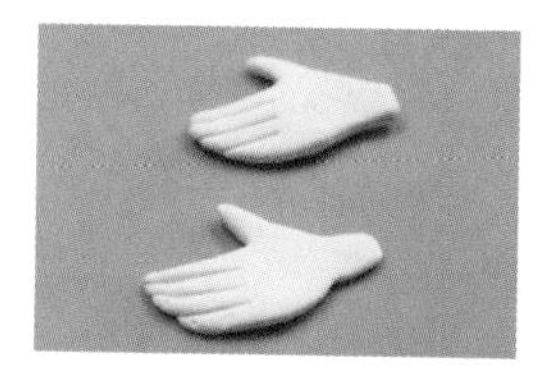

52 取浅肉色黏土捏一个小圆片，用剪刀剪成手掌的形状，然后用细节针在手掌上画出几根手指和纹路，手掌就做好了，用同样的方法再做一只手掌。

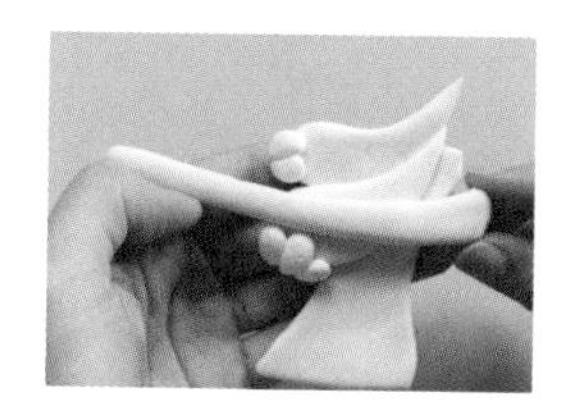 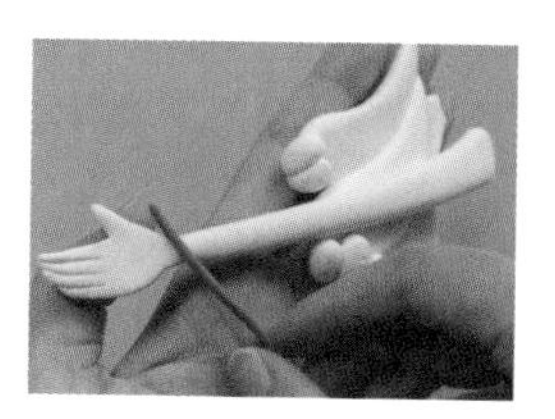 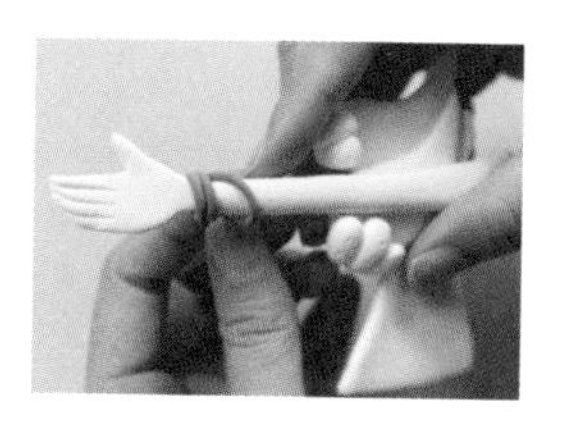 

53 取浅肉色黏土搓一根长条作为手臂，把手掌与手臂粘在一起，然后用紫色黏土搓一根细长条作为丝带缠绕在手掌和手臂的接合处。丝带既可以作为装饰，又可以作为遮挡物遮住手掌与手臂的接缝。

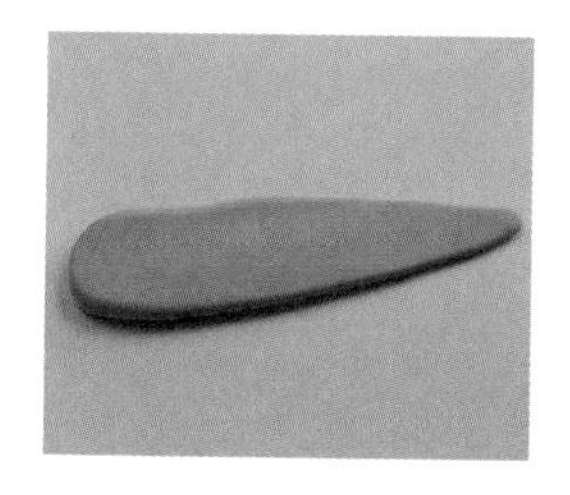 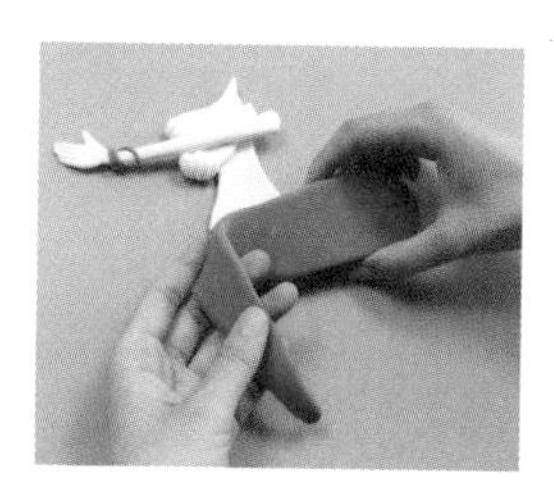 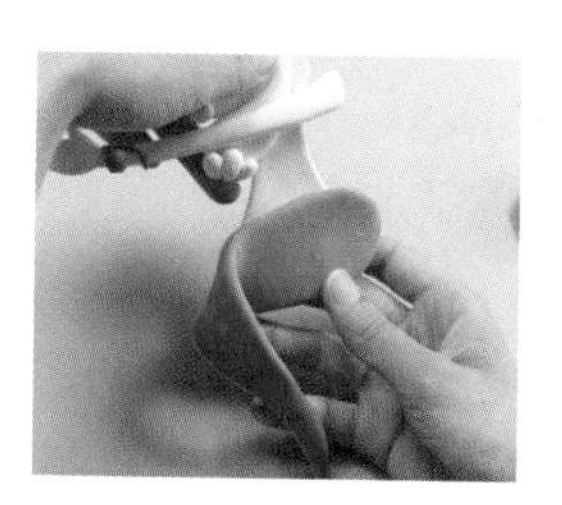 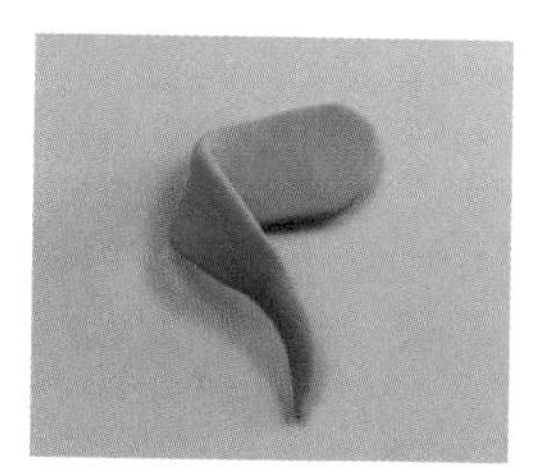

54 取蓝紫色黏土捏一个大的水滴形作为人鱼公主的尾巴。从中间把尾巴向下折一下，显示出尾巴的弧度。

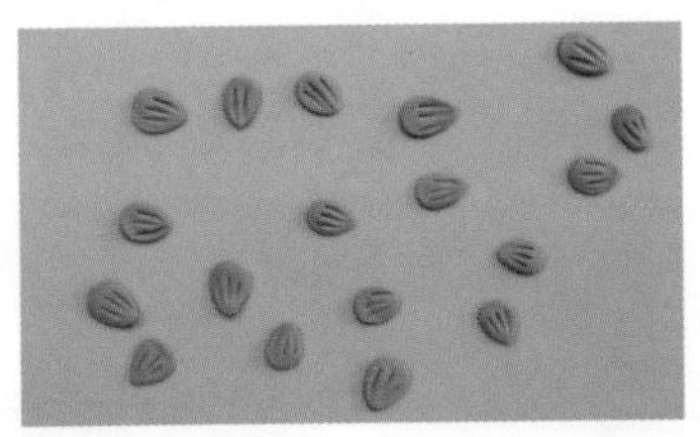

55 取蓝紫色黏土捏一个胖水滴形，用细节针在其上压出两三条痕迹，作为人鱼公主尾巴上的鳞片。用同样的方法多做一些鳞片。

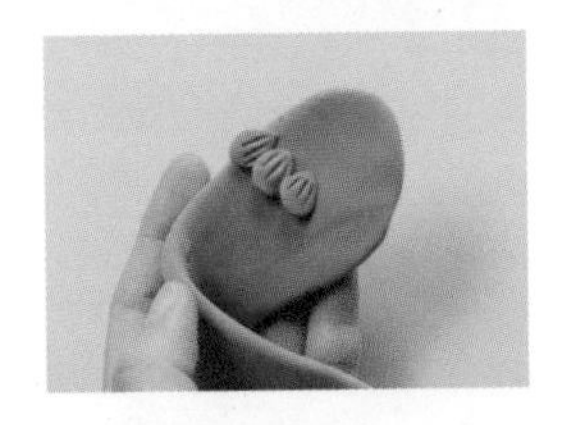
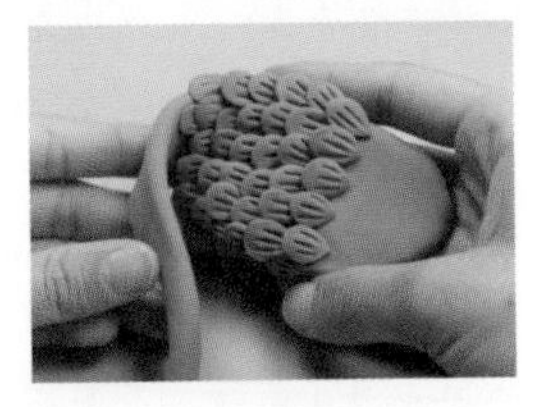

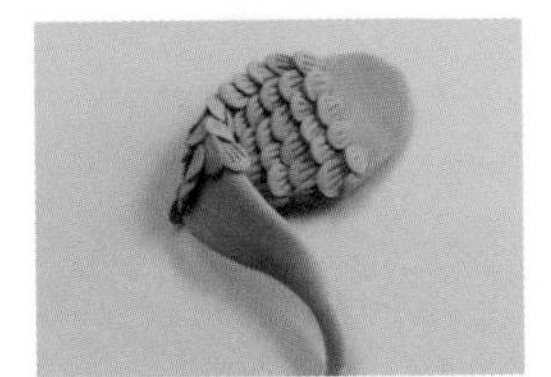

56 把鳞片整齐地、一层一层地粘在尾巴上。

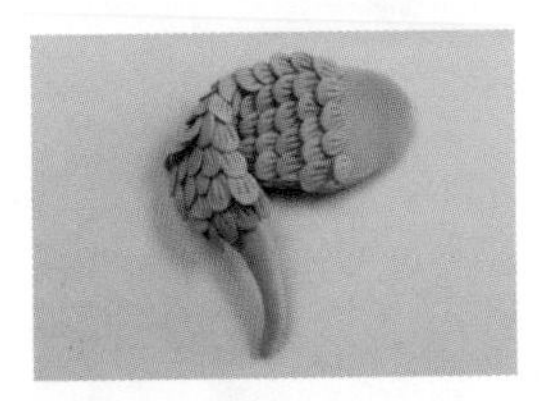

57 取第 126 页 48 步混合出的黏土做一些鳞片，按照上述方法把这些鳞片粘在尾巴上，粘满整个尾巴。

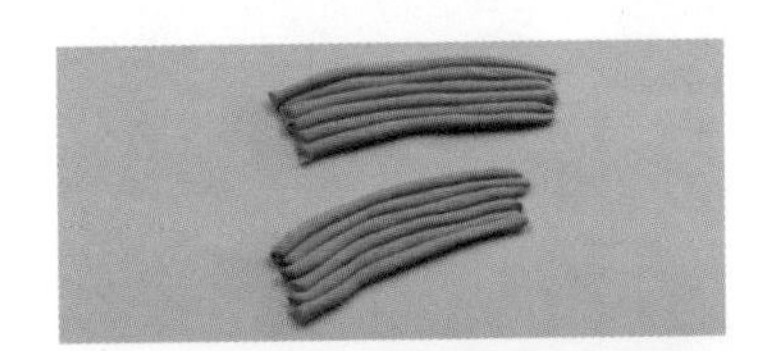

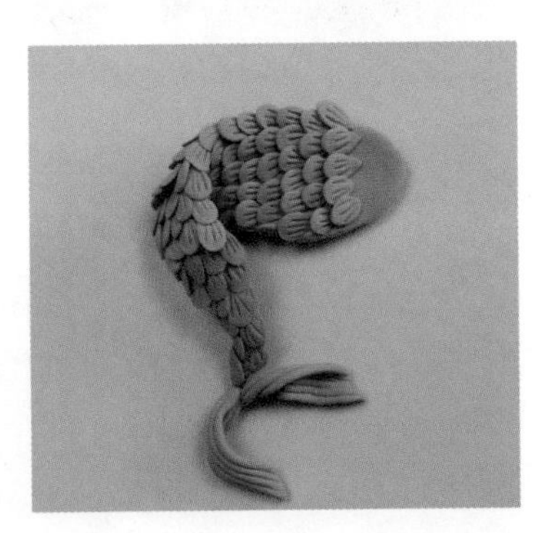
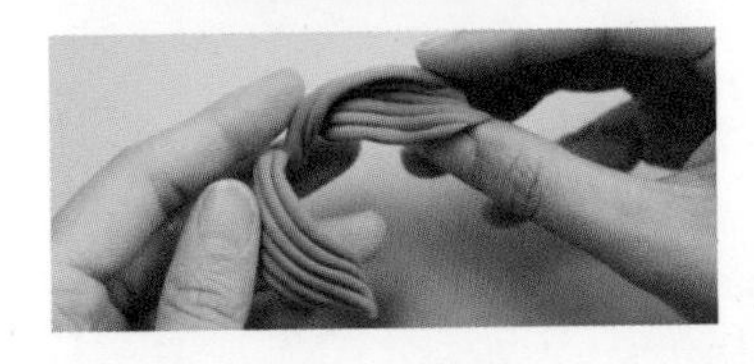
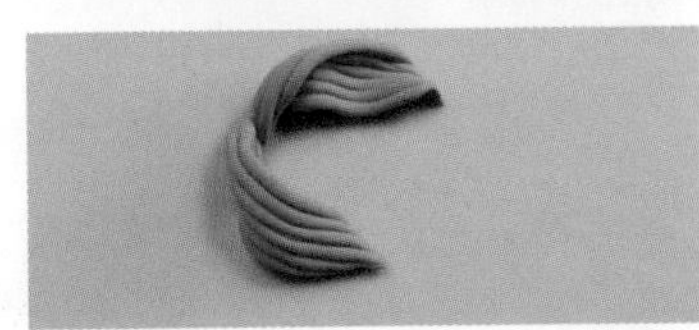

58 取蓝紫色黏土搓一些长条，将其并排粘在一起形成黏土排，做出两段这样的黏土排。用剪刀修剪黏土排的一端，然后将两段黏土排粘在一起并稍微扭几下作为人鱼公主的尾鳍。

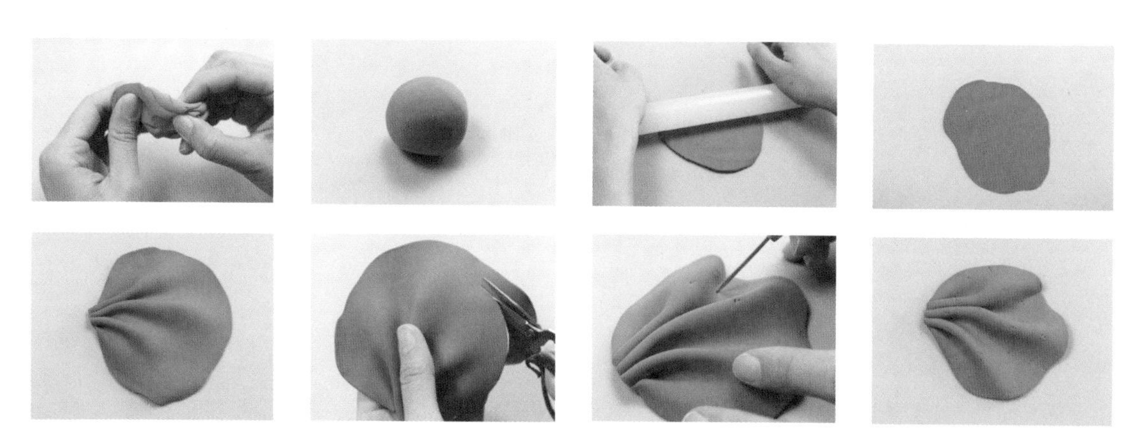

59 取紫色黏土和红色黏土混合出紫红色黏土，将其擀成薄片并捏出皱褶，用剪刀修圆边缘，最后用细节针在其上戳一些点状纹理，小裙子就做好了。

制作飘飘长发

金色的头发如同波浪一般，制作时先用长条组成一条条的带状发片，然后再将发片卷曲组合到一起，波浪卷发就做好了。

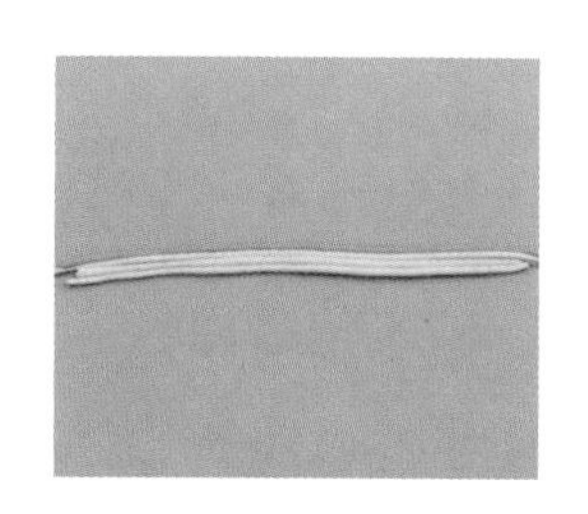
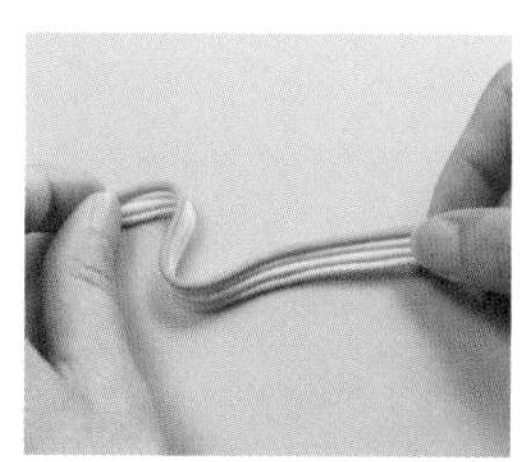
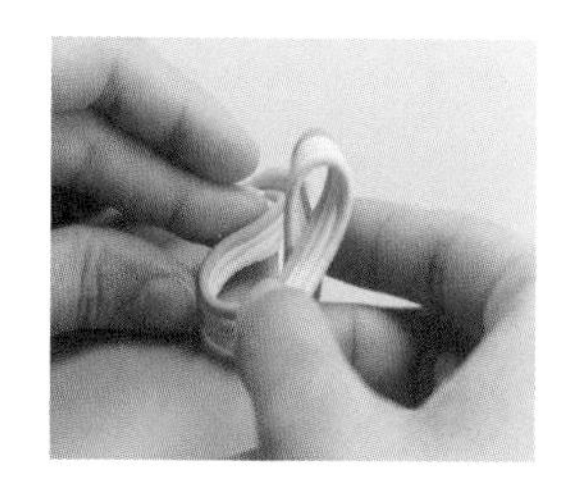
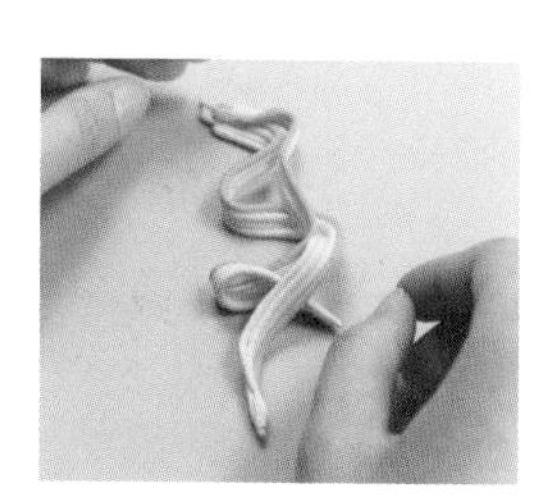

60 取橙色黏土和黄色黏土搓一些细长条，并排粘在一起做成带状发片，三四根细长条为一片，将其扭成波浪形。

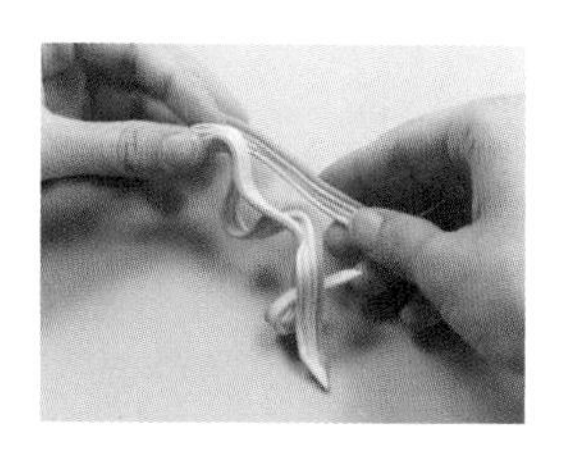
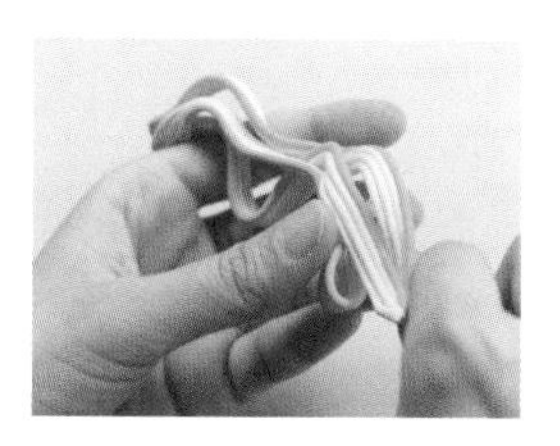
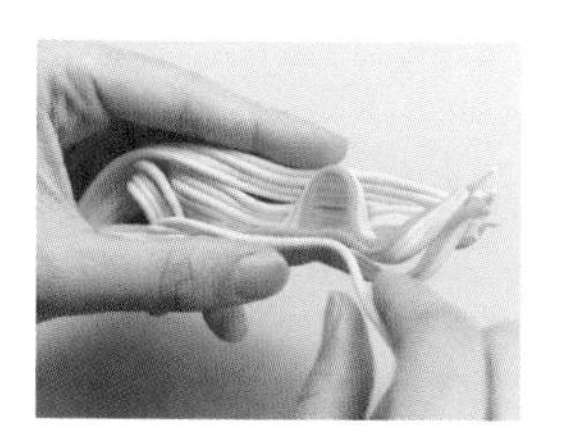

61 做出多个同样的带状发片，然后随意地弯曲组合在一起，做出金灿灿的波浪卷发。

62 把做好的波浪卷发与头部粘在一起，注意叠放层次。

拼合人鱼公主

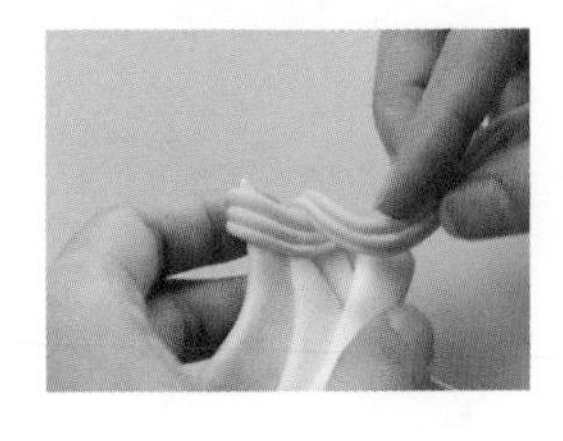 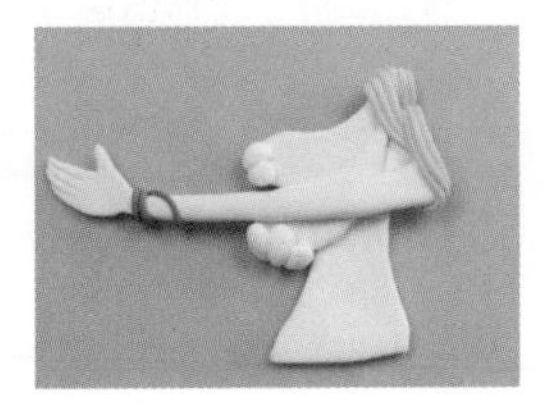  

63 取黄色黏土搓成长条做成脖子附近的头发，并与身体粘在一起，然后把头部与身体粘在一起。

 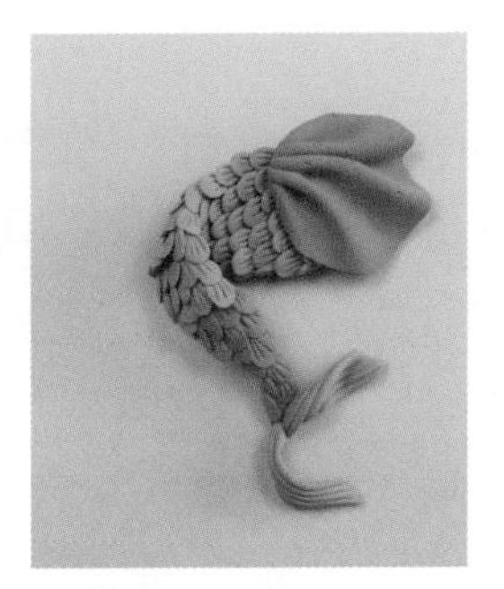  

64 把小裙子粘在尾巴上，然后把帽子粘在人鱼公主头部顶端，最后把身体与尾巴粘在一起。

制作背景板

65 用木片棒在画框底板上抹匀胶水，把黄色不织布粘在画框底板上，背景板就做好了。

制作小装饰物

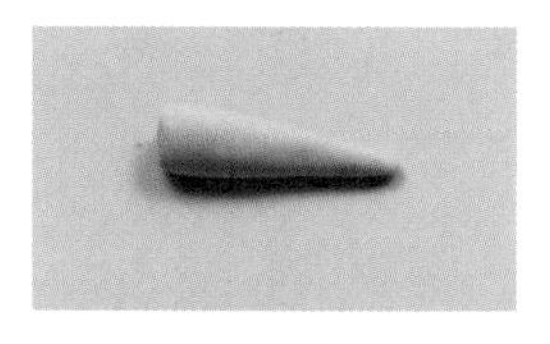 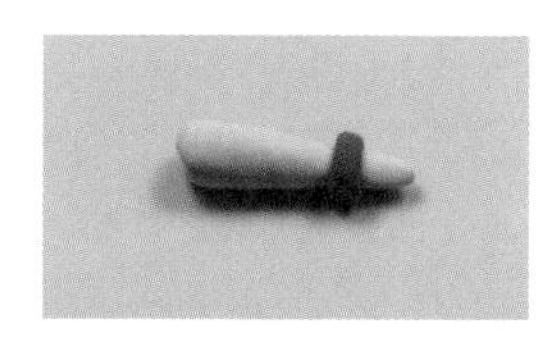 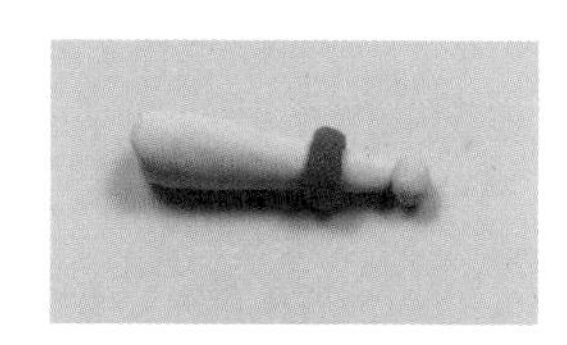 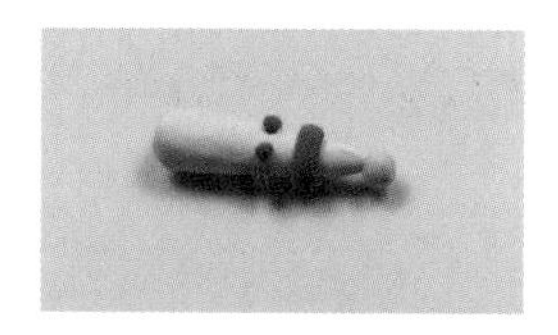

66 取灰色黏土搓一个圆锥体，取棕色黏土捏成条状薄片并在圆锥体中间靠细头的位置绕一圈，再取黄色黏土揉成小球，粘在细头顶端。最后取棕色黏土揉成小球，绕圆锥体中部粘一圈，这是望远镜的核心部分。

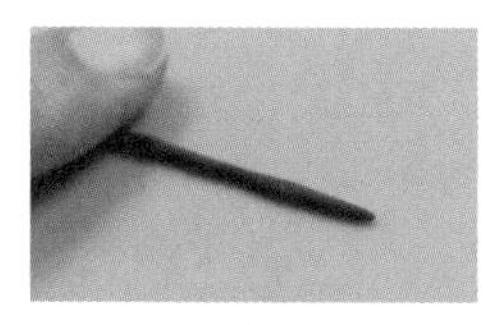 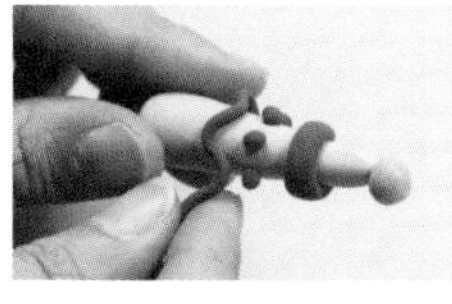 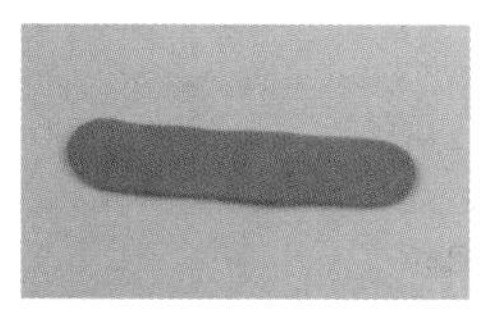 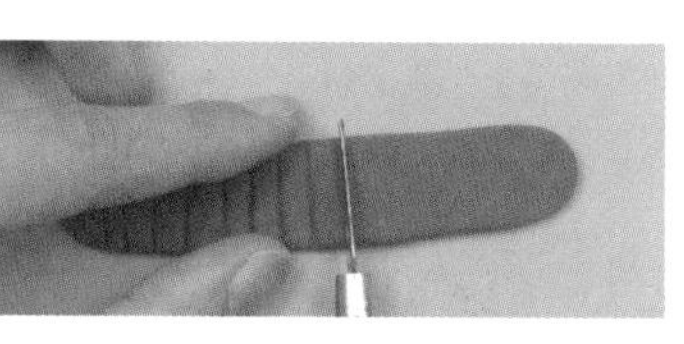

  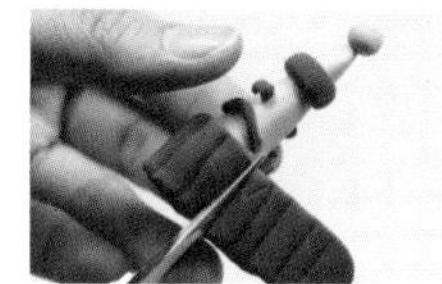 

67 取棕色黏土搓成细条，呈波浪状地绕望远镜筒中央一圈。再取棕色黏土擀成长条片，用细节针在上面压出纹路，绕着望远镜筒粗的一端围一圈，然后用剪刀剪去多余部分，望远镜就做好了。

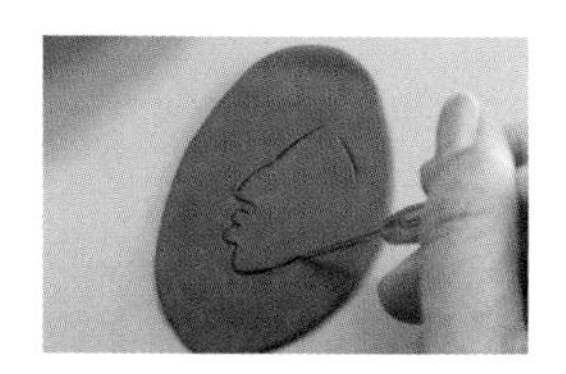 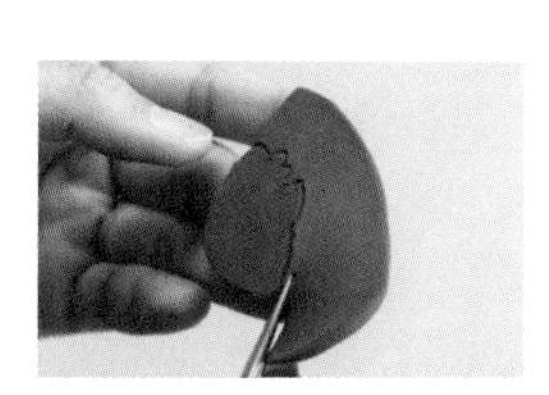 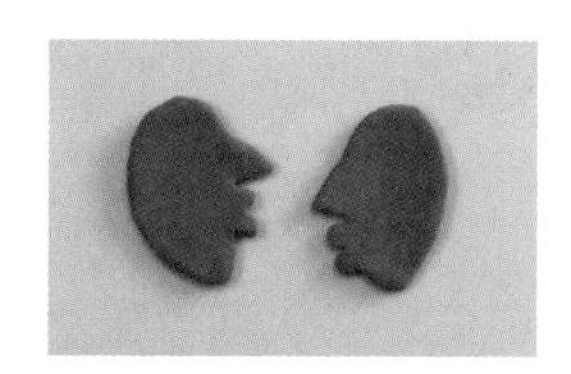 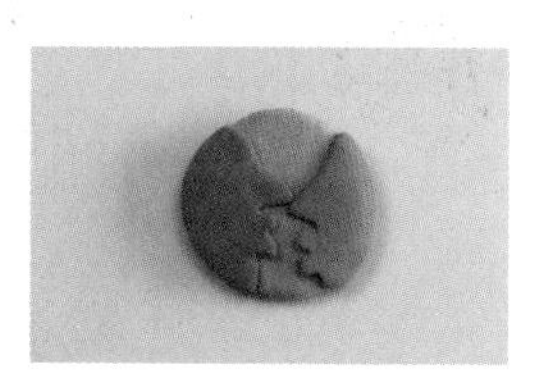

68 取棕色黏土擀成薄片，用细节针在上面画出脸的形状，再用剪刀剪下来，做两个相对的脸。取卡其色黏土做成圆片，将两个脸对立着贴上去，路牌底板就做好了。

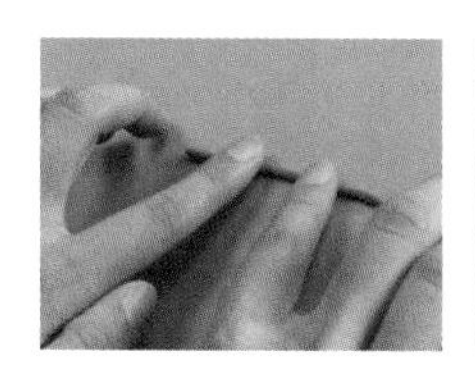  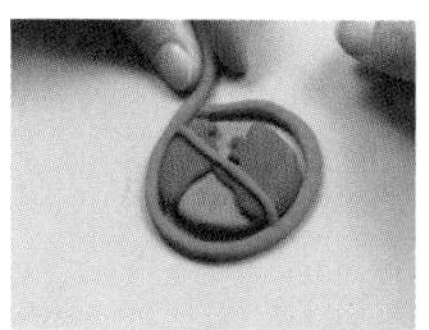 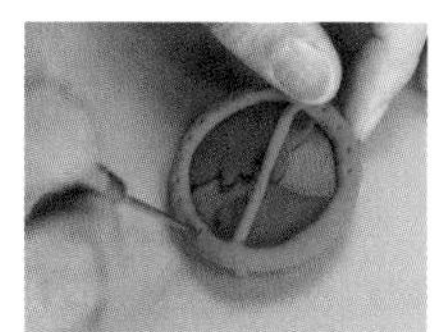 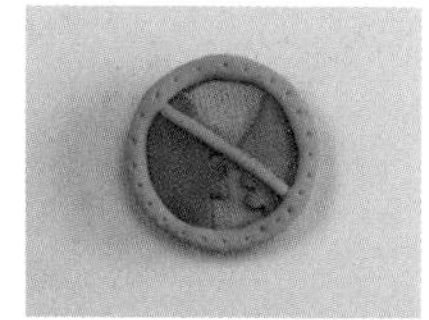

69 取红色黏土搓成长条，将长条从左上到右下斜着贴在路牌底板上，再搓一根粗一点的长条沿路牌底板边绕一圈，用细节针戳出纹理，路牌主体就做好了。

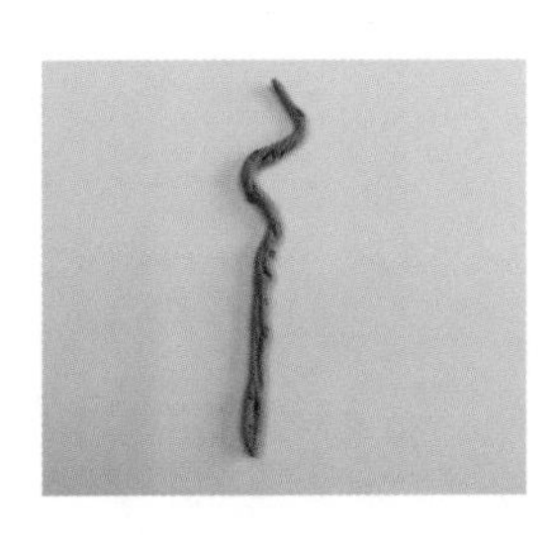
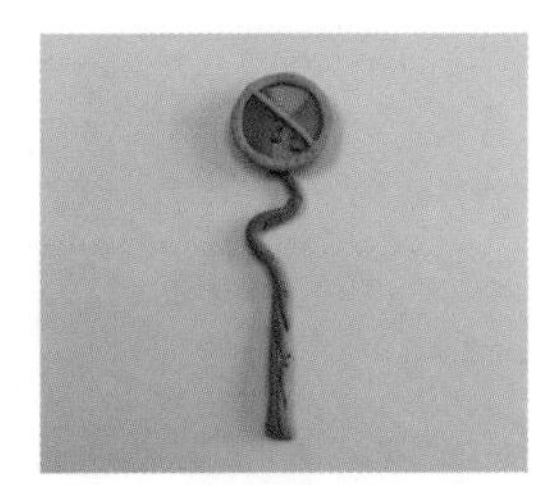

70 取棕色黏土搓一根细长条，将其顶端弯曲成“S”形作为路牌的杆；用细节针在杆上刻出纹理；再将路牌粘贴到杆顶部，一个完整的路牌就完成了。

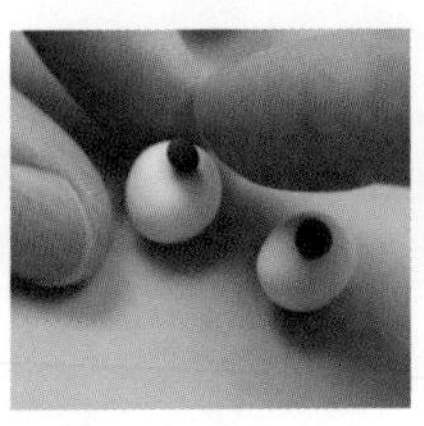

71 先取红色黏土揉成圆，再轻轻地压扁作为螃蟹身体。取白色黏土揉两个小圆球，并在白球中间各粘一个小黑色黏土球做螃蟹眼睛。再取白色黏土做一片水滴形薄片当嘴巴。将眼睛粘在身体顶部，再将嘴巴粘到眼睛下方。

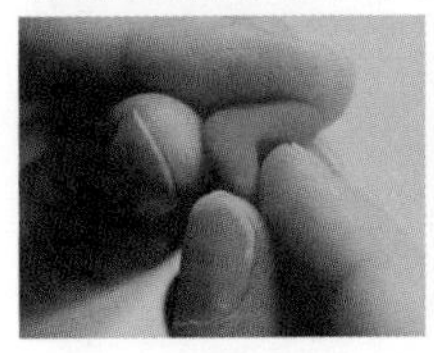
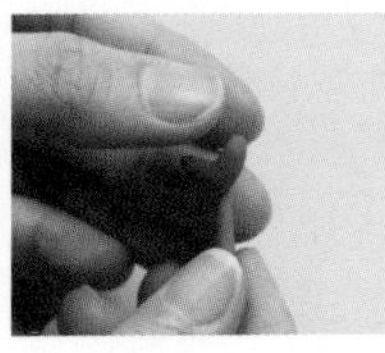
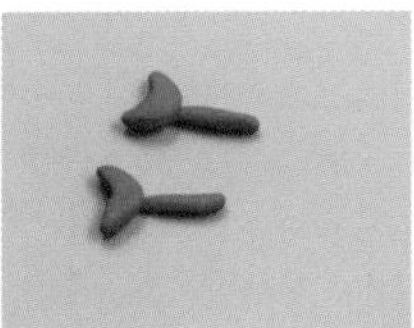

72 螃蟹的大钳子由心形和细长条组成，用红色黏土做两颗心形和两条细长条；将心形底部与长条粘在一起，再将其粘到螃蟹身体两侧，注意位置偏上些。

73 取红色黏土捏成水滴形，将尖头粘在螃蟹身体下侧作为另外的腿，小螃蟹就做好了。

注：这里为了整体形态的可爱，螃蟹腿只做了一对。而实际的螃蟹有 4 对腿，大家要记牢。

安装黏土画

将黏土按照预定的位置摆放好，再加点小装饰，一幅生动有趣的人鱼公主黏土画就完成啦！

74 把所有的部件晾干之后就开始安装黏土画了。先把海水和木船粘在背景板上，注意海水要粘在最外层。

75 将人鱼公主、王子，以及剩余小装饰一一摆出，方便设计黏土画最终的画面。人鱼公主与王子需要有互动，让画面形成故事情节：王子从船上头向下坠落，人鱼公主面对王子敞开怀抱去迎接，这便是主角的故事。

76 小鳄鱼、小螃蟹、小热带鱼在海水中看热闹，白云在空中安静飘过，桅杆和路牌静静地矗立；在装框之前可用白色黏土搓条做一些小圆圈作为气泡，让画面灵动起来 最后装框。

注：小鳄鱼做法参考第 141 ~ 142 页；小热带鱼做法参考第 41 ~ 44 页；白云做法参考第 35 ~ 36 页。

第5章
创意篇3
发挥想象力去创作吧

谁都有生活的权利，谁都可以创造一个属于自己的缤纷世界。只要热爱生活、热爱生命，就能够用自己的双手去创造未来。这里有英俊的鳄鱼小王子，有豪华的晚宴……这都需要你亲自动手去创造，去发现其中蕴藏的美。来吧，和着小美老师一起进入创造的世界吧！

5.1 这个英俊的男孩没准是鳄鱼小王子呢

小王子是一个艺术家，他去哪儿都会带着他的小鳄鱼，他最喜欢的食物是胡萝卜。他们最喜欢做的事情除了摘星星，就是一起发呆。

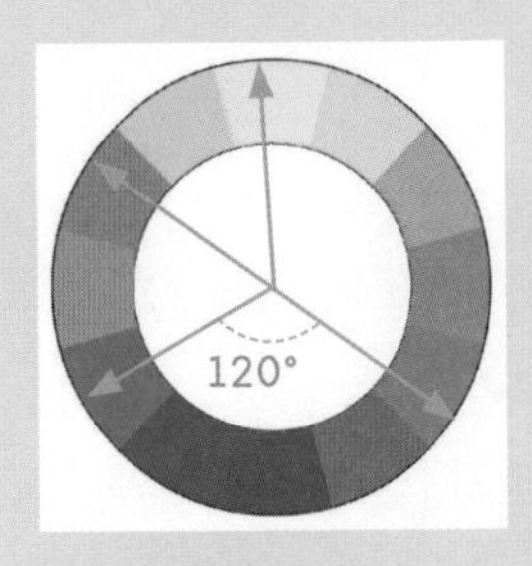

色彩分析时间

这幅黏土画的背景为黑色，黑色能够让小王子看起来更加立体。小鳄鱼是绿色的，那么就用红色的帽子来衬托它，这样可以形成强烈的对比。而黄色会让画面变得金闪闪的，能凸显小王子高贵的气质。

脑洞大开

创想开始

1 小王子应该有王冠、宫廷服装和欧式卷发。

2 小王子穿着华丽的礼服，有一个粉嫩的脸蛋。

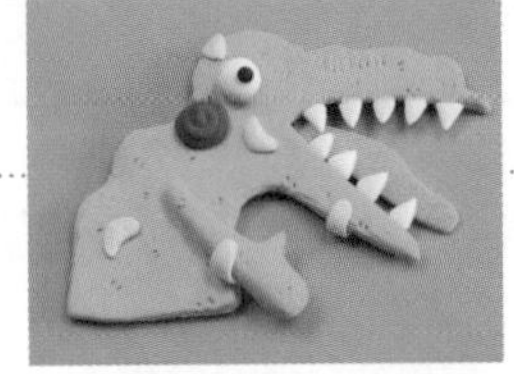

3 小王子的好朋友是小鳄鱼，它把小王子的帽子当成了家。

要突出鳄鱼小王子的特点，就要放大小鳄鱼元素，同时还要加入滑稽有趣的元素。

4 华丽多彩的装饰让小王子变成了时髦的艺术家，不要忘了他最爱的胡萝卜哟。

重点提示：纹样拼贴的技巧

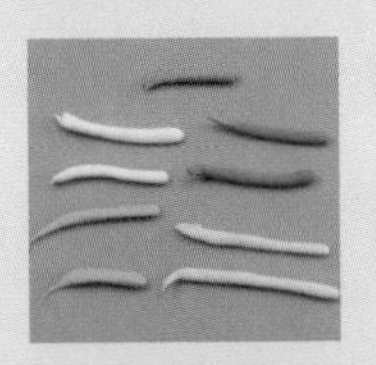

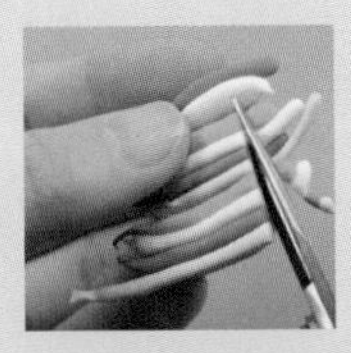

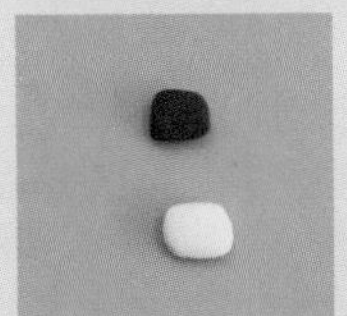
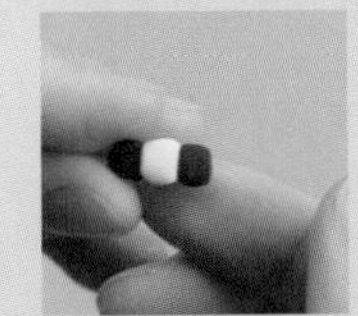
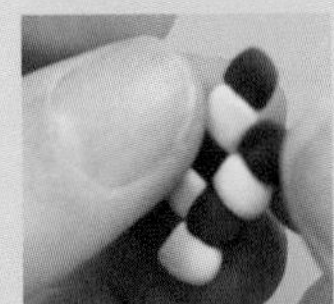

服装上装饰的拼贴方法多种多样。最简单的方法就是将颜色不同、形状相同的黏土交错着拼在一起，然后做成简单的装饰。

准备材料和工具

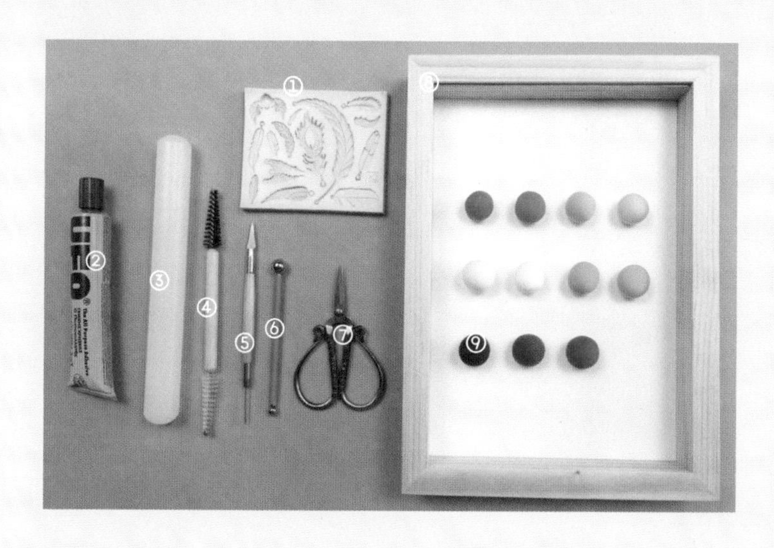

① 羽毛硅胶模具

② 胶水

③ 擀泥棒

④ 刷子

⑤ 细节针

⑥ 丸棒

⑦ 剪刀

⑧ 画框（210mm×297mm）

⑨ 各色黏土（红色、橙色、粉色、黄色、肉色、白色、绿色、翠绿色、黑色、褐色、深蓝色）

制作小王子帅气的脑袋

鳄鱼小王子有着大眼睛、粗眉毛和一个大鼻头，另外他还长着一头卷发。

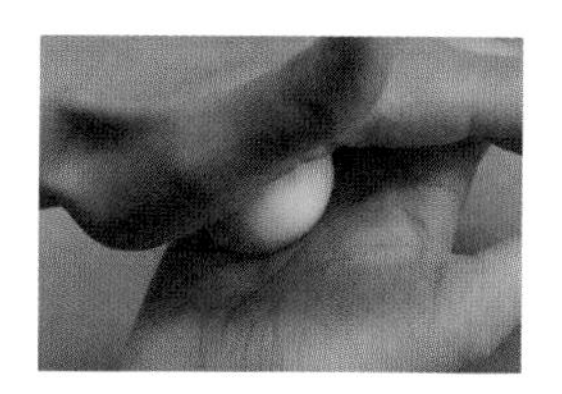

01 取肉色黏土捏成圆形，然后用手指捏出一个鸡蛋的形状作为小王子的脸部。

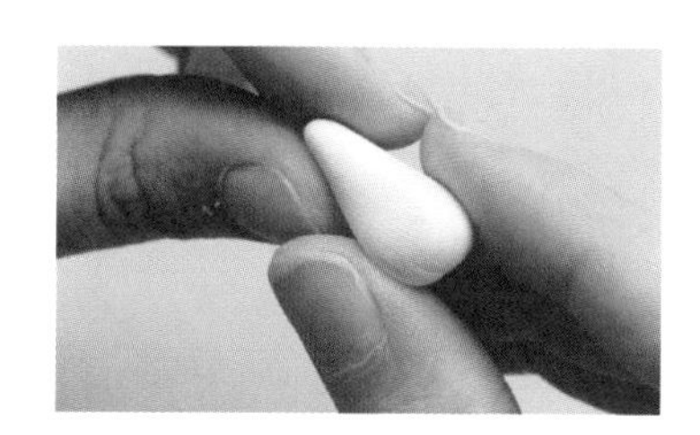

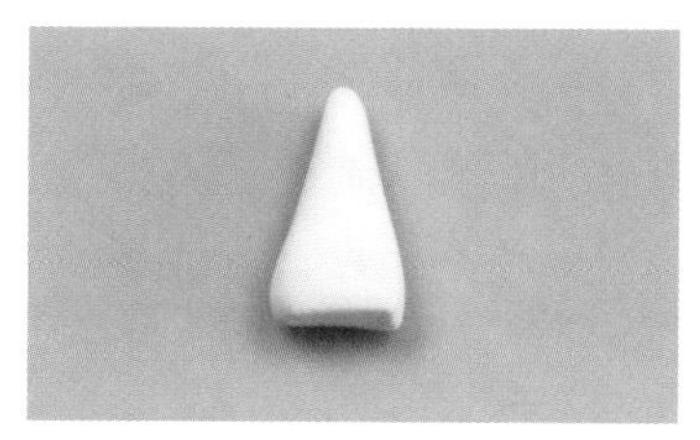

02 取肉色黏土捏出一个水滴形，剪去水滴形较粗的一端使底部变得光滑、平整，鼻梁就做好了。

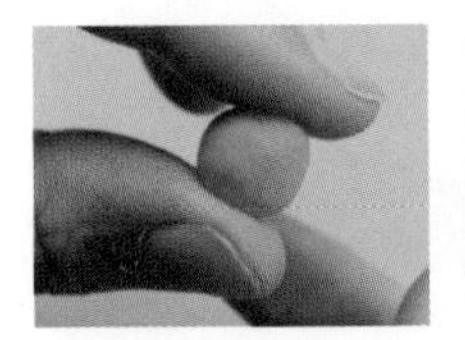 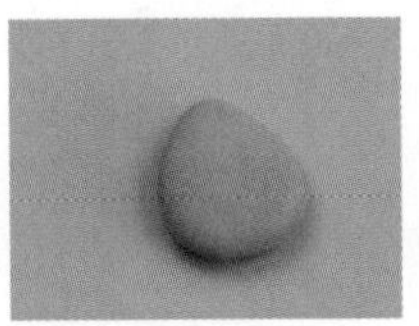 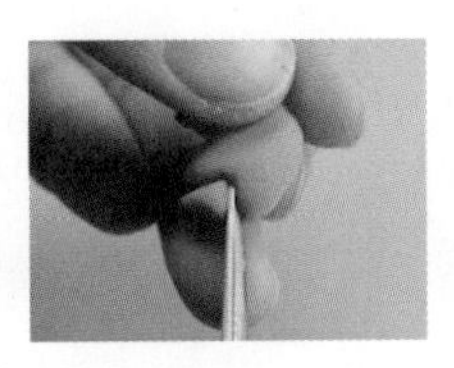 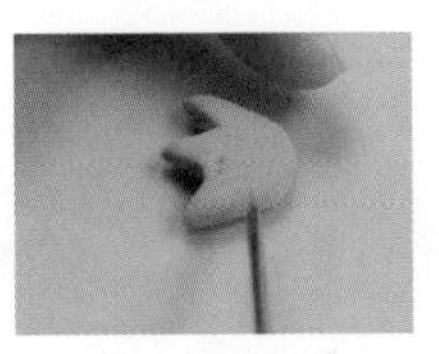 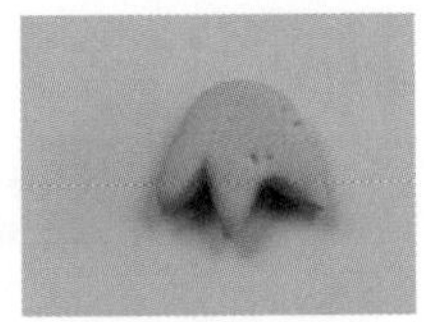

03 取橙色黏土捏成水滴形作为鼻头，用剪刀将水滴形较粗的一端剪成锯齿状，用细节针在其上戳一些点状纹理，鼻头就做好了。

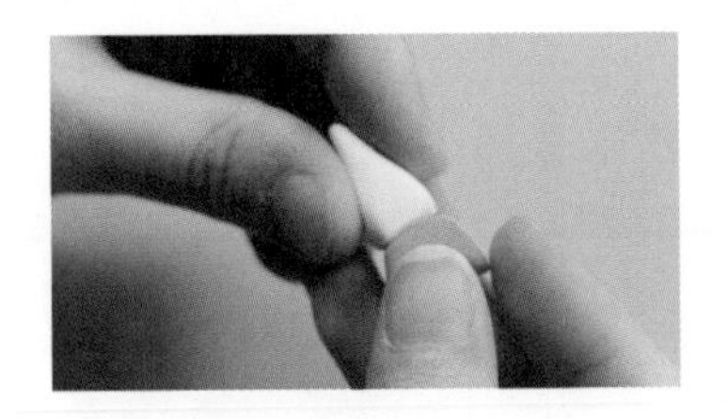  

04 把鼻梁与鼻头粘在一起，然后粘在脸部中间。

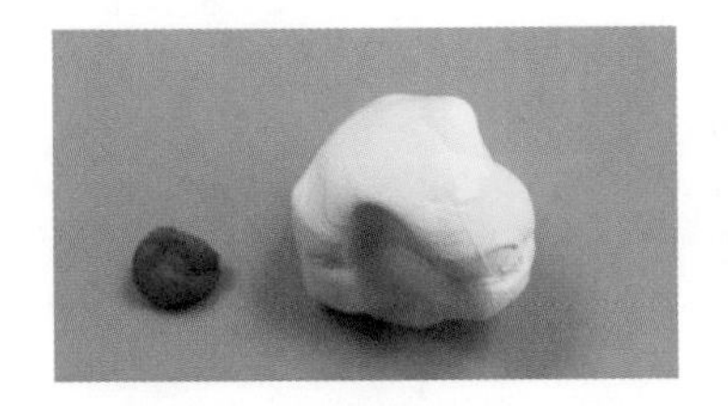 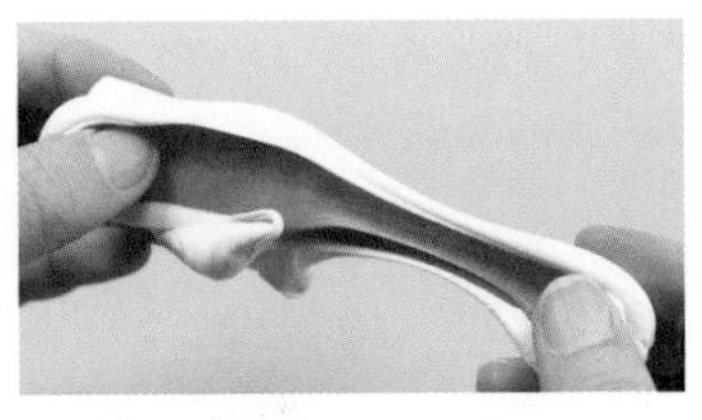 

05 取一大块白色黏土和一小块红色黏土混合得到粉红色黏土。

 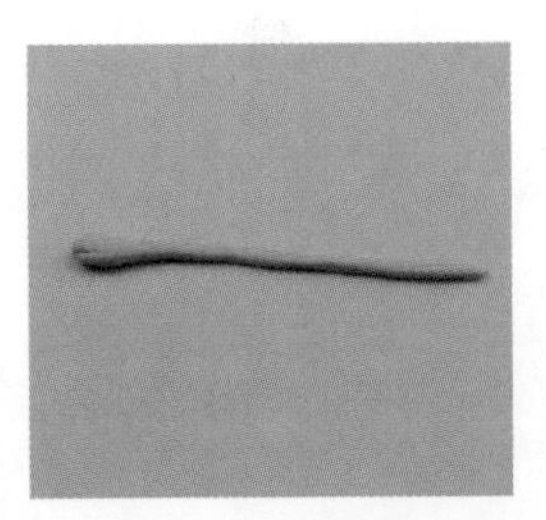 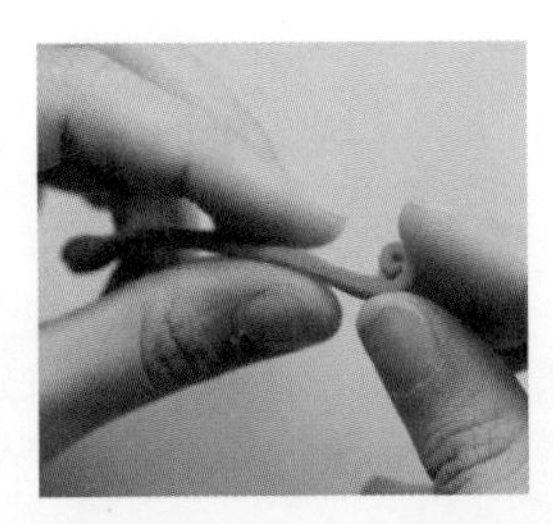 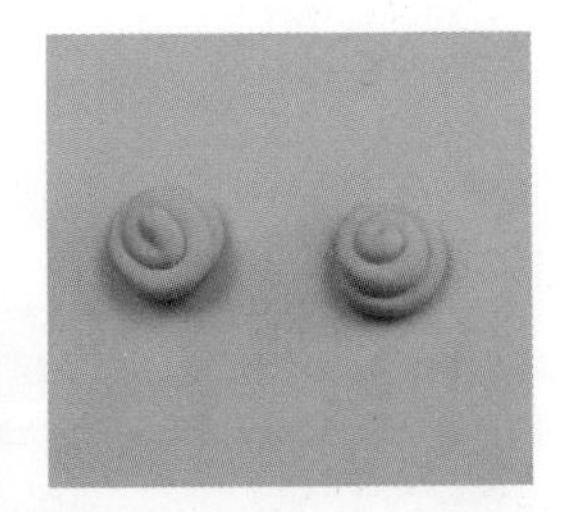

06 取混合好的粉红色黏土搓成长条，将其卷成圆盘作为小王子脸上的红晕，准备两朵红晕。

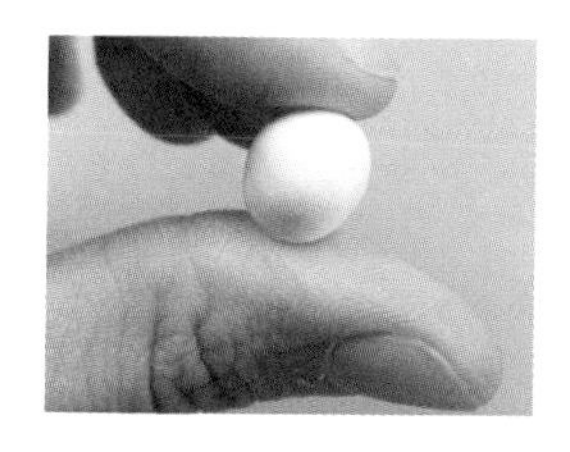
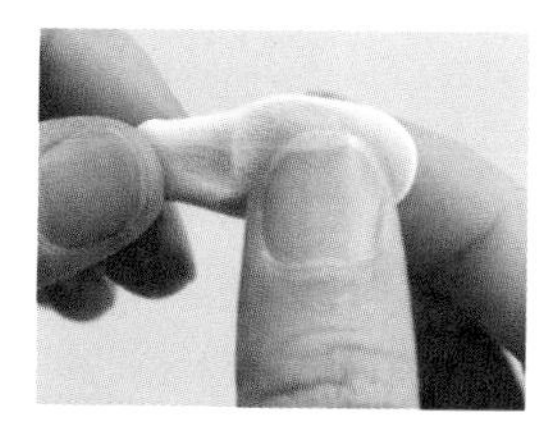
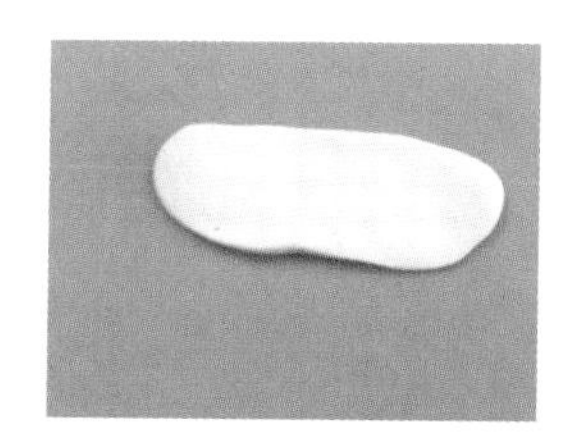
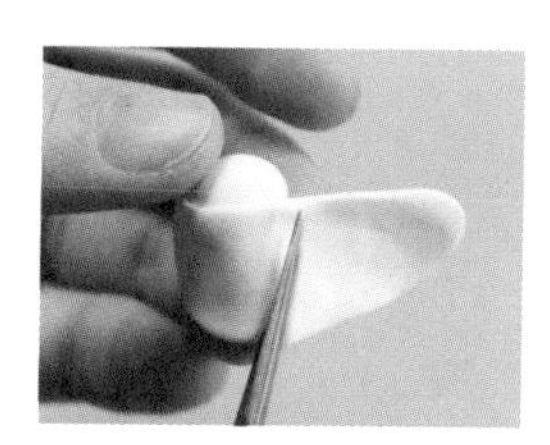
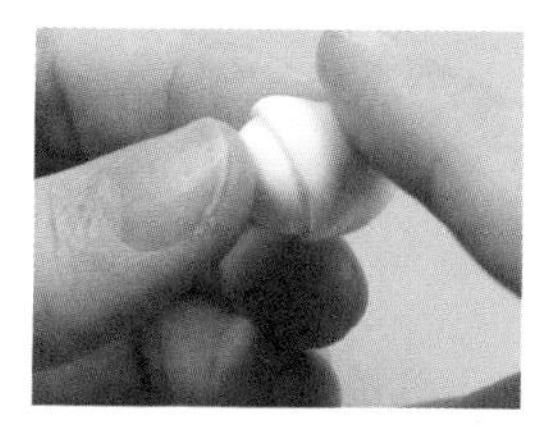

07 取白色黏土揉成圆球作为眼球。取肉色黏土，用指腹将其压成薄片作为眼皮；轻轻捏住白色眼球，先粘贴下眼皮，对比长度，将多余部分剪去，再调整一下形状。

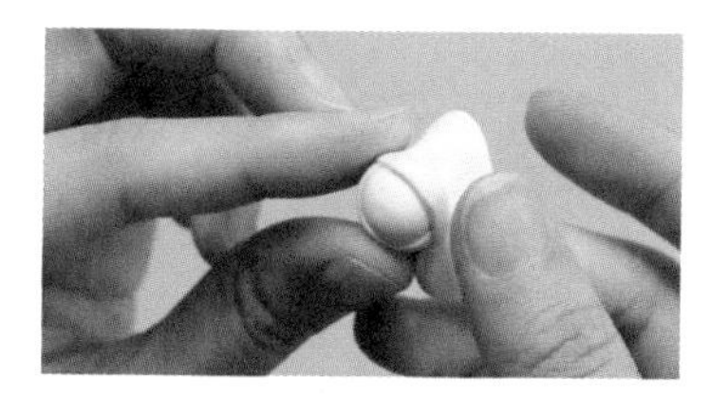
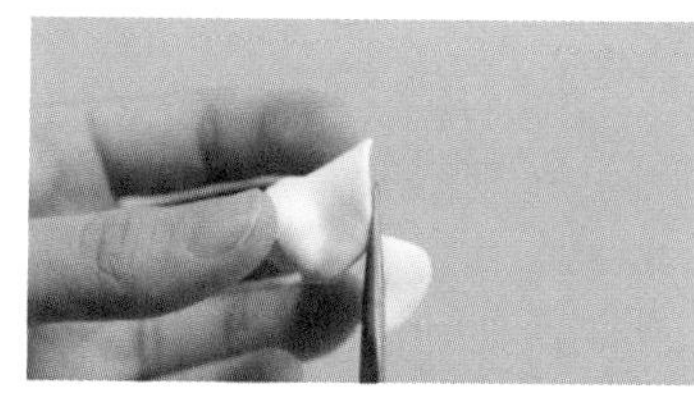
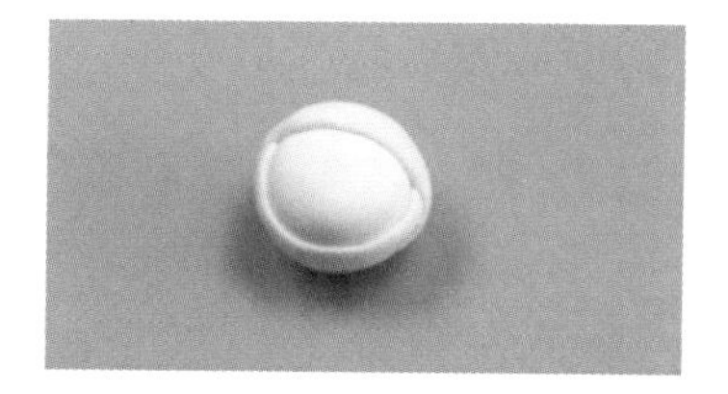

08 对齐下眼皮左右两端包裹上眼皮，将多余部分剪去，上眼皮压着下眼皮形成眼角。

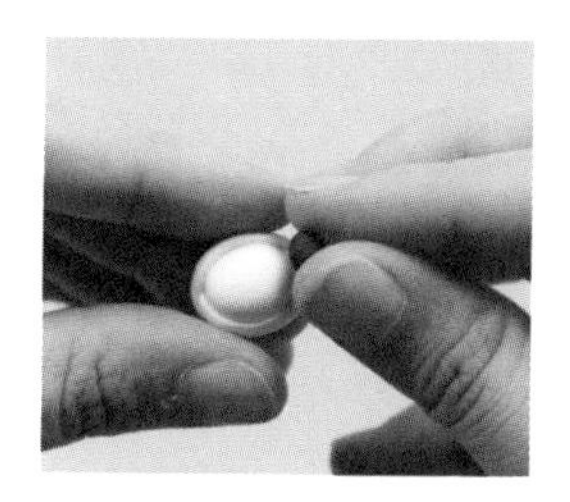
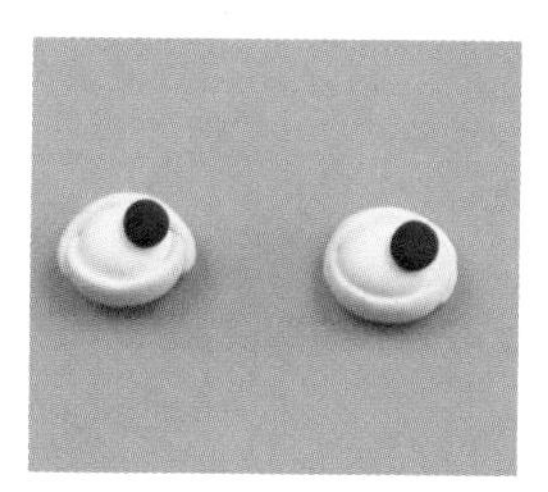

09 取黑色黏土揉一个小圆球并粘在眼球上，眼睛就做好了。准备两只眼睛，把做好的眼睛粘在鼻梁两侧。

10 在脸部粘上两朵可爱的红晕。

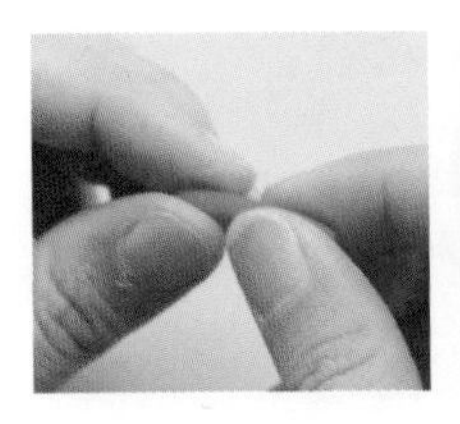 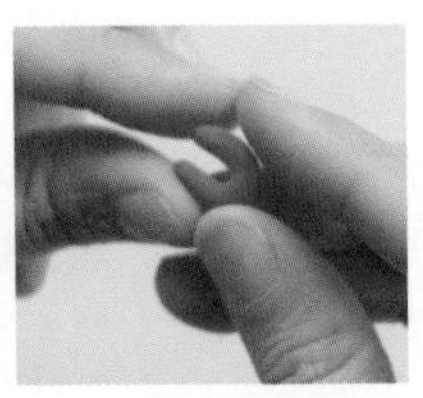 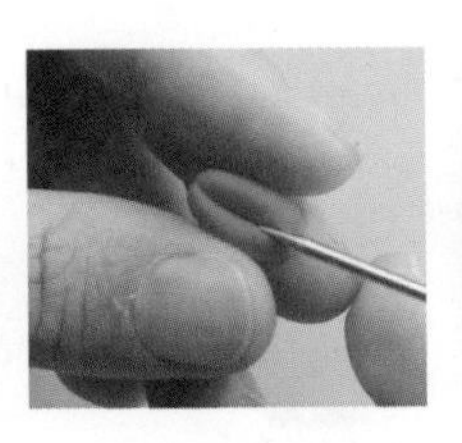 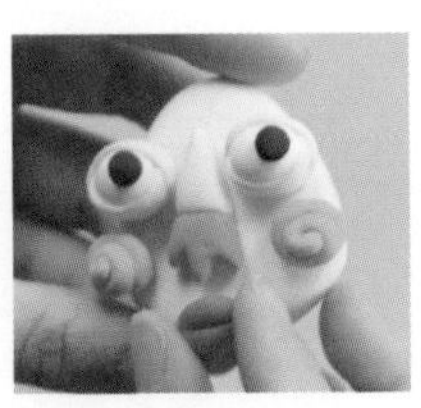 

11 取红色黏土搓成一根短一点的长条，然后对折做出嘴巴，用细节针画出嘴角，把嘴巴粘在鼻头下方。

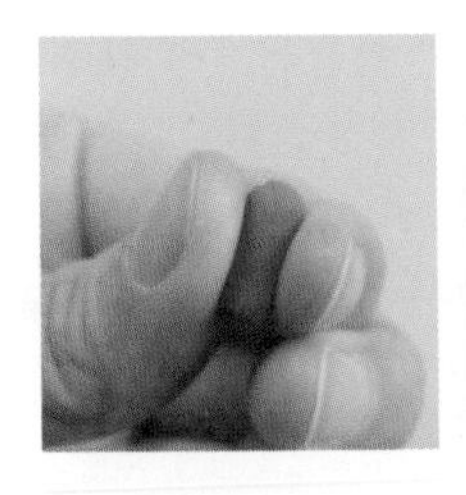    

12 取褐色黏土捏成水滴形，用细节针挑出绒毛纹理作为小王子的眉毛，将眉毛一端稍微捏得尖一点。准备两条眉毛，把做好的眉毛粘在眼睛上方。

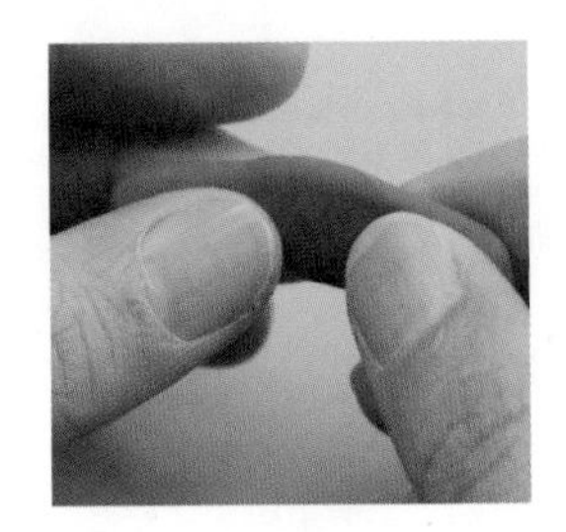 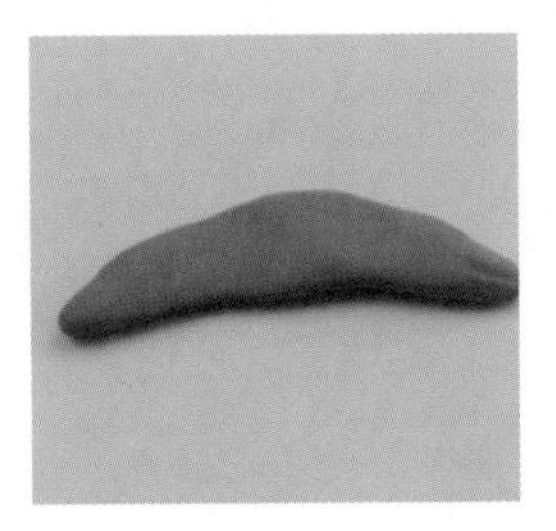  

13 取褐色黏土先捏成一个月牙形薄片，将其贴在小王子头顶以方便后面给小王子贴卷发。

  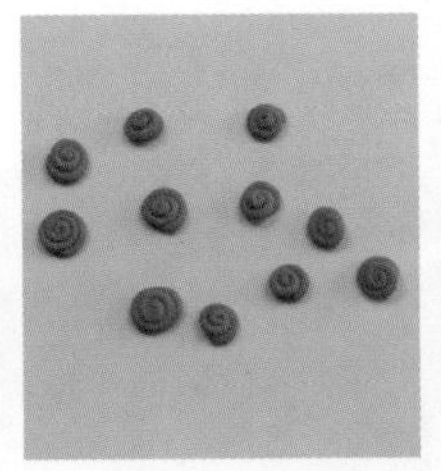  

14 取褐色黏土搓出多根长条并卷成圆盘，把它们重叠着粘在小王子脸部顶端作为头发。

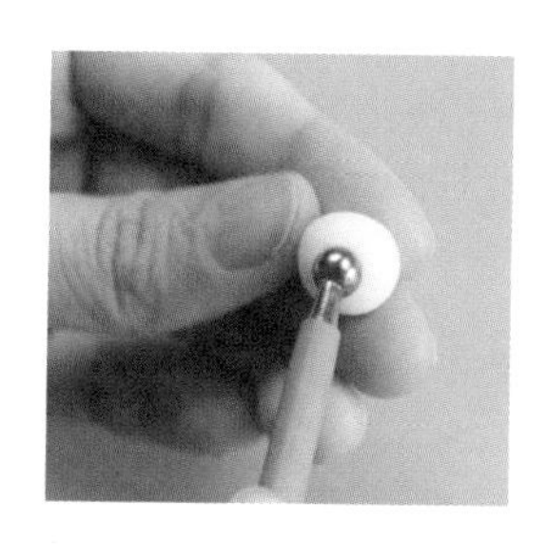 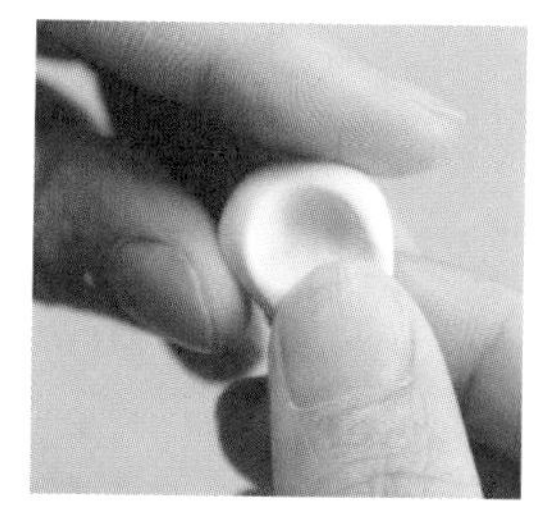 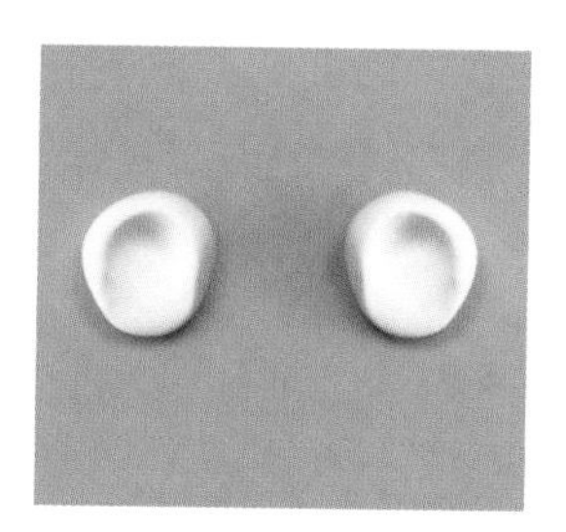 

15 取肉色黏土揉成一个小圆球，用丸棒在圆球上压出一个坑，用手指把其中一边按扁，耳朵就做好了。准备两只耳朵，然后把耳朵扁的一端粘在小王子脸部两侧。

做一只小鳄鱼

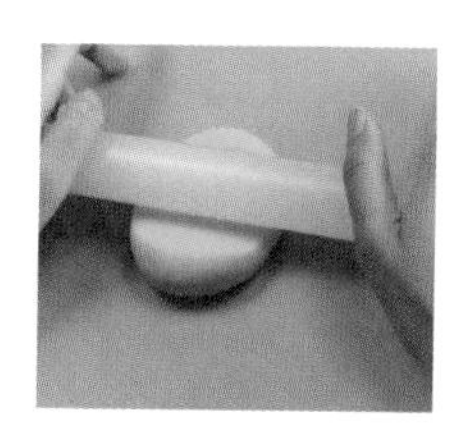 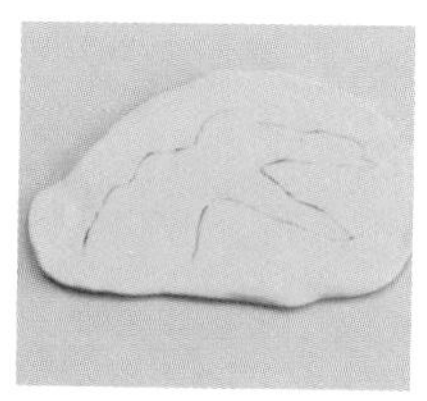 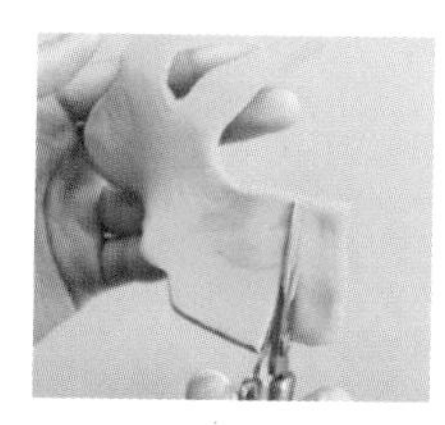 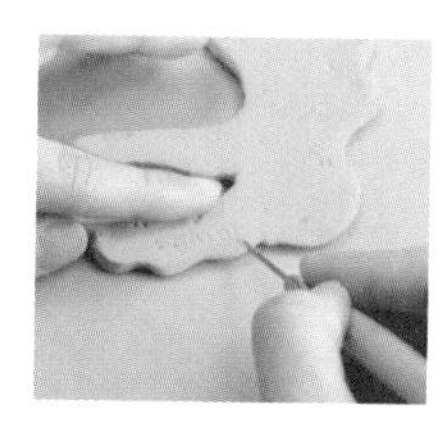 

16 取绿色黏土擀成薄片，在薄片上画出小鳄鱼的轮廓，用剪刀沿轮廓剪下并把边缘整理光滑，再用剪刀剪去多余的部分。用细节针在小鳄鱼薄片上戳出点状纹理并压出条状纹理，小鳄鱼的身体就做好了。

 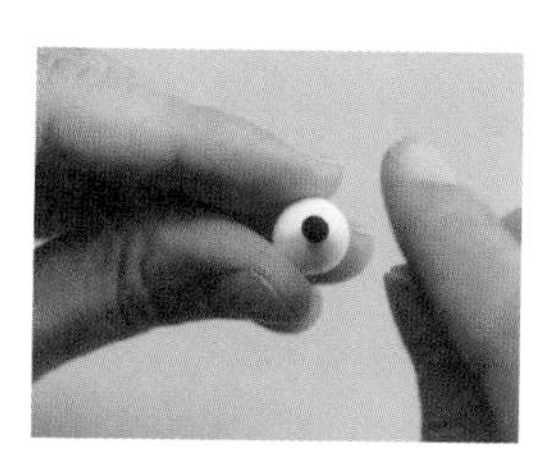 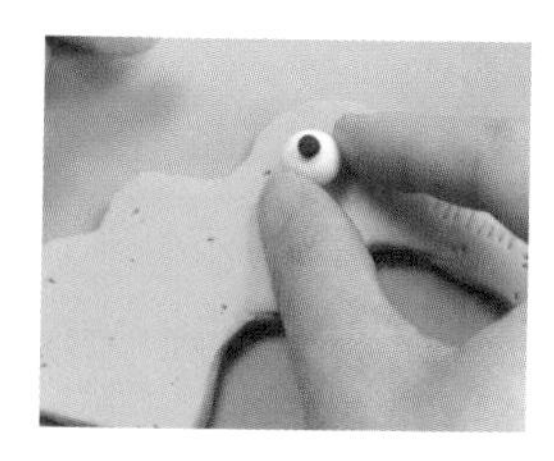 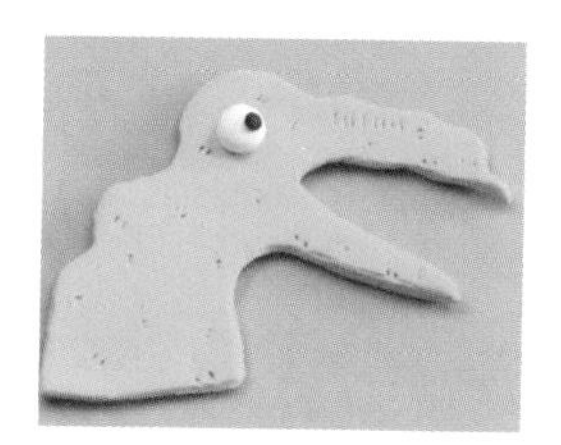

17 按照之前讲过的方法做出眼睛，将眼睛粘在小鳄鱼脸部。

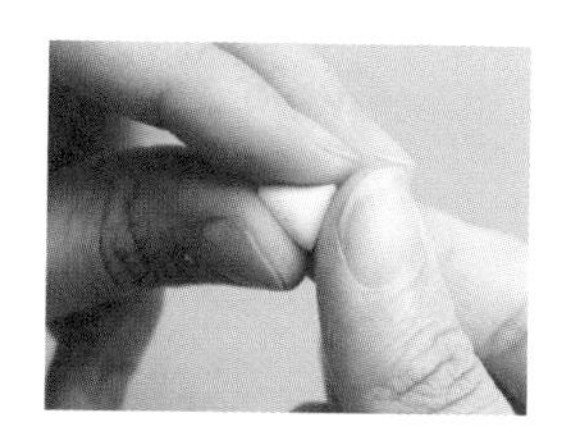 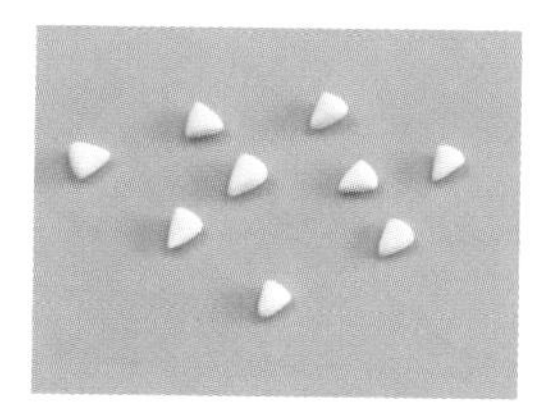 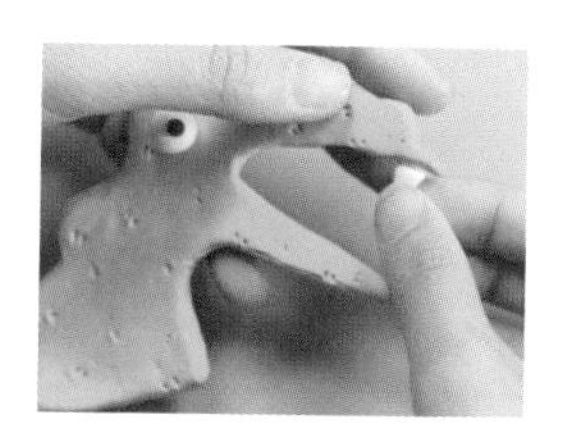 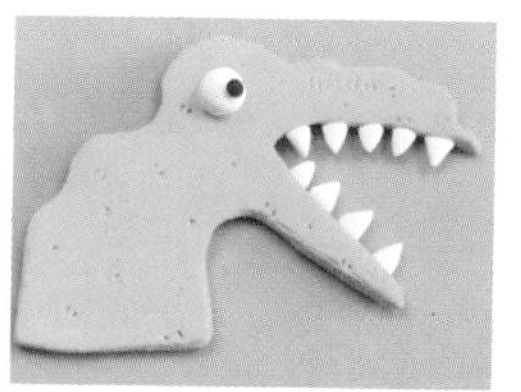

18 取白色黏土，用指腹挤出许多三角形作为小鳄鱼的牙齿，把它们黏在小鳄鱼的嘴部。

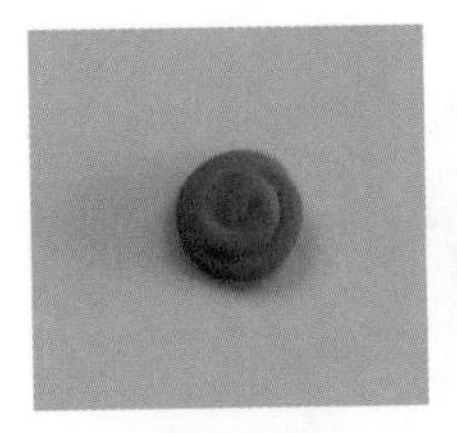
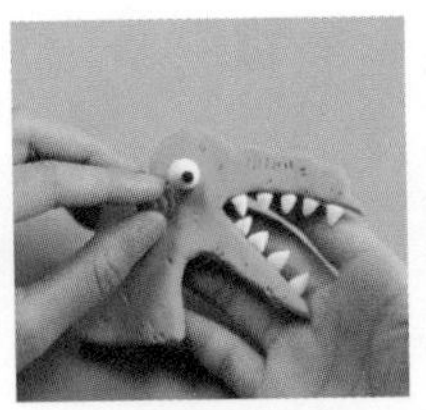

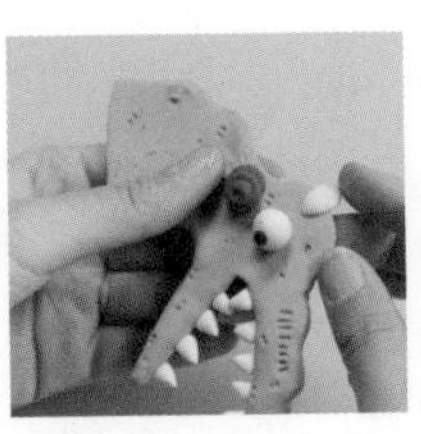
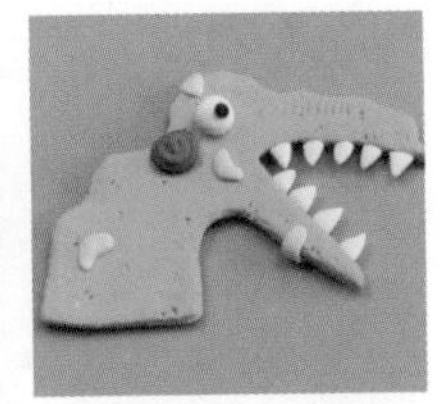

19 取红色黏土搓成长条并卷成圆盘作为红晕，并将红晕粘在小鳄鱼眼睛下方。再取黄色黏土捏成水滴形作为小鳄鱼身体上的黄色斑纹。多做几块黄色斑纹，把它们零散地粘在小鳄鱼身体上。

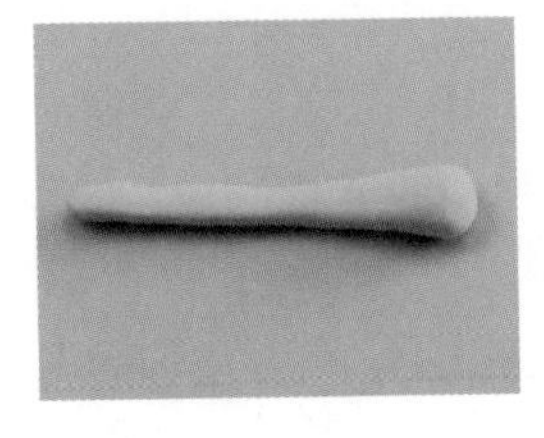
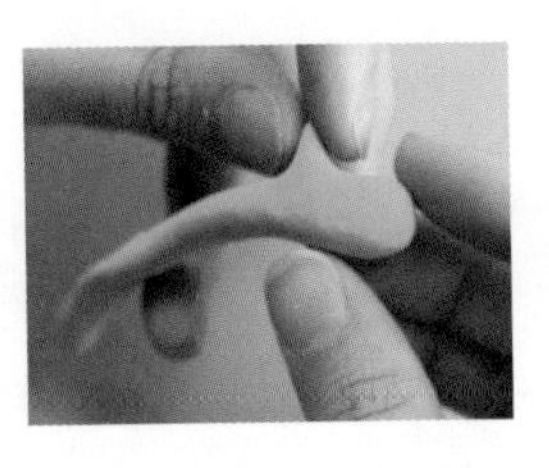
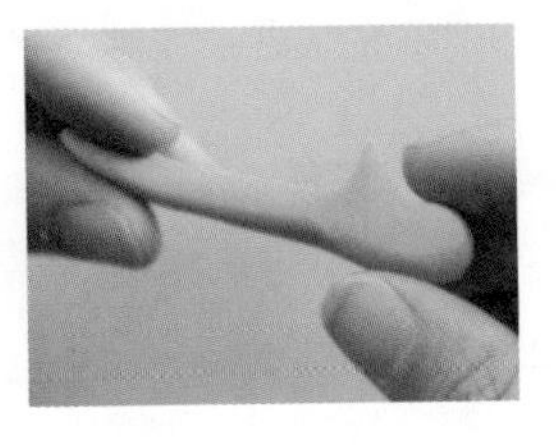
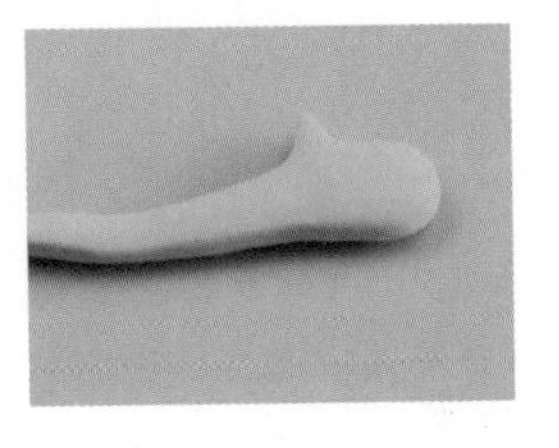

20 取绿色黏土搓一根一端较粗、一端较细的长条作为小鳄鱼的手臂。在手臂较粗的一端捏出一只拇指。

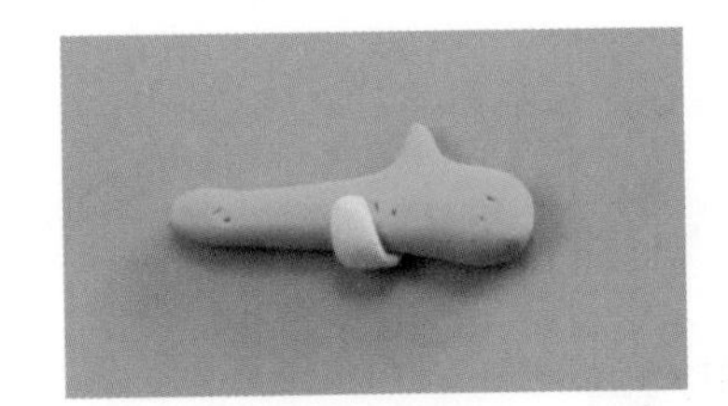
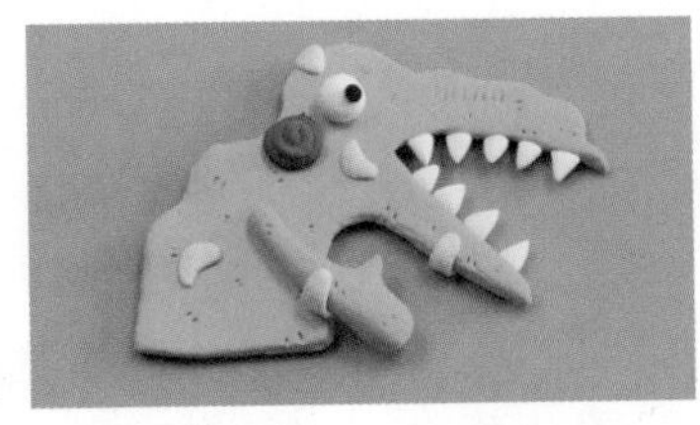

21 在手臂上戳出点状纹理并贴一块黄色斑纹，把手臂与身体粘在一起。

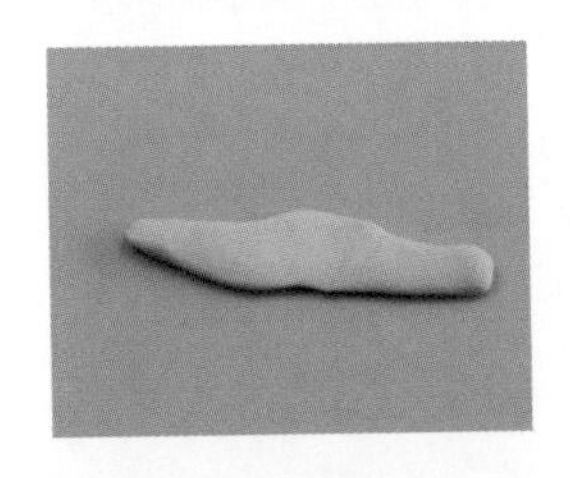
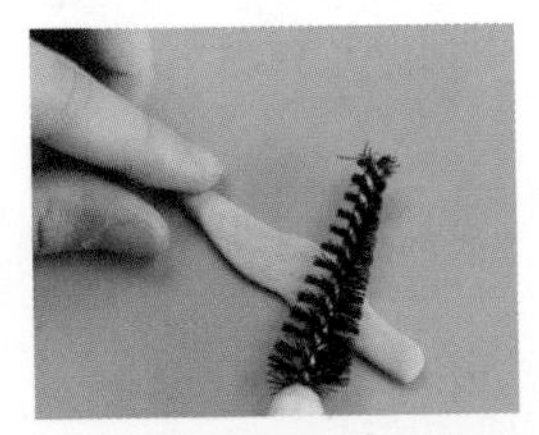
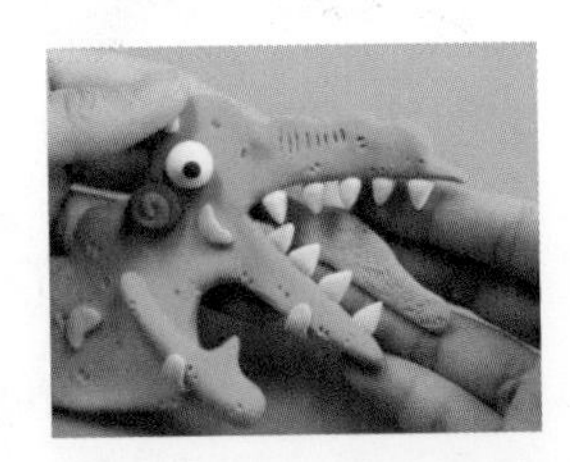
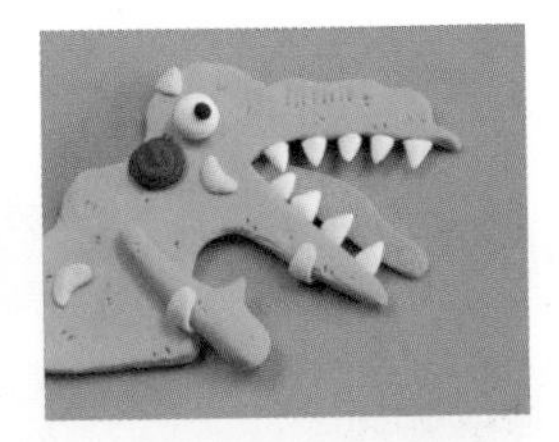

22 取粉色黏土搓一根长条并压成片状作为舌头。用刷子在舌头上刷出一些粗糙的纹理，把做好的舌头粘在小鳄鱼牙齿后面。

制作半圆形的衣服

用半圆形的深蓝色黏土薄片作为基底，在上面添加各种装饰，再加上白色的衣领，衣服就做好了。

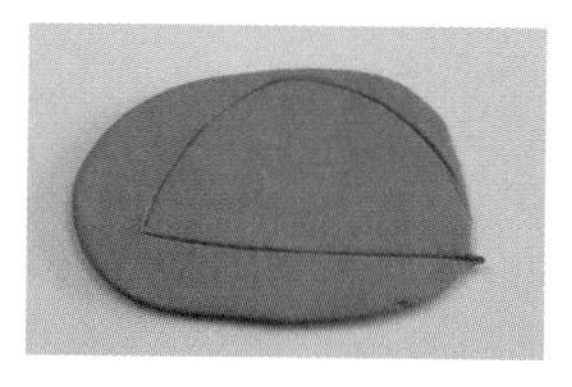  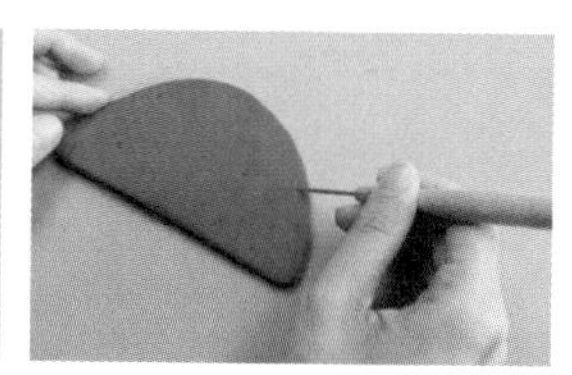 

23 取深蓝色黏土擀成薄片，在薄片上画出一个半圆，剪出半圆并用细节针在上面戳出一些点状纹理，这就是衣服的基底。

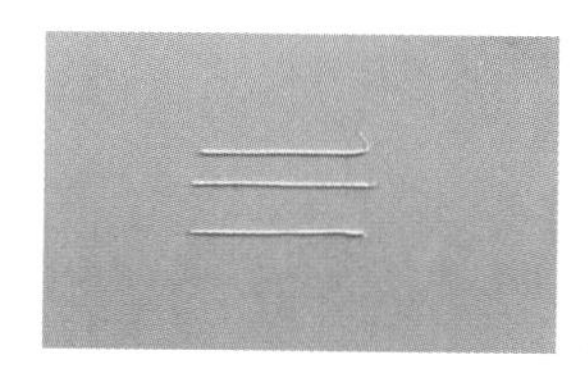 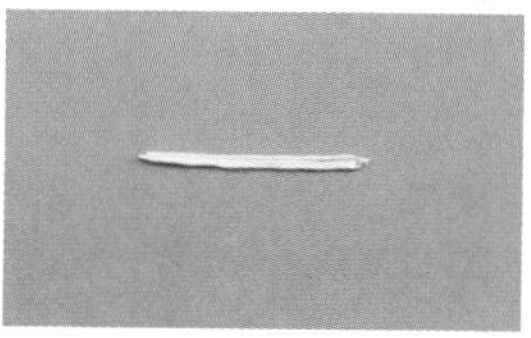 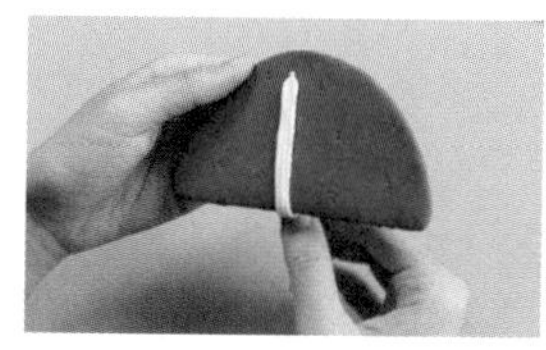 

24 取白色黏土搓出 3 根长条，将它们并排粘在一起，并将其粘在衣服基底的中间作为装饰。

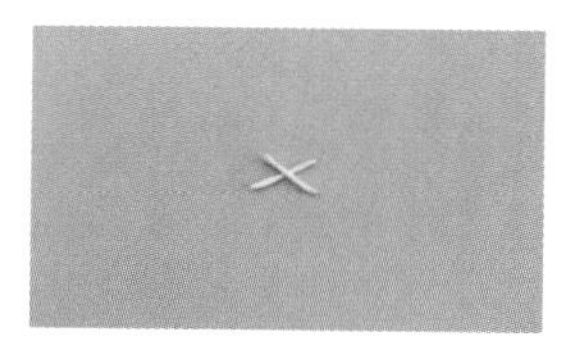 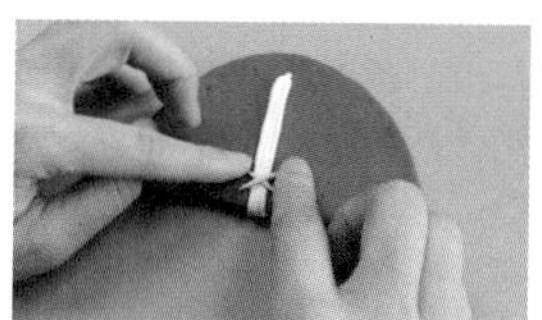 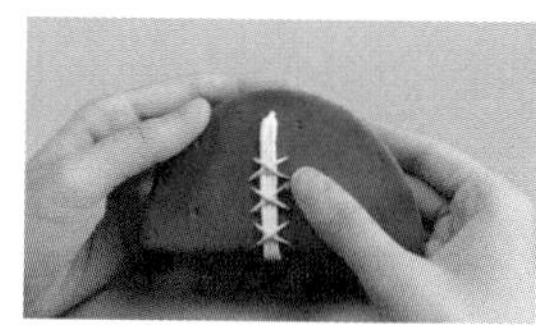 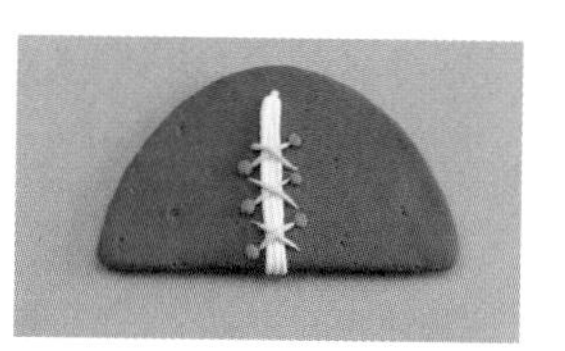

25 取黄色黏土搓两根小长条，将其交叉摆放作为衣服的绑带。用同样的方法做出 3 个绑带，把它们粘在白色长条上。再取橙色黏土揉一些小圆球，粘在黄色绑带的两端作为扣子。

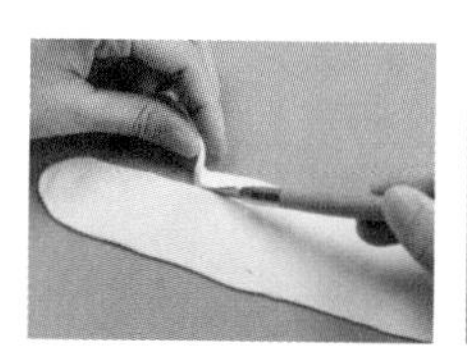 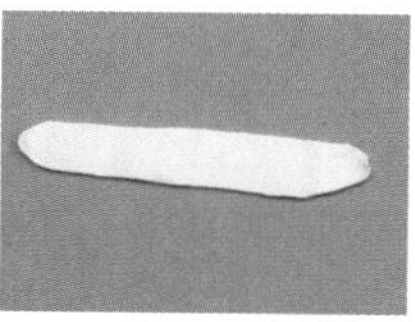 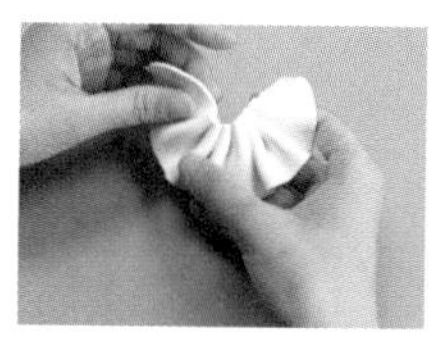 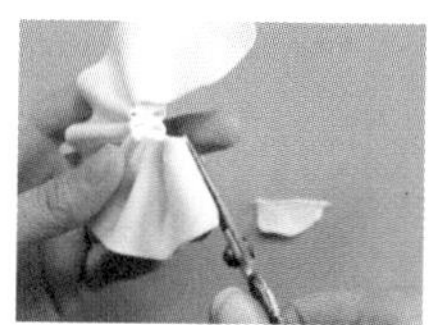 

26 取白色黏土擀成薄片，用细节针画出轮廓，并将薄片裁成长条状。再用手捏出弧形的褶皱，然后用剪刀剪去多余的部分，衣领就做好了。

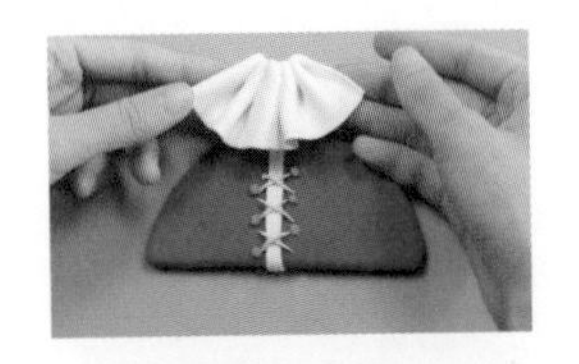

27 把衣领与衣服基底粘在一起，衣服就做好了。

28 取肉色黏土捏成水滴形作为脖子，把脖子与头部粘在一起，再把脖子另一端与衣服粘在一起。

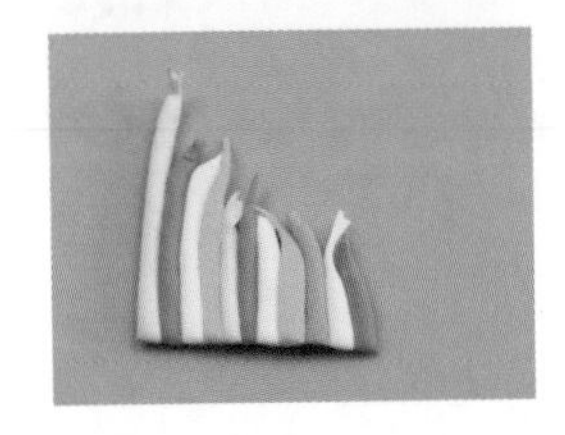

29 用黄色、深蓝色、白色、绿色和橙色黏土搓一些小长条，将这些小长条拼成块状作为装饰，长条的一端可随意摆放。再用黑色、白色黏土捏一些方形，将方形拼成一块黑白格子色块作为装饰。

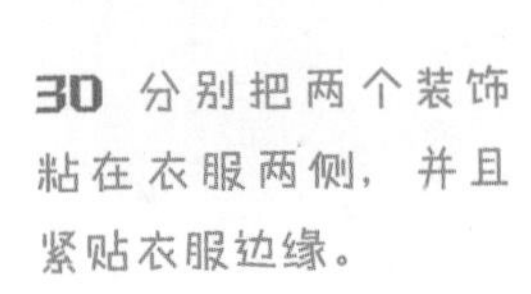

30 分别把两个装饰粘在衣服两侧，并且紧贴衣服边缘。

制作华丽的帽子

华丽的帽子上有个小王冠，这是小王子身份的象征，另外帽子上的小鳄鱼和羽毛都丰富了帽子的特征，表现出小王子高贵的气质。

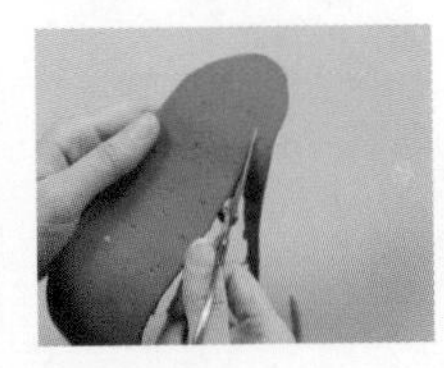
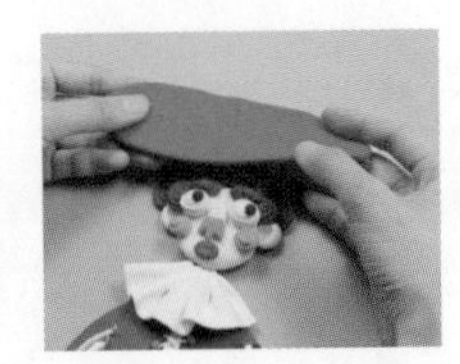

31 取红色黏土擀成长椭圆形薄片，用细节针在其上戳出点状纹理。再用剪刀将红色长椭圆形薄片修剪得小一些，把它粘在小王子头上并将其一端向上折，这就是帽檐。

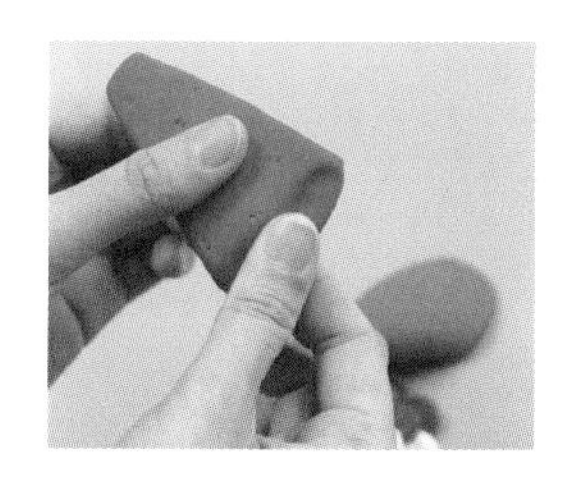 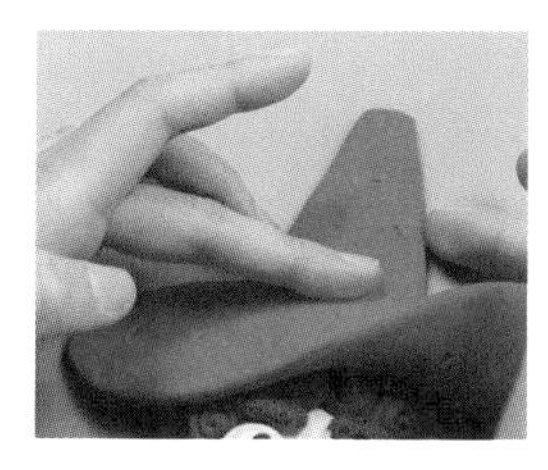 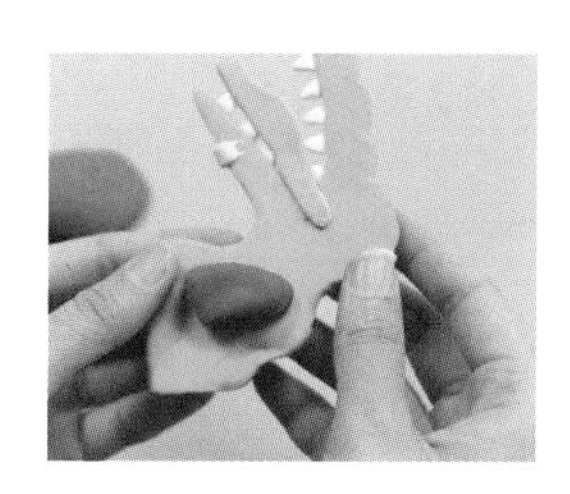 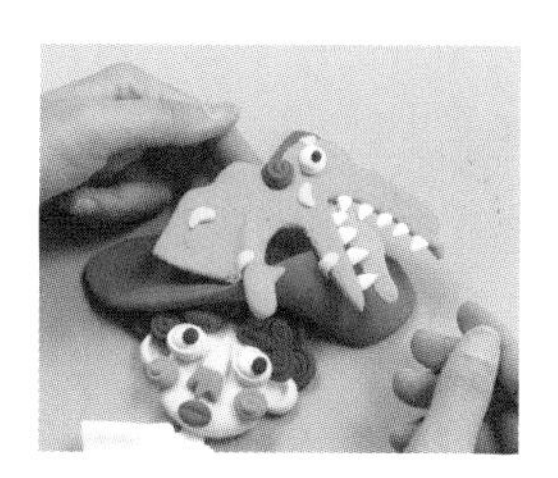

32 取红色黏土擀成薄片并戳出点状纹理，将其捏成梯形作为帽顶，压扁帽顶底端并与帽檐粘在一起。在小鳄鱼的背面粘一块红色黏土，然后把小鳄鱼粘在帽子上面。

 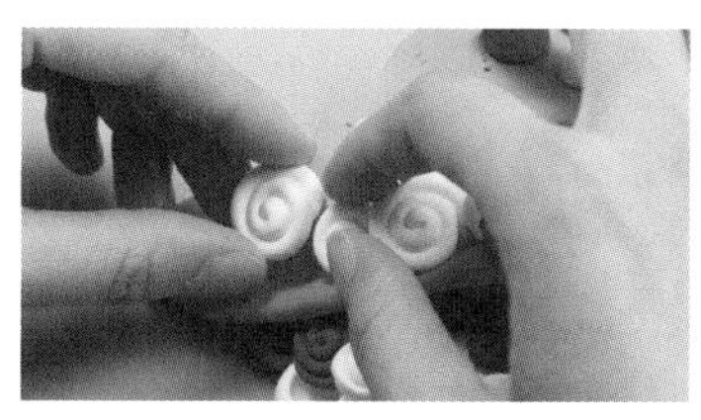

33 取白色黏土搓3根长条并卷成圆盘，将这些圆盘粘在小鳄鱼身体上面以遮住小鳄鱼的身体。

34 取黄色黏土搓成一根长条并压扁，上下翻折，折成链条形状。

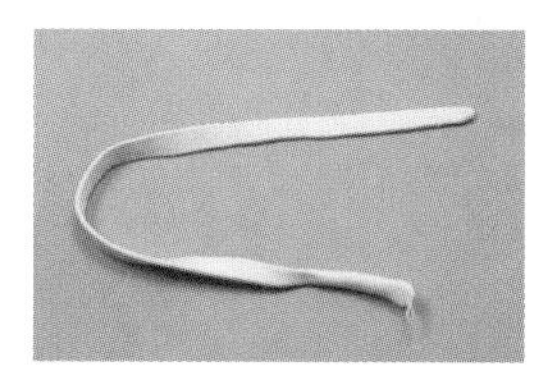 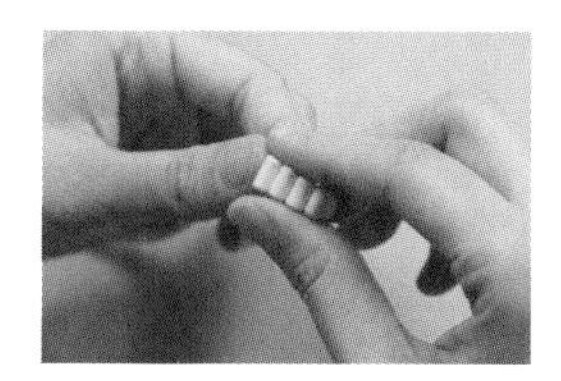 

 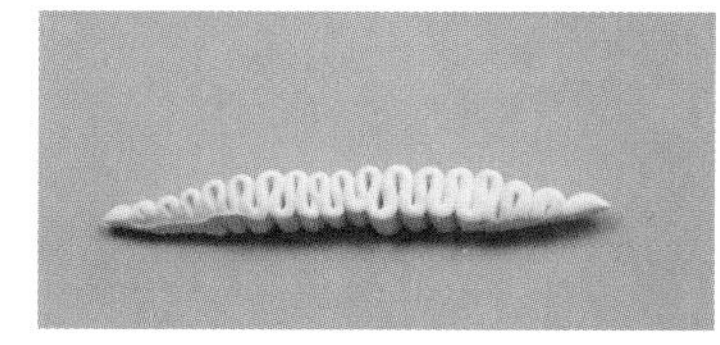 

 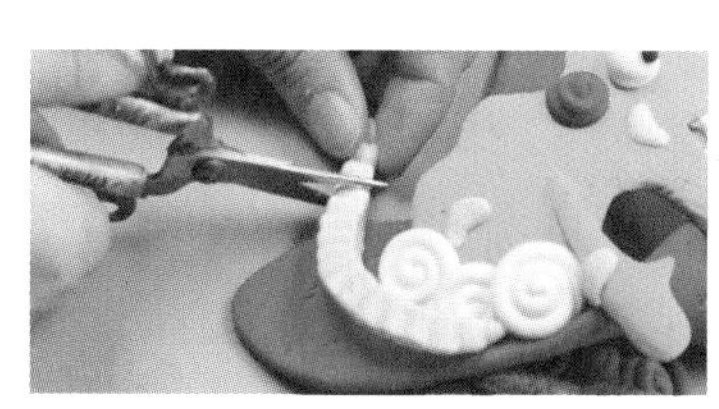

35 用剪刀把链条两端剪尖，然后将其粘在白色圆盘下方。再用剪刀剪去链条多余的部分，链条装饰就做好了。

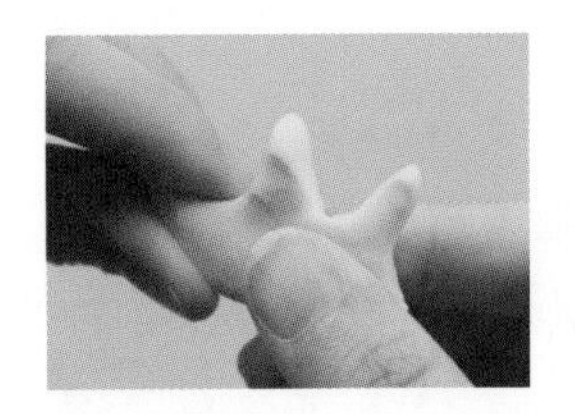 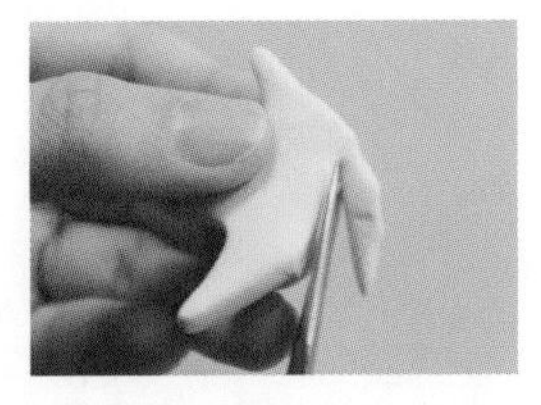 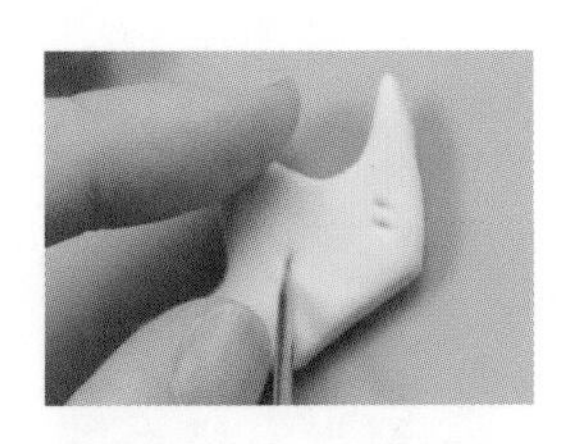 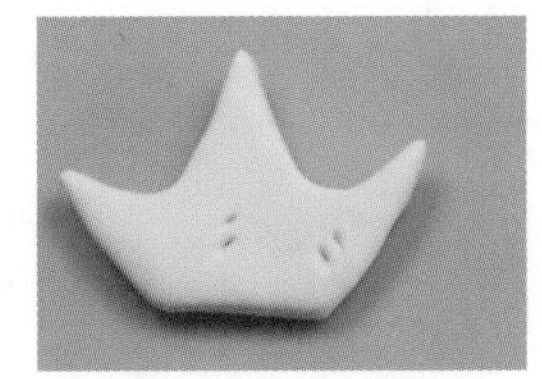

36 取黄色黏土擀成薄片并用手指捏出 3 个角，用剪刀把薄片底部剪平，用细节针在其上戳出点状纹理。

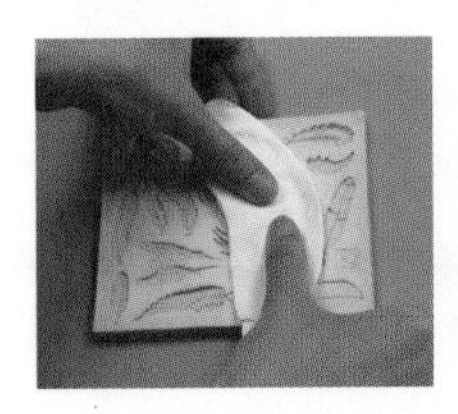    

37 取白色黏土薄片，压在羽毛硅胶模具上，让黏土填满模具的羽毛图形，再迅速扯出黏土得到羽毛印花，用剪刀将羽毛印花修剪出来。用相同的方法再做一片深蓝色和一片橙色羽毛。

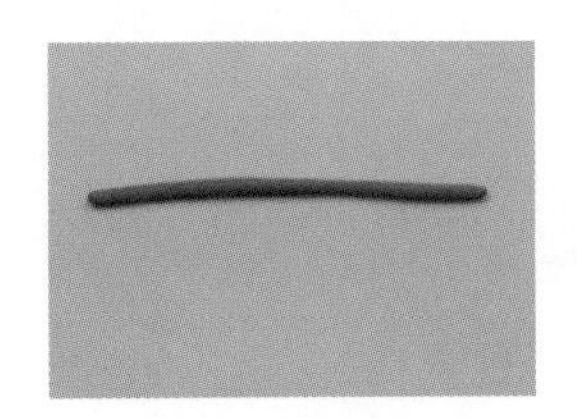   

38 取红色黏土搓成一根细长条，再取黄色黏土捏一个水滴形，把红色细长条紧贴着黄色水滴形边缘绕一圈进行贴合，作为羽毛装饰。把羽毛装饰粘在裁剪好的深蓝色羽毛的顶部。

39 取一根黑色黏土搓成一根长条，将其粘在深蓝色羽毛中间作为梗，用剪刀剪去黑色长条多余的部分。一共准备 3 种不同形状的羽毛，为装饰帽子做准备。

制作胡萝卜

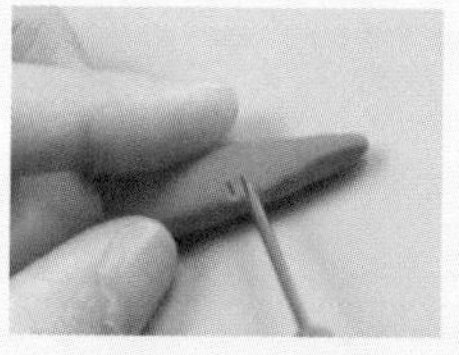
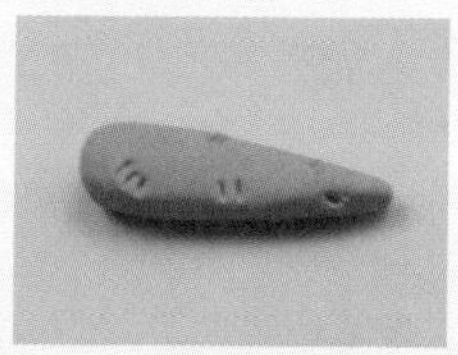

40 用橙色黏土捏一个水滴形，用细节针戳出点状纹理，胡萝卜的主体就做好了。

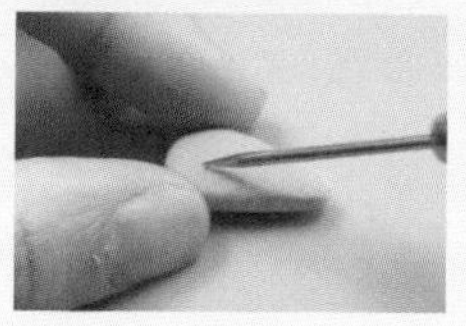

41 用翠绿色黏土捏两个小水滴，用细节针画出叶子的纹路，将其尖端粘在一起，胡萝卜的叶子就做好了。

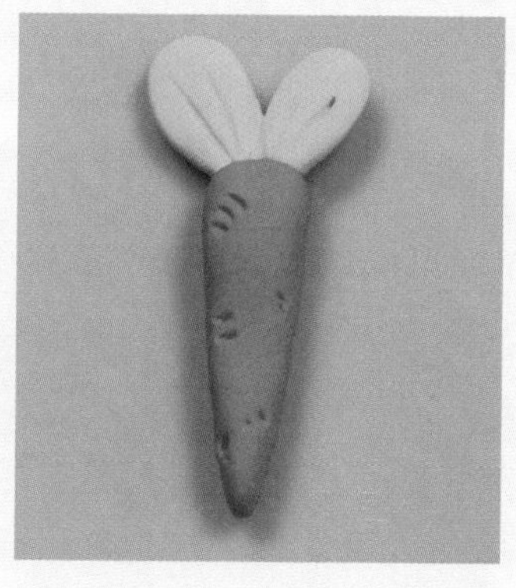

42 将胡萝卜的主体和叶子粘在一起就得到完整的胡萝卜啦！

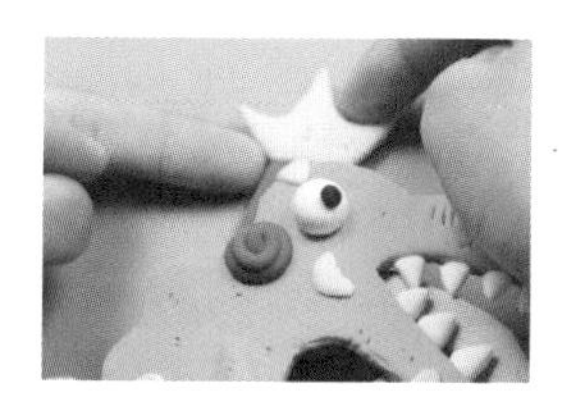

43 将小王冠粘在小鳄鱼头顶，再依次把做好的白色、深蓝色和橙色羽毛粘在小鳄鱼后面，最后把胡萝卜粘在小王子的肩膀上。

制作背景板

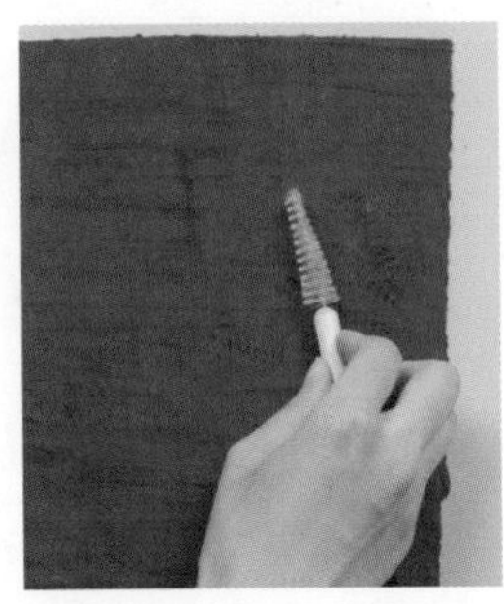

44 取黑色黏土做背景，把黑色黏土直接粘在画框底板上并用手将其抹平，再用刷子在黑色黏土上刷出粗糙的纹理。

安装黏土画

在鳄鱼小王子周围粘上一闪一闪的小星星，再粘上滴落的颜料，这幅黏土画就完成了。

45 把做好的背景板装进画框，将鳄鱼王子粘在背景板中心处。

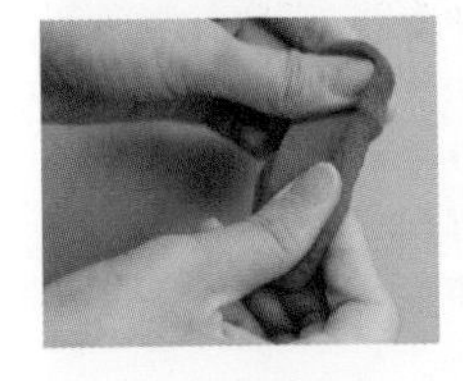

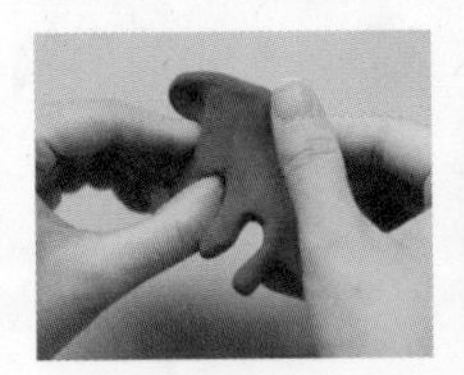

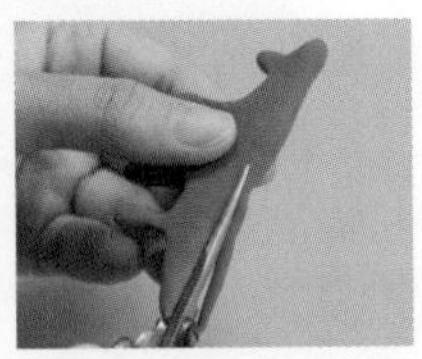

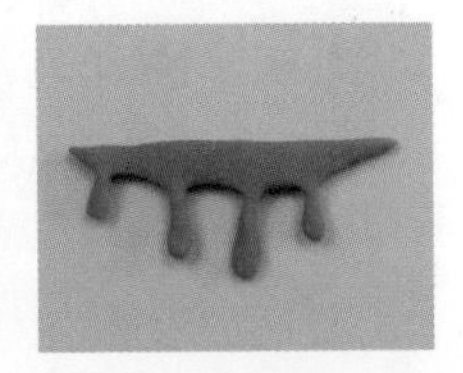

46 取深蓝色黏土搓成一根粗长条并压扁，在粗长条的一边捏出水滴形，用剪刀把另一边修剪平整，滴落的颜料就做好了。

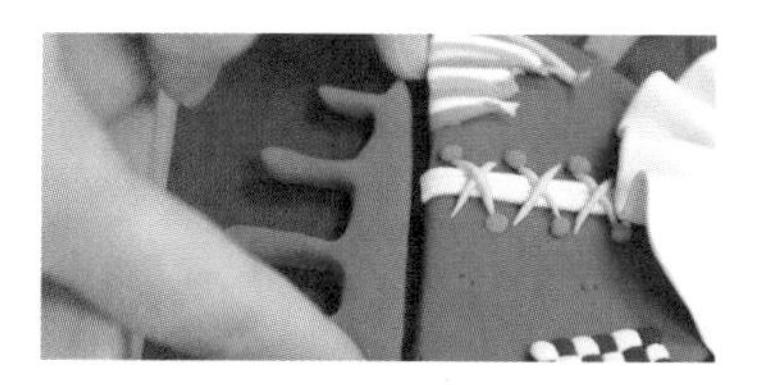
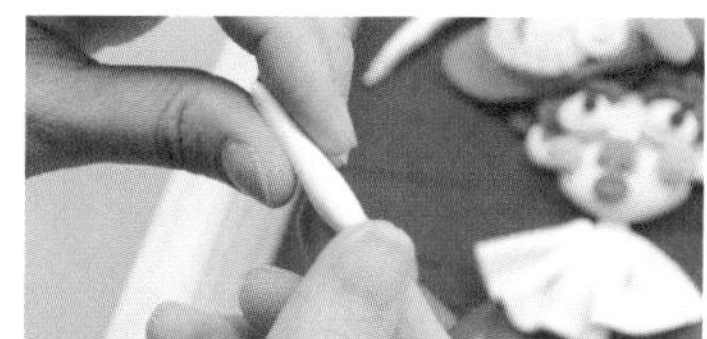

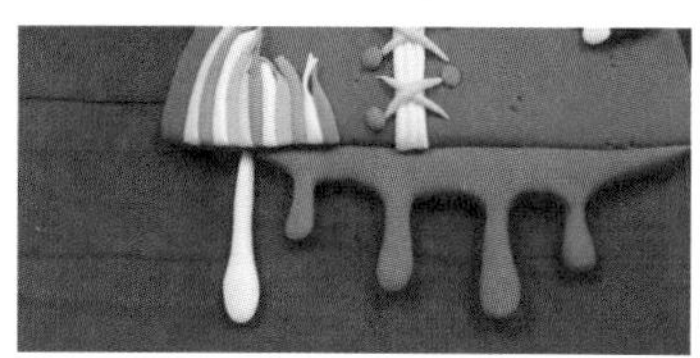
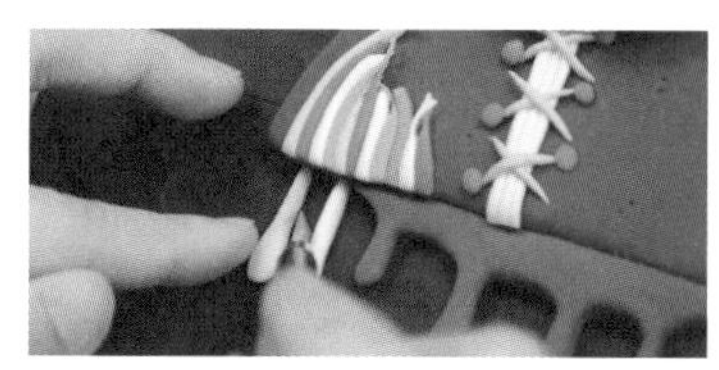

47 把滴落的颜料粘在小王子衣服的下方，再分别用白色黏土和黄色黏土捏一个水滴形，将它们粘在滴落的颜料旁边。

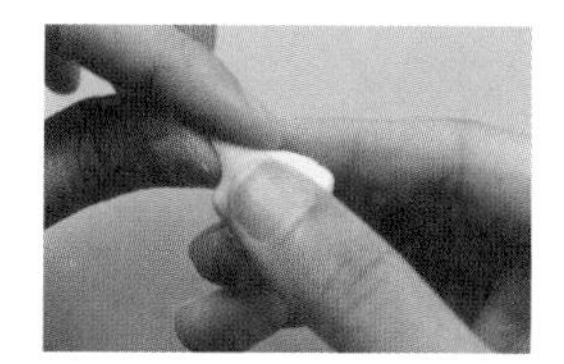
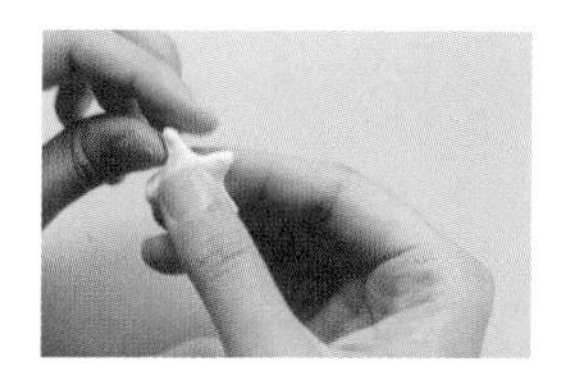

48 取黄色黏土用手指捏出五个角，用手将表面压平，做成五角星。多做几个星星。

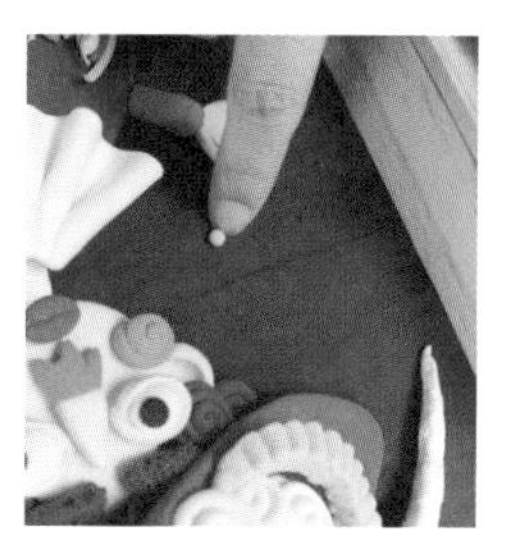
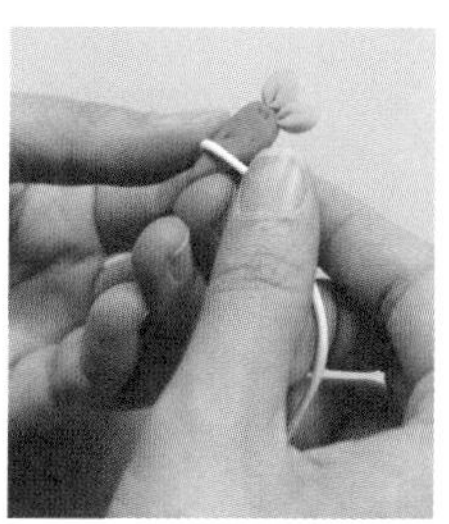

49 将星星贴在背景板上，再揉一些黄色小球装饰背景板。用一根白色细长条绑一颗完整的胡萝卜，另一端贴到帽檐底部，让细长条弯曲一下贴在背景板上，表现出用胡萝卜钓鳄鱼的故事情节。将画装框。

5.2 咦，这是古代人的超级晚宴吗

跟喜欢的人一起共进晚餐是一件多么美妙的事情啊，让我们一起回到古代，看看古代人的晚餐都吃些什么吧。偷偷告诉你们，黏土画里都是我最爱的食物喔！快动起你的小手把你最爱的食物放进黏土画里吧。

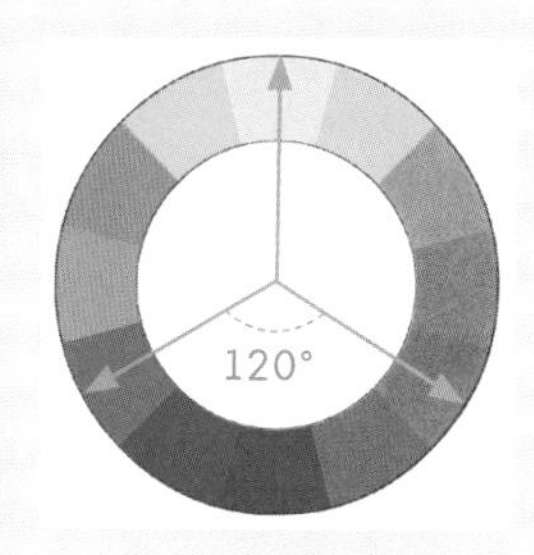

色彩分析时间

黄色是最适合烘托气氛的颜色之一，所以将其作为黏土画的背景色，使得菜肴看起来鲜美可口。而红色、蓝色和夫妻身份较相配，所以将其用作男女主人的服装配色。

脑洞大开

创想开始

1 男主人穿的深蓝色深衣。

2 男主人可以戴一顶帽子。

3 一个留着八字胡的男主人就诞生了。

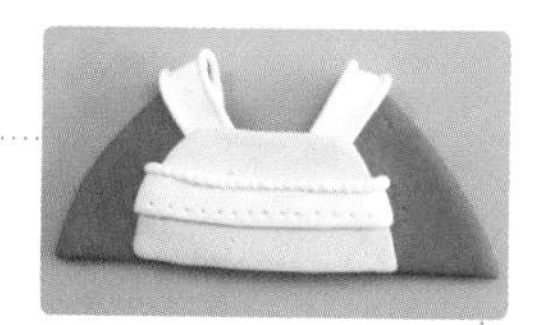

4 女主人穿的红色齐胸襦裙。

5 一只滑稽的大鸟可以作为女主人的头饰。

6 古典风的女主人就诞生了。

这是大户人家的晚宴，菜品非常丰富。

7 饭菜都摆上餐桌，可以开饭了！

重点提示：制作夸张的食物

螃蟹、鸡、龙虾等虽然已经被摆上了餐桌，但是它们都有着夸张的表情，这样使得食物变得更有趣。在制作食物的时候可以尽可能地为其添加各种各样的表情，不管是什么表情都会使食物变得生动有趣。

准备材料和工具

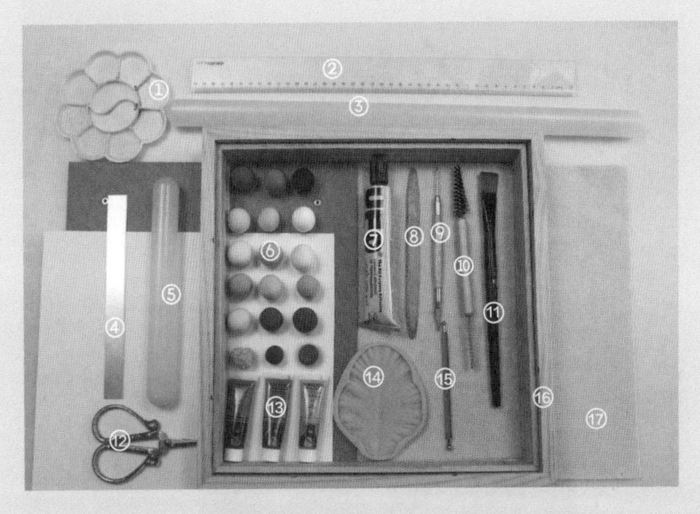

① 调色盘

② 直尺

③ 擀泥棒（50cm）

④ 刀片

⑤ 擀泥棒

⑥ 各色黏土（红色、橙色、黑色、浅黄色、黄色、白色、肤色、卡其色、浅肉色、孔雀绿色、绿色、粉色、浅蓝色、深蓝色、褐色、金黄色、莓蓝色、棕色）

⑦ 胶水

⑧ 木片棒 ⑨ 细节针 ⑩ 刷子 ⑪ 画笔 ⑫ 剪刀 ⑬ 丙烯颜料（土黄色、赭石色、黑色）

⑭ 叶子硅胶模具 ⑮ 丸棒 ⑯ 画框（380cm×380cm）⑰ 不织布（黄色）

制作一个大木桌

制作一个简单的大木桌，大木桌上刻满了木纹，整个大木桌占了画框底板面积的二分之一。

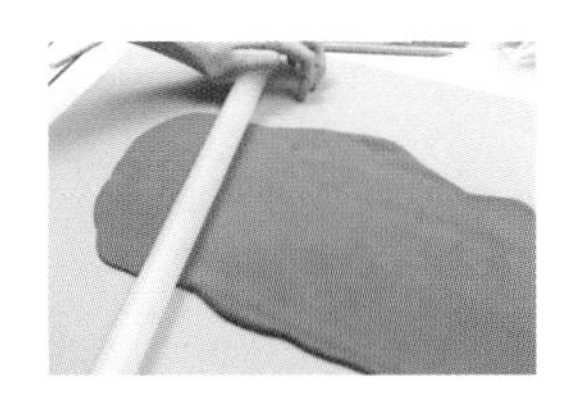

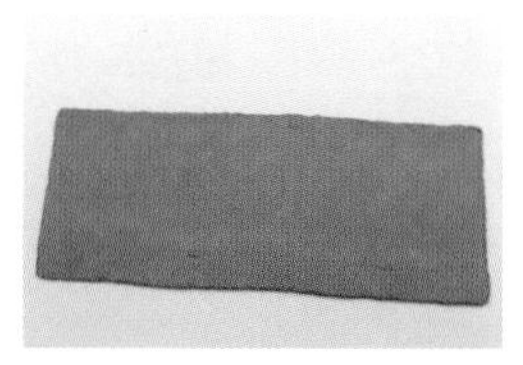

01 取棕色黏土用 50cm 擀泥棒擀出一大块方形薄片，用画框确定需要的薄片的大小，然后用直尺切出所需大小的薄片，切出的薄片可稍大一点，因为黏土晾干后会缩小。

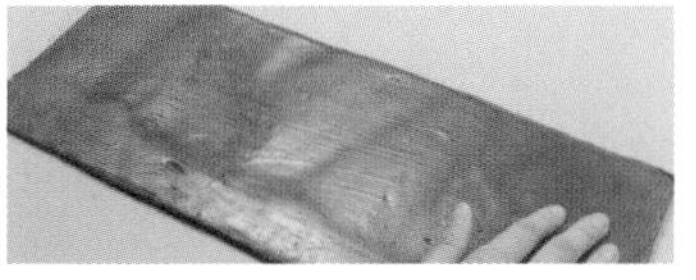
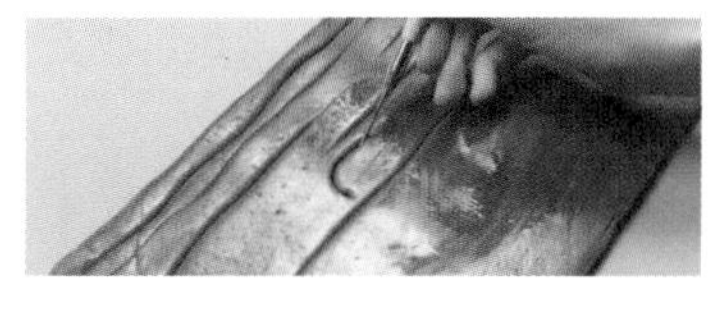

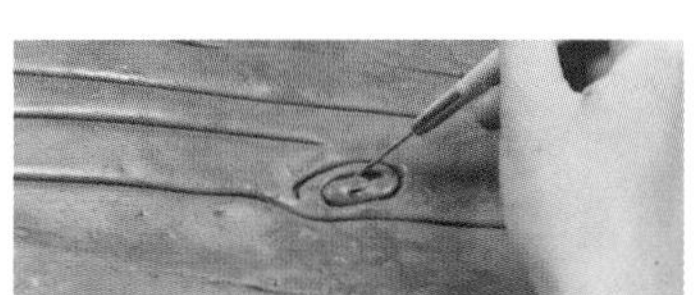

02 在棕色长方形薄片表面铺一些水，让黏土变湿润便于画木纹。然后用细节针在薄片上随意画出木纹，再用刷子刷出粗糙的纹理，大木桌就做好了。

做一只大烤鸡

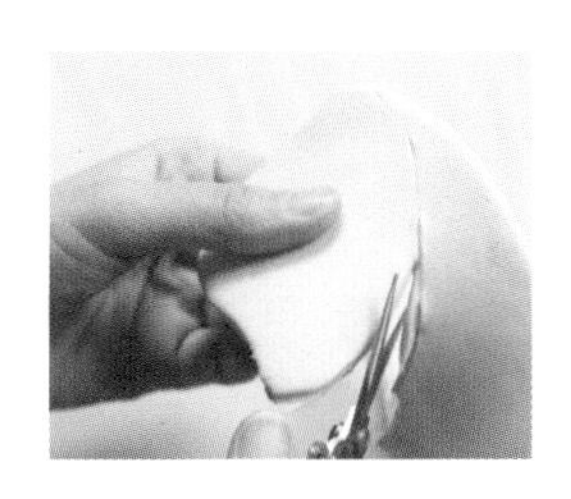
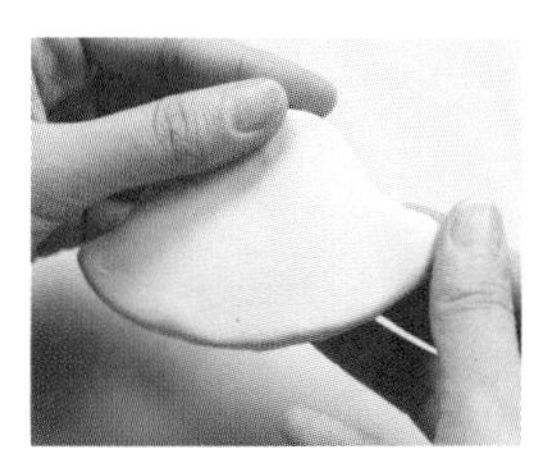

03 取黄色黏土用擀泥棒擀成薄片并用剪刀剪出大烤鸡身体的轮廓，用指腹把边缘整理平滑，用细节针在其上戳出点状纹理，为制作大烤鸡做准备。

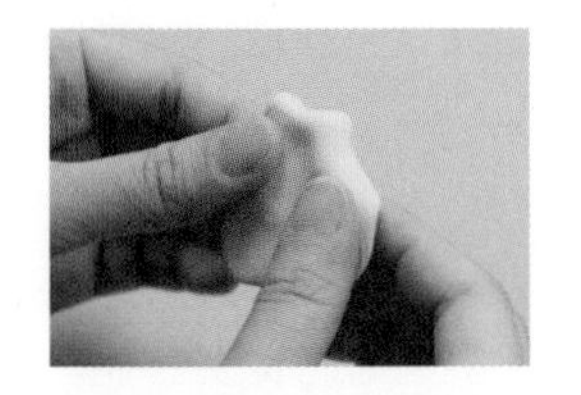
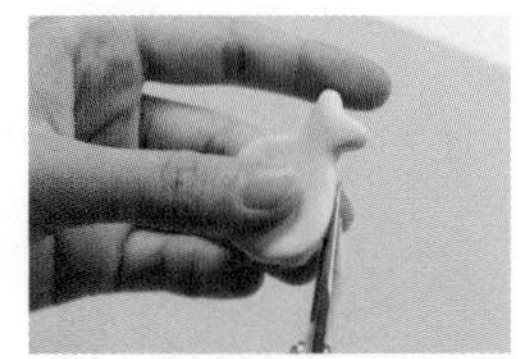
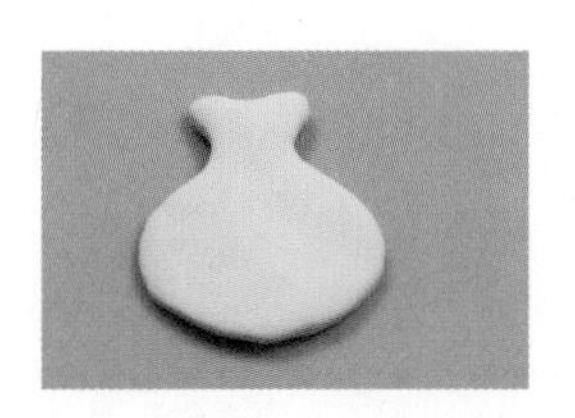
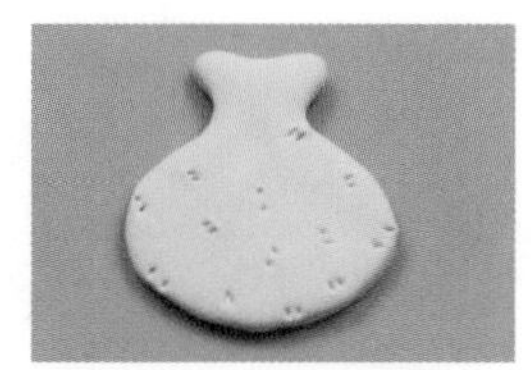

04 取浅黄色黏土捏出鸡腿的形状并用剪刀修剪边缘，然后用指腹将边缘整理平滑，用细节针戳出点状纹理。

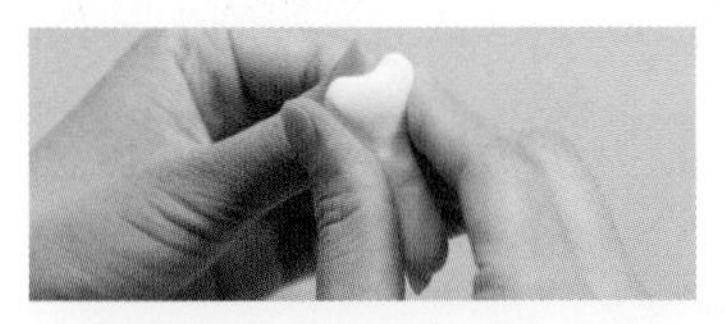
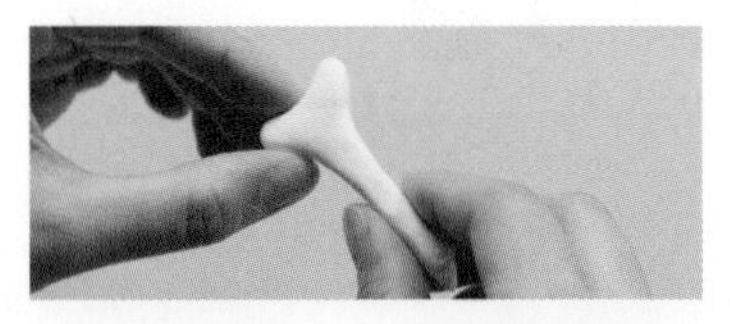

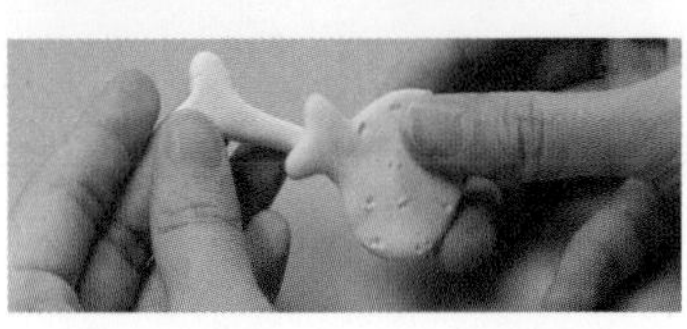
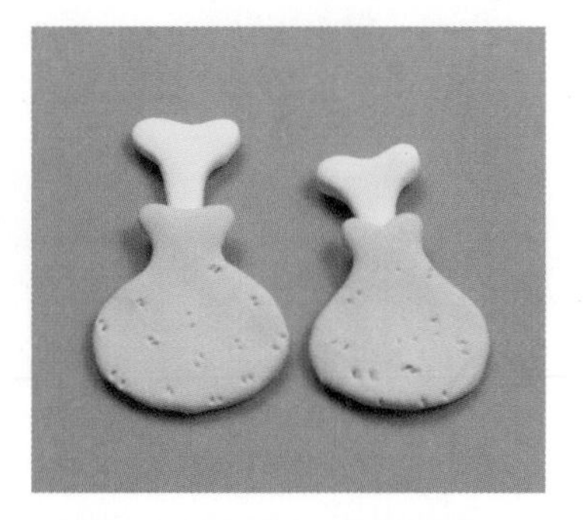

05 取白色黏土捏出鸡腿骨的形状，把它与鸡腿粘在一起就是完整的鸡腿了，用同样的方法再做一只鸡腿。

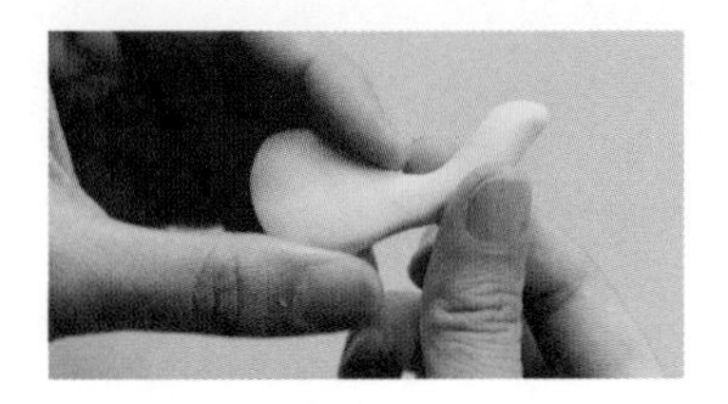
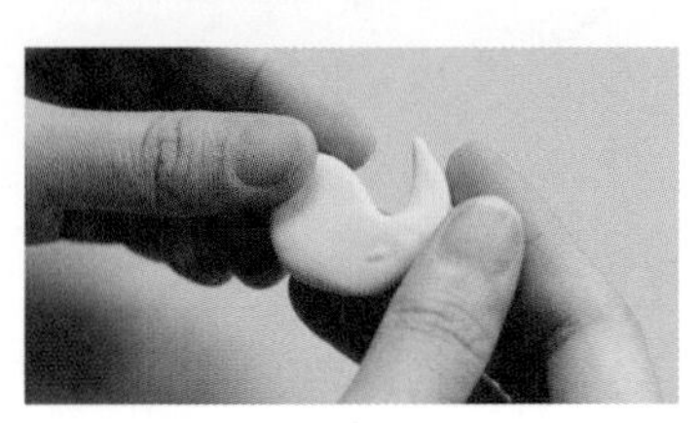
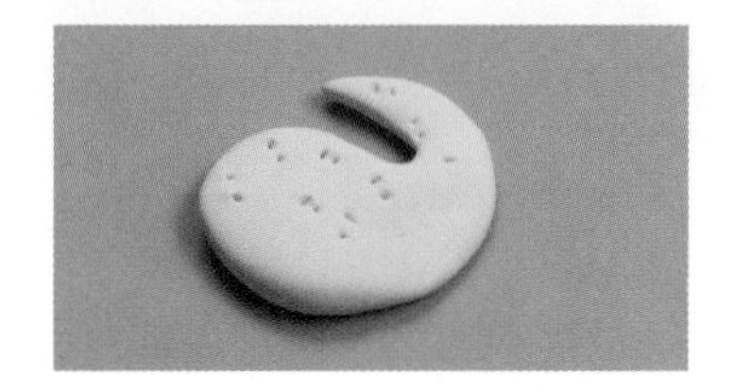

06 取浅黄色黏土捏成水滴形，将水滴形尖的一端拉长并往上旋转，然后再把尖端多余的部分剪去，接着戳出点状纹理，鸡翅就做好了。

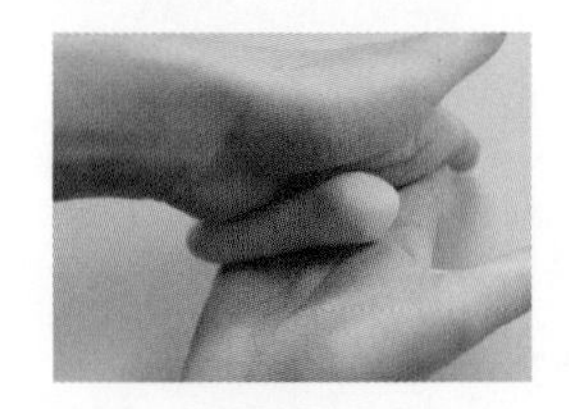
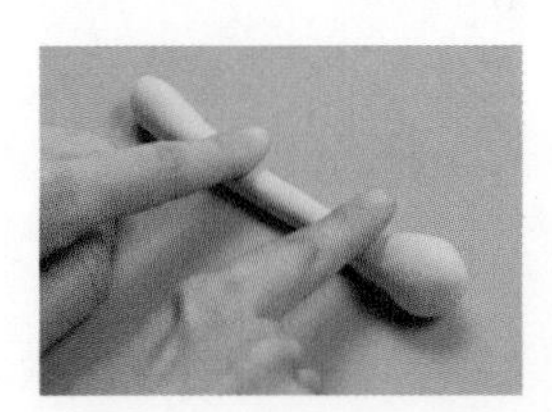
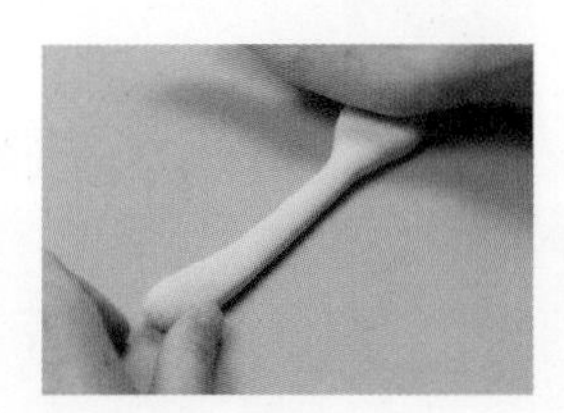

07 取黄色黏土，用掌心搓一根一端较粗、一端较细的长条，将其压扁、弯曲后作为头部和脖子。

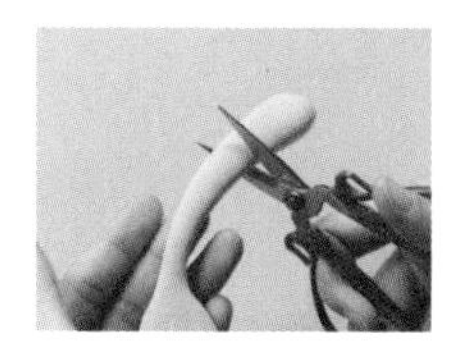 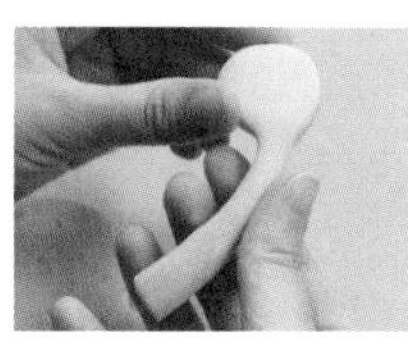 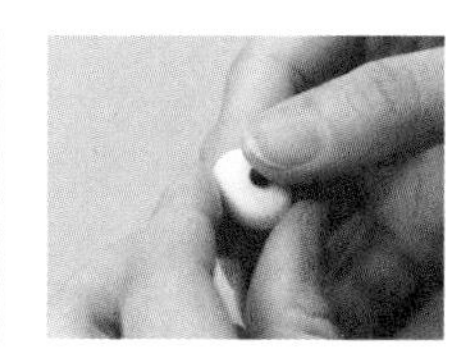 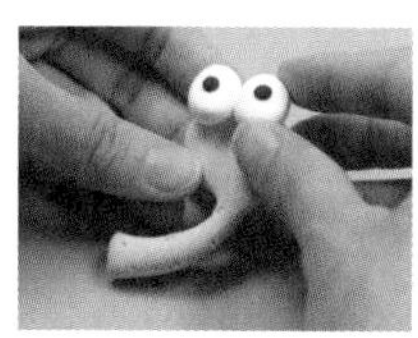 

08 用剪刀把脖子尾部多余部分剪去，再把头捏扁并用细节针在脖子上戳出一些小点做纹理；取白色黏土参考第 21 页 04、05 步小猪眼睛的做法，做成一对等大的眼睛，粘在头部上方。

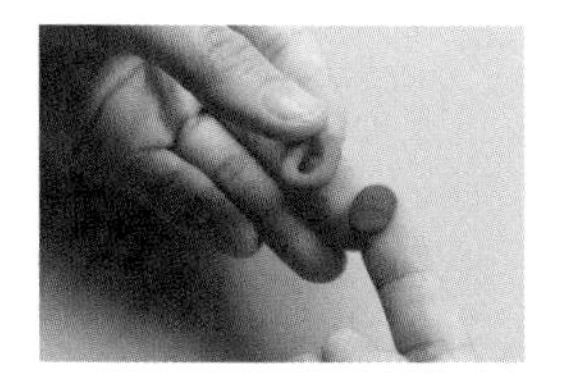 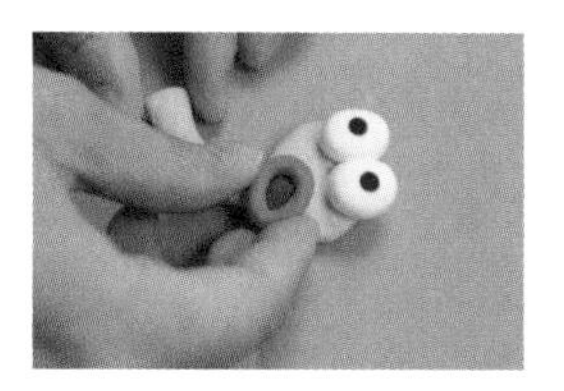  

09 取橙色黏土做一个圆环作为嘴唇，用棕色黏土捏一个小圆片作为底部粘在嘴唇后面。把做好的嘴唇粘在眼睛下方。取粉色黏土按照上个案例 06 步做两朵红晕。将两朵红晕分别粘在头部两侧。

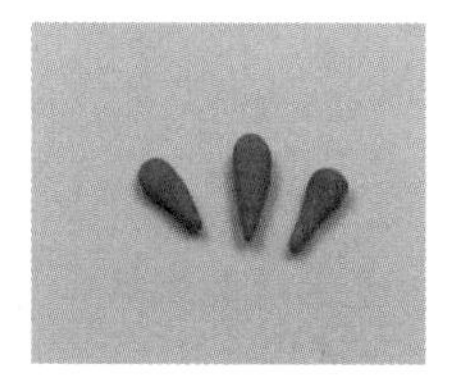 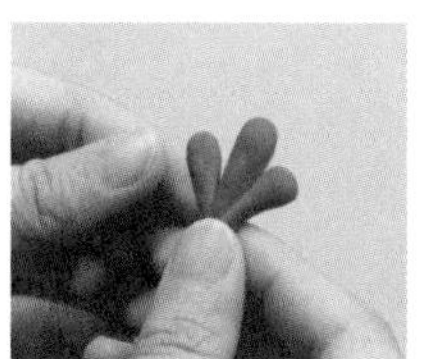 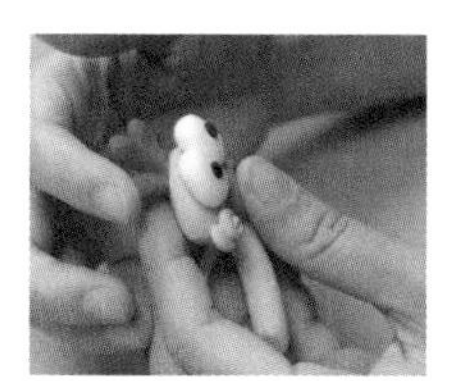  

10 取红色黏土捏 3 个水滴形，将水滴形尖的一端粘在一起作为鸡冠，把鸡冠粘在头部，然后把做好的头部与身体粘在一起。

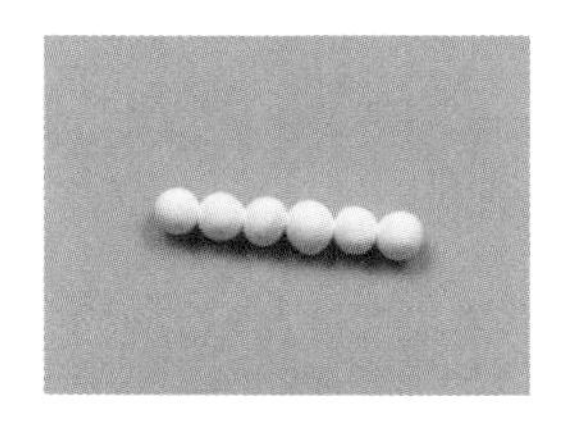   

11 取白色黏土揉出 6 个小圆球，将其并排粘在一起组合成一串珍珠项链。用珍珠项链围住脖子与身体接合的部分作为装饰。然后把鸡翅和鸡腿与身体粘在一起，一条鸡腿粘在身体前面，另一条鸡腿粘在身体后面。

 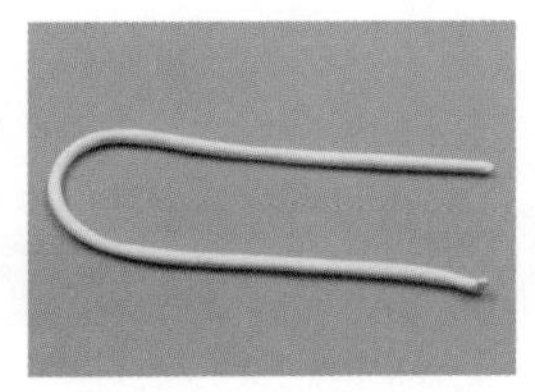 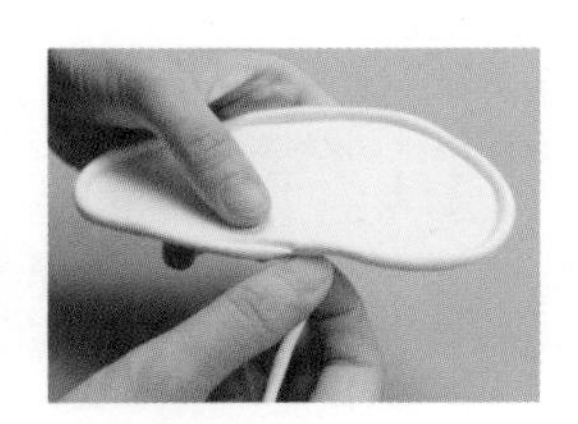 

12 取白色黏土擀成薄片并戳好点状纹理作为盘子，再取白色黏土搓出一根细长条，用白色长条紧贴着盘子边缘粘贴，去掉多余部分，然后把大烤鸡粘在盘子上。

  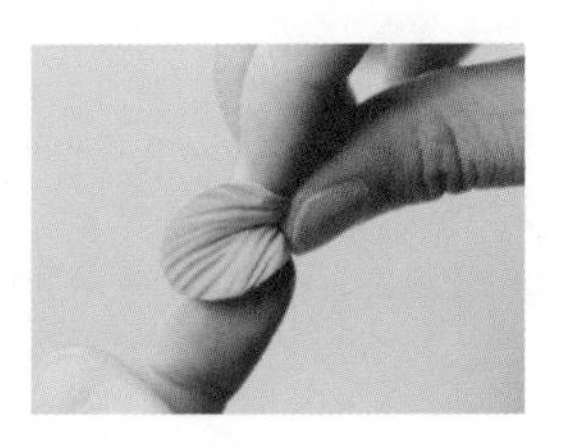 

13 将一小块绿色黏土按压在叶子硅胶模具上，然后立刻拿起来，在其尾部捏一下，叶子就做好了。再用绿色黏土和孔雀绿色黏土做一些叶子，然后把做好的绿色和孔雀绿色的叶子一起粘在大烤鸡周围作为配菜。

14 取褐色黏土揉一个圆球，并将其稍微压扁。用卡其色黏土搓出两条两端尖的小长条交叉摆放，然后将其粘在圆球上，香菇就做好了。

15 把做好的 3 个香菇粘在盘子中相应位置，然后再取红色黏土捏出水滴形作为红辣椒，做多个红辣椒并将其粘在相应位置。

制作大闸蟹

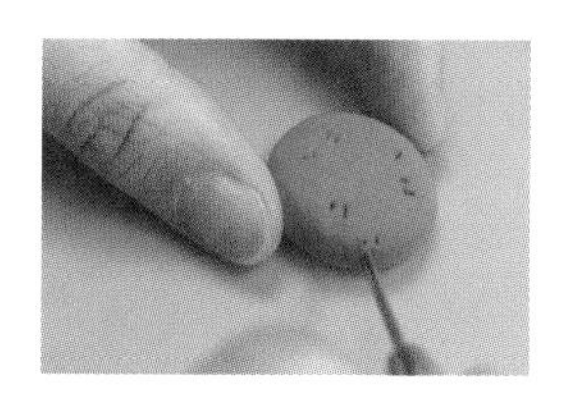

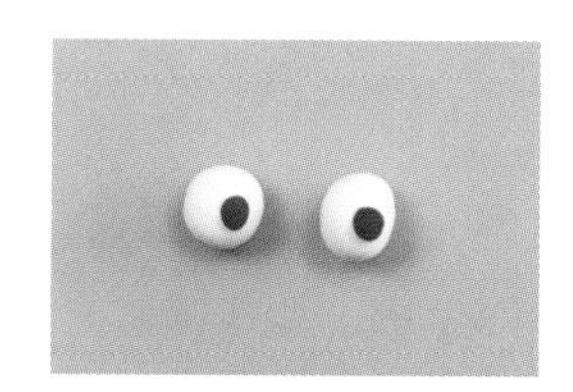

16 取红色黏土揉一个圆球并压扁，用细节针戳出点状纹理，用白色黏土和黑色黏土做两只眼睛粘在被压扁的红色圆球上，大闸蟹脸部就做好了。

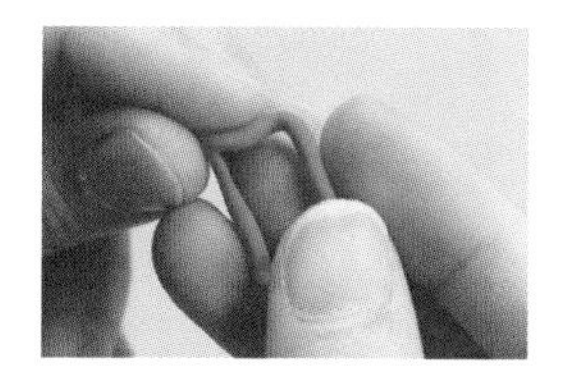
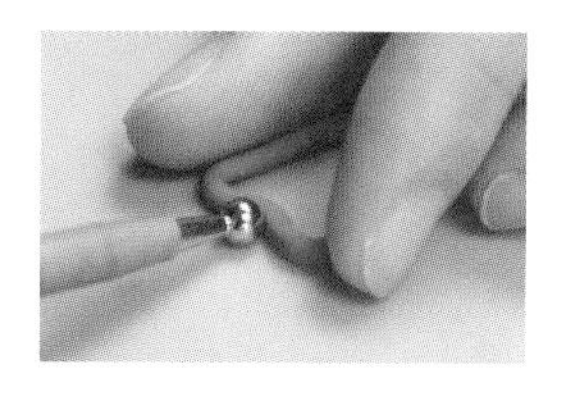
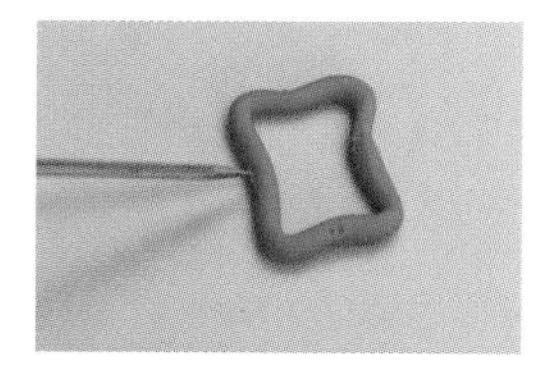
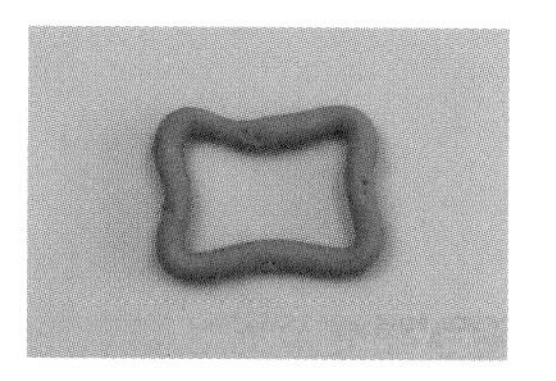

17 取红色黏土搓一根长条围成一个长方形，然后用丸棒在长方形的边缘压一压，再用细节针戳出点状纹理，这就是大闸蟹的嘴巴，让嘴巴看上去夸张一些。

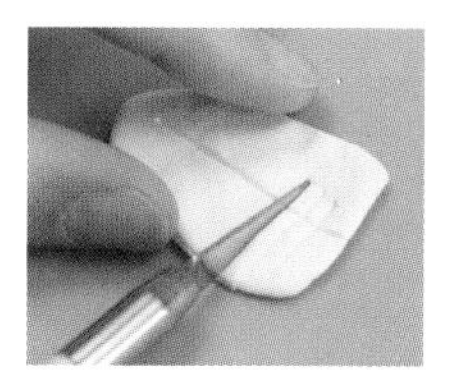
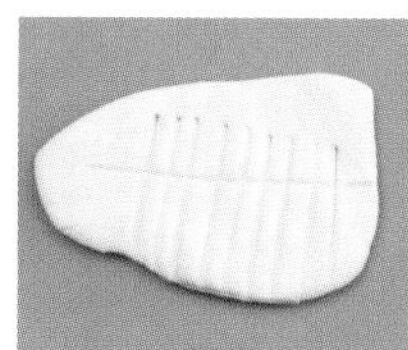
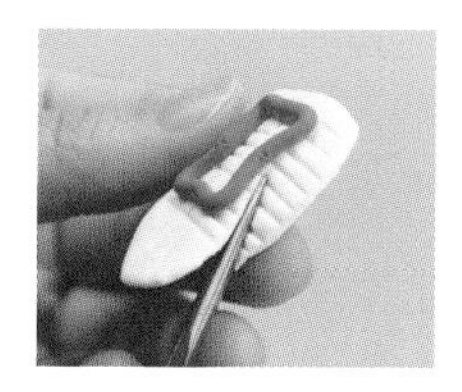
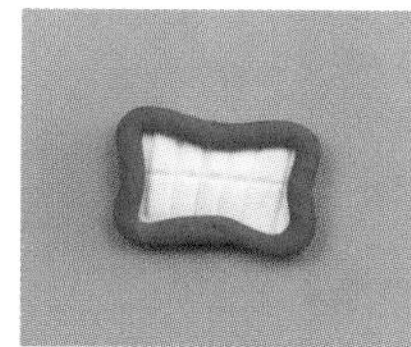

18 取白色黏土，用细节针在上面压出一排竖纹和一条横纹作为牙齿，再用剪刀剪去多余的部分。将牙齿粘在大闸蟹嘴巴后面，再将整个嘴巴粘在大闸蟹脸部。

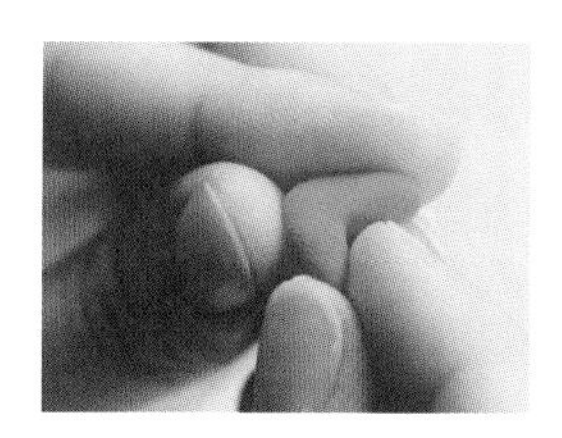
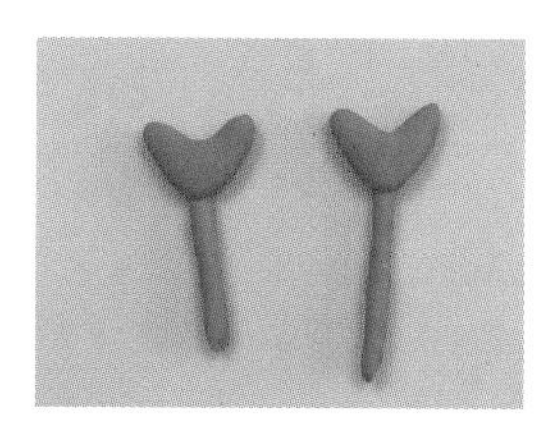
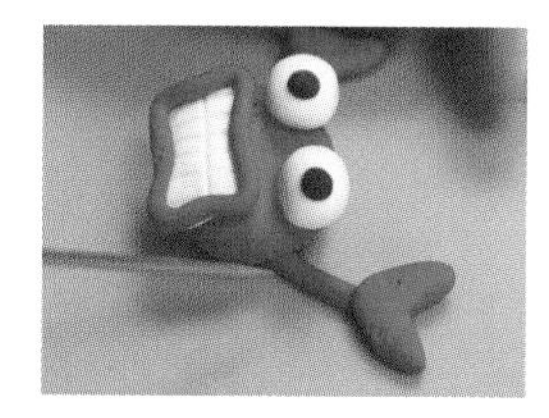

19 取红色黏土捏出一对蟹钳，再取红色黏土搓出两根小长条并分别粘在蟹钳下方，将其一起粘在大闸蟹脸部后面并用细节针戳出点状纹理。再搓几根红色小长条作为其他蟹脚，粘在大闸蟹脸部的两侧及下方并戳出点状纹理。

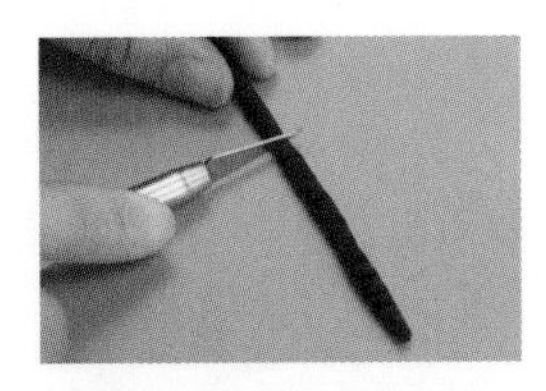

20 取黄色黏土擀一个圆形薄片作为盘子，再取黑色黏土搓一根长条并用细节针在其上压出竖纹。把压好竖纹的黑色长条围在盘子周围，黄色的盘子就做好了。

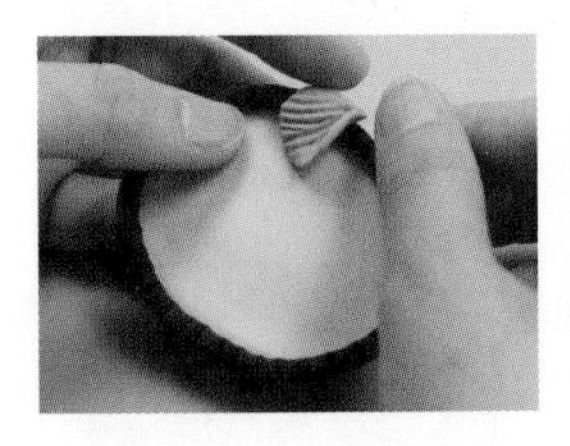

21 取绿色黏土做成叶子并粘在黑色长条上，然后用细节针在盘子上戳出点状纹理，把做好的大闸蟹粘在盘子上。

制作油炸凤尾虾

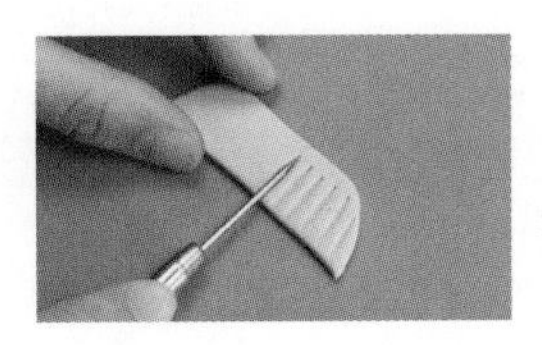
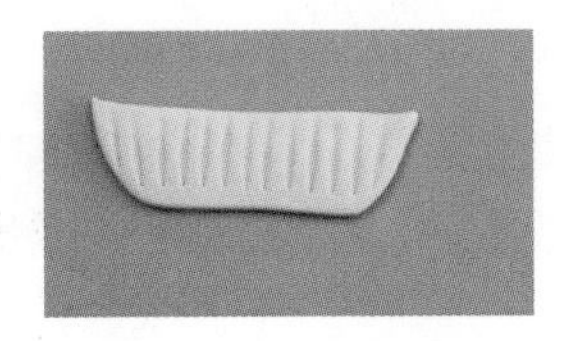

22 按 20 步盘子的做法做出一个莓蓝色的盘子，用细节针戳出点状纹理。然后用浅蓝色黏土擀一个薄片并将其剪成梯形，用细节针压出竖纹，把它粘在莓蓝色盘子底部，烤盘就做好了。

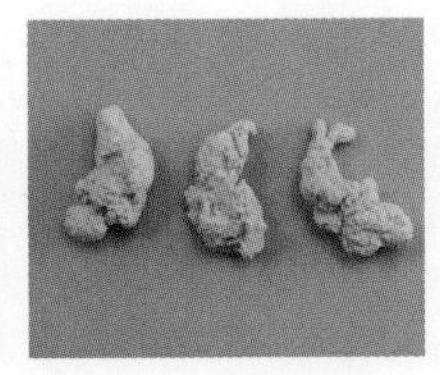

23 取一些金黄色半干黏土，扭出凤尾虾虾身的形状，做 3 个虾身。再取橙色黏土捏 3 个水滴形并压出竖纹，将 3 个水滴形尖的一端粘在一起，一个虾尾就做好了。用同样的方法再做两个虾尾，把虾尾与虾身部分粘在一起，3 只油炸凤尾虾就做好了。

24 取白色黏土制作荷包蛋的蛋白，再用浅黄色黏土揉两个小圆球分别粘在蛋白上，把做好的 3 只油炸凤尾虾和两个荷包蛋粘在莓蓝色的盘子上，油炸凤尾虾就做好了。

制作龙虾大餐

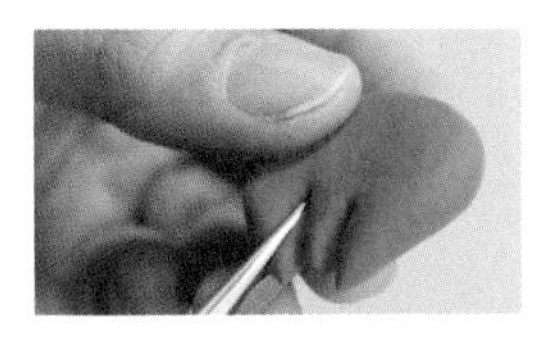

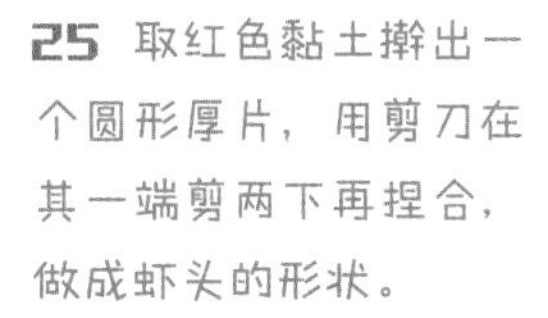

25 取红色黏土擀出一个圆形厚片，用剪刀在其一端剪两下再捏合，做成虾头的形状。

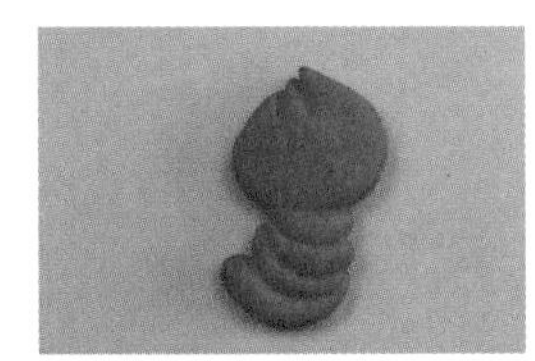
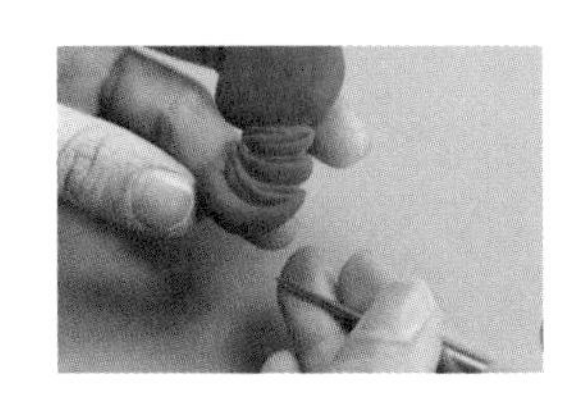

26 取数个红色黏土捏出几个水滴形叠放好作为虾身，将其粘在虾头上，用细节针画出虾身和虾头的纹理。

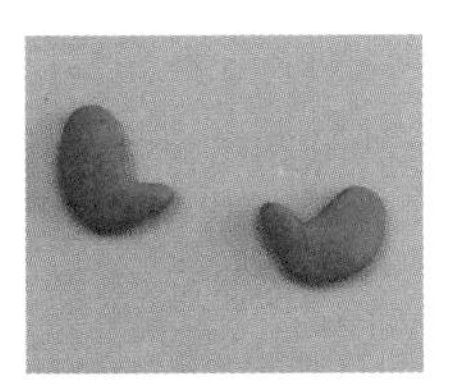
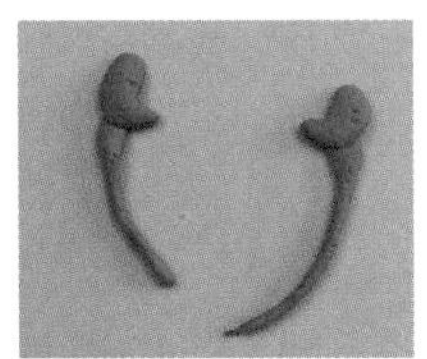

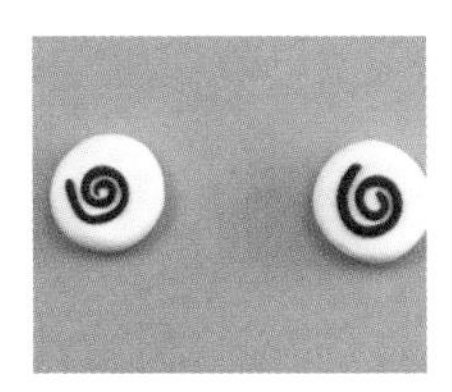

27 取红色黏土捏两个水滴形，再取红色黏土搓两根一头粗一头细的长条，将水滴形和长条分别粘在一起并戳出点状纹理作为虾钳。取黑色黏土搓成的细长条在白色黏土捏成的圆片上做出旋涡状，作为晕眩状的眼睛，做两只眼睛。最后把虾钳、两只眼睛粘在虾头上。

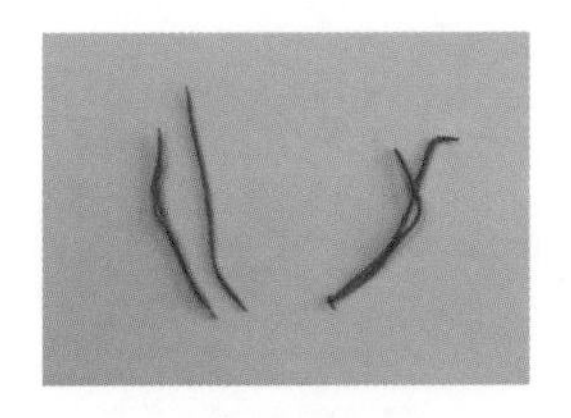 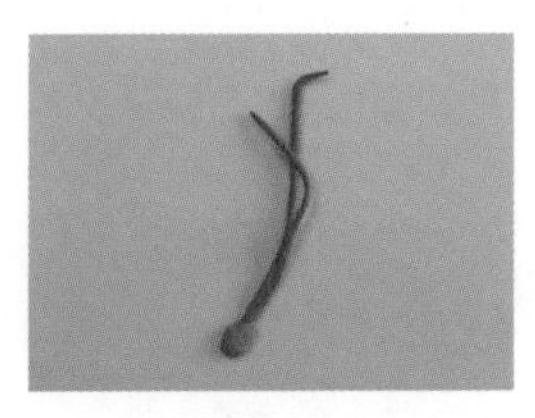 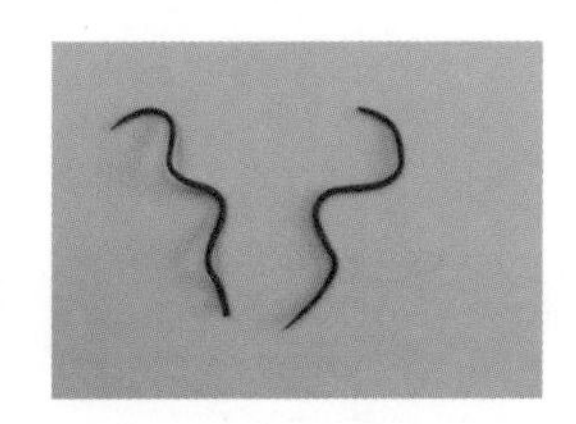 

28 取红色黏土搓 4 根长条，将其两两并排粘贴作为虾脚。再取黑色黏土搓两根长条，弯成波浪形作为虾须。将虾脚和虾须分别粘在虾身和虾头上，龙虾就做好了。

  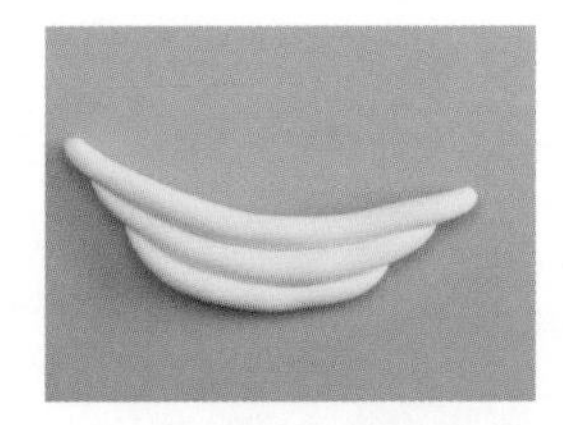 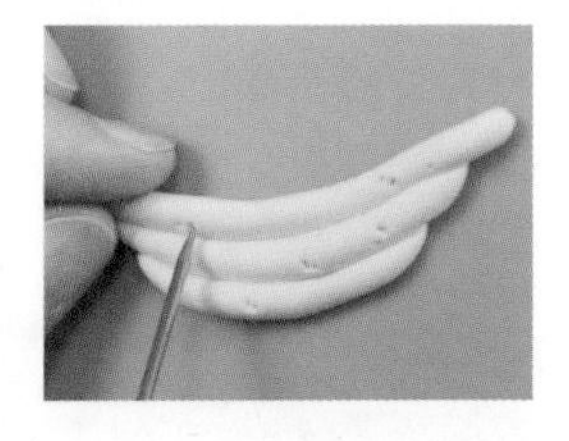

29 取黄色黏土和等量白色黏土混合出淡黄色黏土，用淡黄色黏土搓 3 根长短不一的长条，按照由短到长的顺序从下到上横向拼在一起，再用细节针在每根长条上戳出点状纹理，这就是篮子的底部。

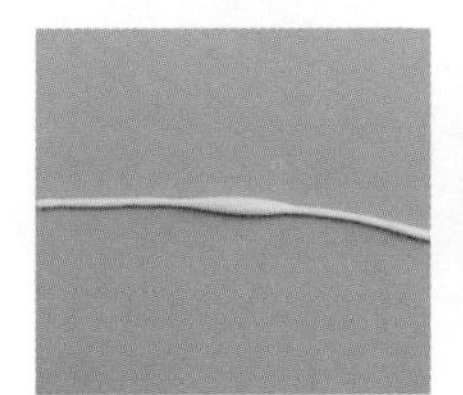 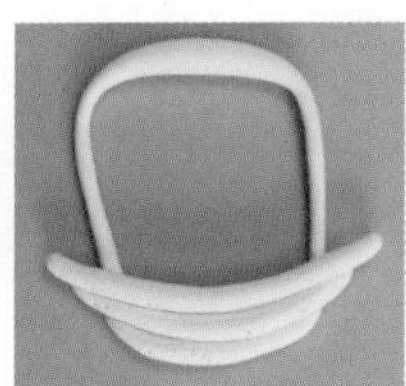 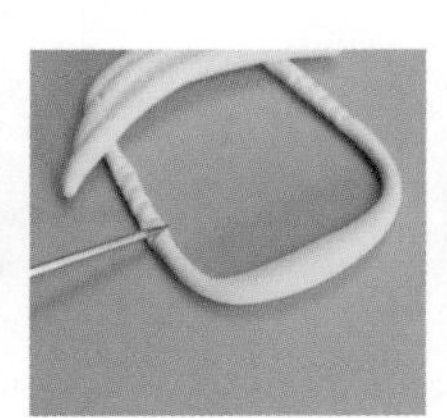 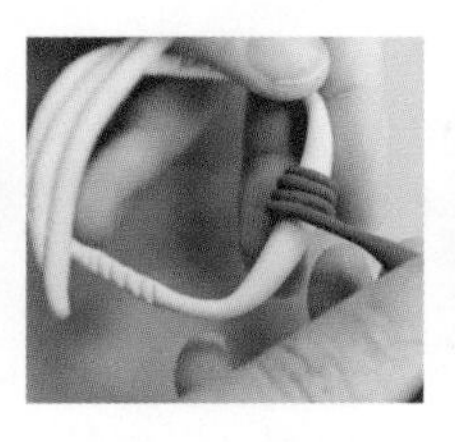 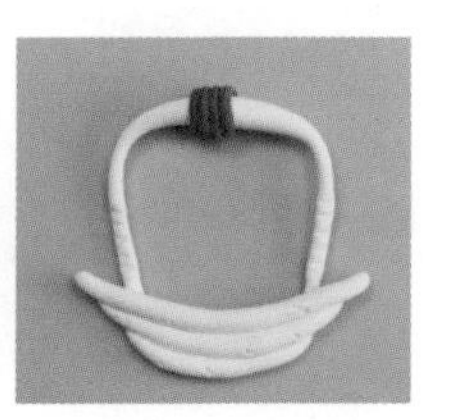

30 取淡黄色黏土搓一根中间粗两头细的长条作为提手，将提手与篮子底部粘在一起，再用细节针在提手上压出条状纹理。最后用棕色黏土搓一根细长条在提手上绕几圈，篮子就做好了。

  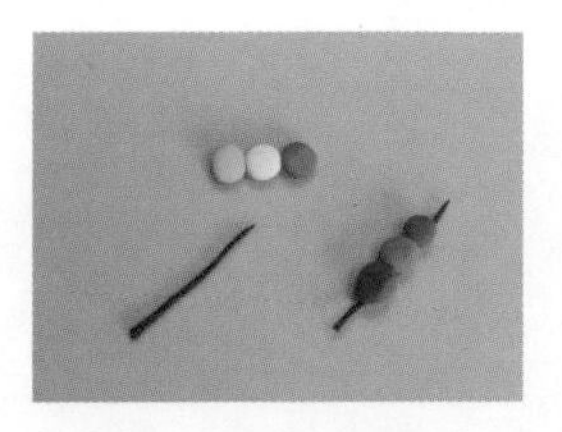 

31 把龙虾与篮子粘在一起，然后再粘上几片孔雀绿色黏土和绿色黏土做成的叶子。取不同颜色的黏土揉一些小圆球并压扁，再取黑色黏土搓一根长条作为签子，将小圆球粘在签子上作为彩色串串。做两个彩色串串粘在龙虾周围作为装饰。

做一碗面条

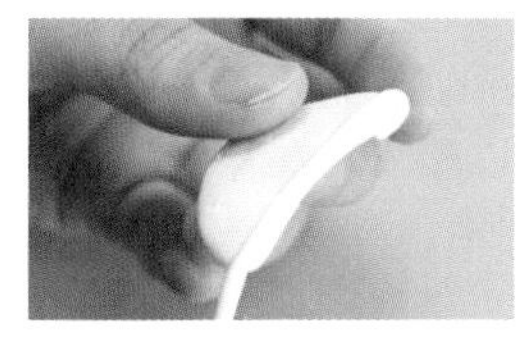
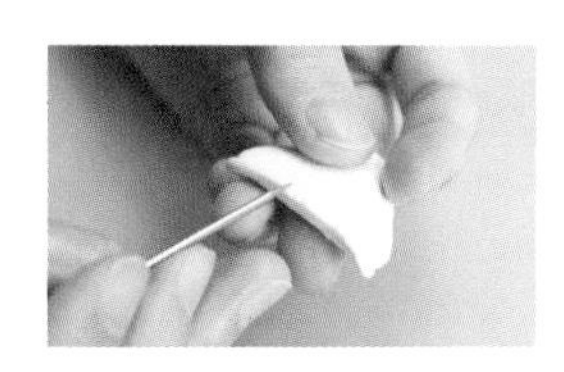
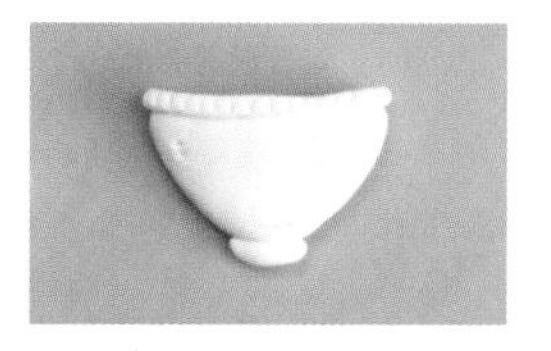

32 取白色黏土捏成有弧度的梯形作为碗，在碗口处粘上白色黏土搓成的长条作为碗边，用细节针在碗边压出竖纹，用一小块白色黏土搓成粗一点的短长条粘在碗的底部。

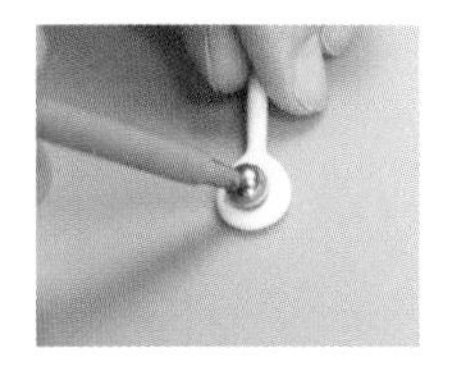
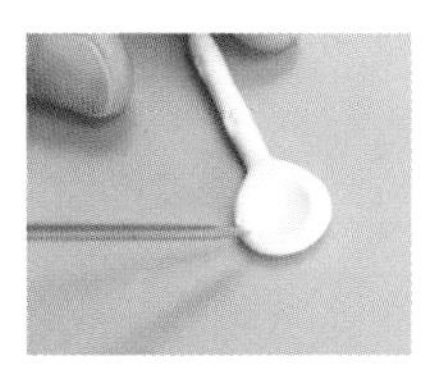
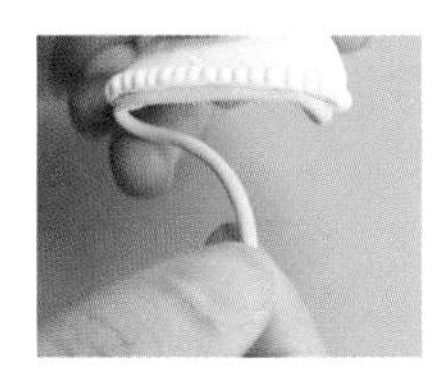
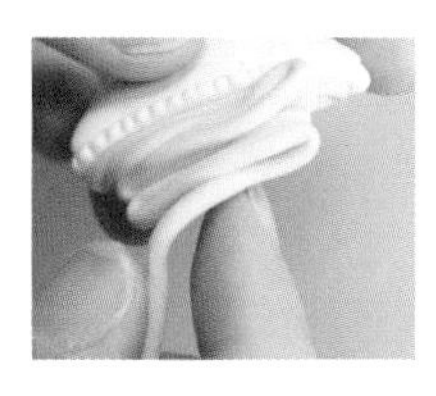
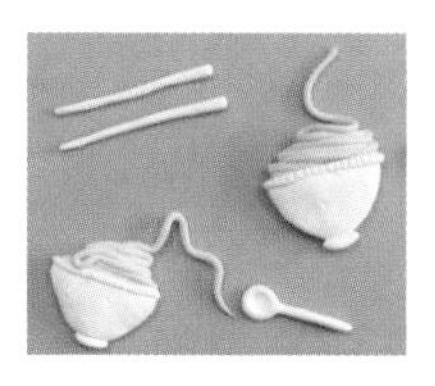

33 取白色黏土搓一些一端是圆头的长条，用丸棒把圆头压扁，这就是勺子。用细节针在勺子上戳一些点状纹理。取黄色黏土搓一些细长条粘在碗的上方，在碗上堆出一碗面条。再做出一碗面条，并用白色黏土搓几根长条作为筷子。

制作男主人

男主人是个长着八字胡的大老爷，他穿着深蓝色的衣服，戴着黑色的帽子，双手摆出夸张的动作，好似在夸耀这场晚宴。

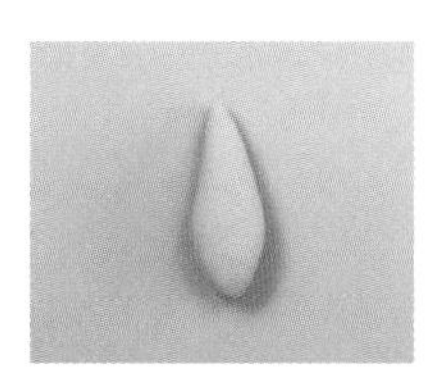
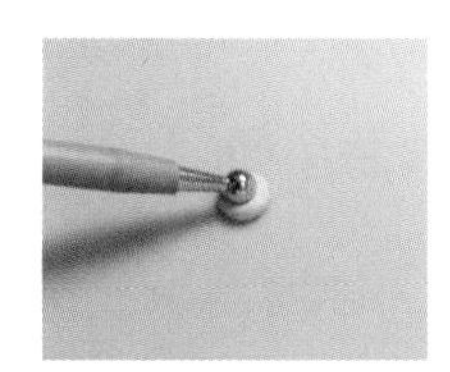
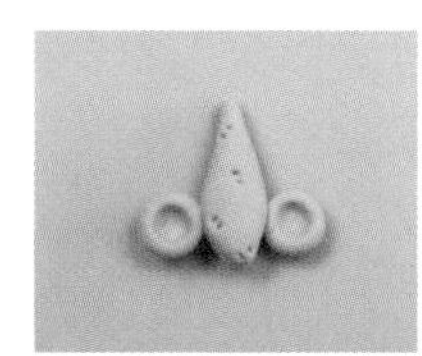
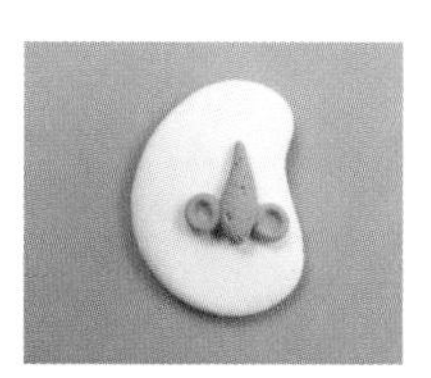

34 取肤色黏土捏一个有弧度的胖水滴形作为男主人的脸。取卡其色黏土捏成水滴形作为鼻子，取卡其色黏土揉两个圆球并用丸棒压出凹槽作为鼻孔，粘在鼻子两侧并戳出点状纹理，把鼻子粘在脸上。

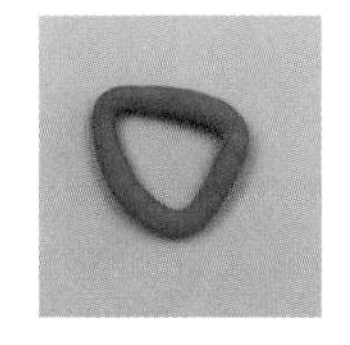

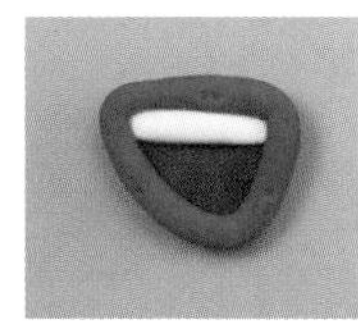

35 参考第 101 页、第 102 页 29 ~ 31 步嘴巴的做法，取红色黏土做成三角形的嘴唇，取白色黏土做出一排牙齿，再取棕色黏土做出嘴巴底面，最后把它们粘在一起做成三角形的嘴巴，并在嘴唇上戳出点状纹理。

36 根据第 65 页 09 步的做法用粉色黏土长条做出腮红。再取黑色黏土搓两个水滴形的胡子根据第 157 页 16 步的做法做出眼睛。把胡子、腮红、眼睛和嘴巴粘在脸上。

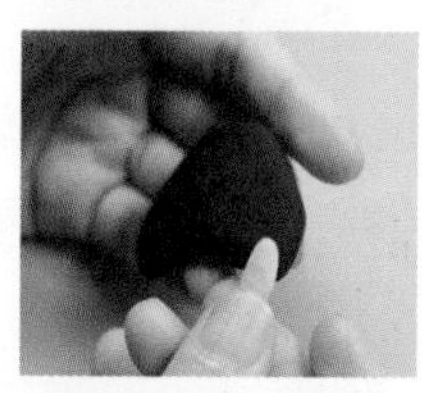
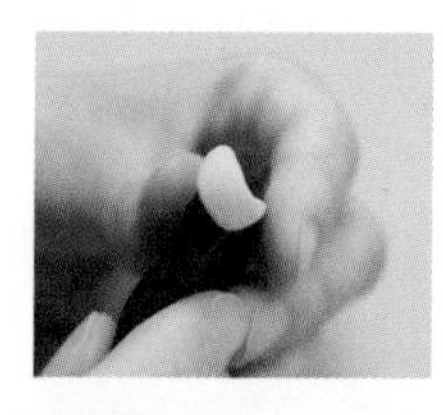

37 取黑色黏土，捏成梯形并戳出点状纹理作为帽子，在帽子底部粘上一排黄色黏土捏成的椭圆形薄片作为帽子的装饰。将这些装饰一半粘在帽子底部，一半折到帽子背面。

38 将一个白色黏土捏成的圆片粘在帽子中间，取黑色黏土捏两个三角形作为帽翅，把帽翅与帽子粘在一起后，在帽翅上戳出点状纹理，将其粘在男主人头顶。

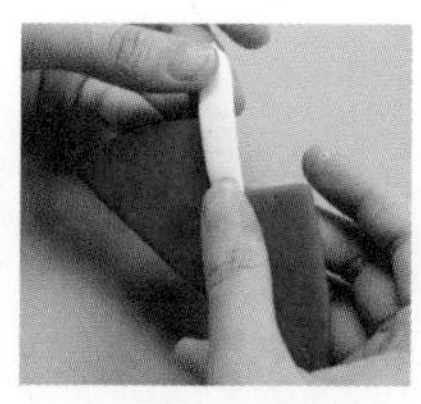
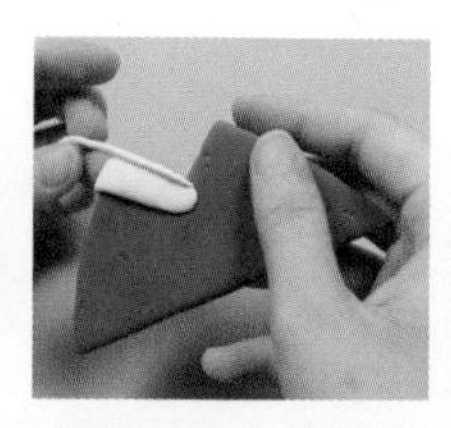

39 将深蓝色黏土擀成的薄片剪成衣服的形状并戳上点状纹理。取白色黏土搓一根长条并压成片状作为衣领，再取白色黏土搓一根细长条粘在衣领边缘作为包边。做出两条衣领，并将衣领粘在衣服上。